AF535659

Neugierige Berberaffen, kämpfende Bärenpaviane, scheue Guineapaviane: Das sind nur einige der Protagonisten dieses spannenden Buches. Die Primatenforscherin Julia Fischer geht in ihm den vielfältigen Formen des Zusammenlebens von Affen nach, untersucht die Ursprünge und Grenzen ihrer Intelligenz und fragt, ob sie so etwas wie eine Sprache besitzen. Durch die Verbindung von Labor- und Feldforschung gelingt es ihr, erstaunliche Gemeinsamkeiten im Sozialverhalten von Mensch und Affe, aber auch die Unterschiede aufzuzeigen, die uns von unseren nächsten Verwandten trennen.

Ob im Senegal, in Botswana oder in einem Freilandgehege in Frankreich: Fischer beschreibt Sozialverhalten, Verstand und Verständigung der Affen auf ebenso anspruchsvolle wie unterhaltsame Art und Weise. Angereichert um viele Episoden aus dem Forschungsalltag, in dem nicht nur Gefahr durch Leoparden droht, sondern auch bürokratische Hürden zu bewältigen sind, ist dies ein Buch, das auf der Höhe des Forschungsstandes sein Thema allgemeinverständlich beschreibt: die Affengesellschaft.

»Worin sie uns ähnlich sind – unsere nahen Verwandten – und warum sie dennoch keine Kathedralen bauen, das erläutert dieses faszinierende Buch, dem leidenschaftliches Wissenwollen, Abenteuerlust, Klugheit, intellektuelle Redlichkeit und empathischer Humor Pate standen.« *Wolf Singer*

Julia Fischer

Affen
gesellschaft

Suhrkamp

Erste Auflage 2017

Satz: Memminger MedienCentrum AG
Printed in Germany
Umschlag: hißmann, heilmann, hamburg
ISBN 978-3-518-24133-2

Inhalt

TEIL 3: KOMMUNIKATION

für Kurt

Prolog

»Sagen Sie, wie ist es eigentlich, etwas zu machen, was niemanden interessiert?« Ich war auf einer Party bei Freunden mit einem anderen Gast ins Gespräch gekommen, und er hatte sich nach meiner Arbeit erkundigt. Begeistert erzählte ich ihm vom Aufbau unserer Feldstation im Senegal und wie spannend die Arbeit mit den Affen dort sei. Bevor ich weiter ausholen konnte, unterbrach er mich mit seiner Frage. Ich schwieg verblüfft. Bislang hatte ich nie den Eindruck gehabt, dass sich niemand für die Affenforschung interessiert. Im Gegenteil. Wenn ich auf Reisen erwähne, was ich mache, werde ich meist mit Fragen bestürmt. Ob Affen denn auch eine Sprache hätten? Ob sie wirklich so intelligent seien? Und ob ich, ebenso wie die berühmte Schimpansenforscherin, wie hieß sie denn gleich, die, die von Wilderern umgebracht worden sei, im Dschungel leben würde? Sei das nicht Jane Goodall gewesen? Ich versichere dann, dass Jane Goodall sich immer noch bester Gesundheit erfreue und Dian Fossey, die Gorillaforscherin, tatsächlich unter ungeklärten Umständen umgebracht worden sei. Und dann berichte ich von den Affen, wie sie leben und wie sie sich verständigen, dass sie vieles wissen und manches überhaupt nicht verstehen.

Affen faszinieren – sie sind uns ähnlich, aber doch anders. Das hatte schon der kleine Junge erkannt, neben dem ich einmal im Zoo vor einem Affengehege stand. Er schaute gebannt auf die Tiere und rief: »Guck mal, der Affe hat Hände an den Füßen!« Genau genommen müsste es allerdings heißen: Die anderen Affen faszinieren uns – gehören wir doch zur selben Ordnung, nämlich den Primaten. Die Affenforschung verspricht nicht nur Einblicke in unsere evolutiven Ursprünge, sie liefert gleichzeitig die Folie für die Charakterisierung unserer eigenen Art: Was unterscheidet uns von unseren nächsten Verwandten? Welche Merkmale sind spezifisch für Affen und welche ausschließlich beim Menschen zu beobachten?

Man muss die Affen[1] allerdings nicht unbedingt als Bezugspunkt zur Bestimmung der Gattung Mensch heranziehen, um sich für sie zu interessieren. Die Vielfalt ihrer Erscheinungs- und Lebensformen, ihr differenziertes Verhalten und die Komplexität ihres Gruppenlebens ziehen einen auch so in ihren Bann.

Dieses Buch richtet sich an all diejenigen, die sich ebenso für die Affengesellschaft begeistern wie meine neugierigen Mitreisenden. Und weil so viele danach fragen, wie das Leben »in Affengesellschaft« so ist, werde ich auch etwas von den Reizen, Herausforderungen und absonderlichen Begebenheiten erzählen, die sich einem bei der Freilandforschung in tropischen Ländern bieten.

Mein Forschungsinteresse gilt primär der Frage, in welchem Verhältnis Sozialsystem, Intelligenz und Kommunikation der Affen zueinander stehen. Ausgangspunkt ist die These, dass Intelligenz als Folge des Lebens in Gruppen mit komplexer Struktur entstanden ist. Diese Annahme soll kritisch hinterfragt werden, ebenso wie die Intuition, dass Intelligenz und kommunikative Fähigkeiten in einem engen Zusammenhang stehen. Dementsprechend gliedert sich das vorliegende Buch in drei Teile. Zunächst werde ich Einblicke in das soziale Leben von Affen geben, wobei ich mich vor allem mit den drei afrikanischen Spezies beschäftige, die ich selbst untersucht habe. Der zweite Teil widmet sich der Frage nach der Intelligenz von Affen. Wie schlau sind Affen eigentlich? Lernen sie von anderen? Inwiefern unterscheiden sich ihr Wissen und ihre kognitiven Fähigkeiten von denen anderer Tiere? Und welche Anforderungen stellt das Leben in der Wildnis an die Affen? In diesem Abschnitt werde ich auf zwei verschiedene Forschungsansätze eingehen: Zum einen auf experimentelle Tests an in Gefangenschaft gehaltenen Tieren, die in der Tradition der Experimental- und Entwicklungspsychologie stehen, und zum anderen auf Feldversuche, die darauf abzielen, die Problemlösungsstrategien der Tiere in der Wildnis auszuloten. Der dritte Teil schließlich beschäftigt sich mit der Kommunikation von Affen. Hier frage ich vor allem, was wir aus der Untersuchung der Verständigung von Affen über die Evolution der menschlichen Sprachen lernen können – und was nicht.

Ein wesentliches Erkenntnisinteresse meiner Arbeit ist es, die Evolution menschlichen Sozialverhaltens, unserer Intelligenz und Sprache besser zu verstehen. Dabei vertrete ich die These, dass sich Intelligenz und Kommunikation des Menschen in vielerlei Hinsicht von der von Affen unterscheiden und dass die Gemeinsamkeiten eher im Bereich des Sozialverhaltens und hier insbesondere in der besonderen Bedeutung sozialer Bindungen zu finden sind. Ich finde den Affen im Menschen bemerkenswerter als den Menschen im Affen. Ob man eher die Gemeinsamkeiten zwischen Affen und Menschen betont oder die Unterschiede, ist vielleicht Ausdruck der persönlichen Neigung oder des intellektuellen Stils. Meiner Meinung nach jedenfalls hängt die Faszination, die von einzelnen Tierarten ausgeht, nicht damit zusammen, ob sie unserer eigenen Art mehr oder weniger ähnlich sind.

Affenforscherin zu werden, war mir sicherlich nicht in die Wiege gelegt. Es gibt Leute, die von klein auf wissen, dass sie sich in ihrem späteren Leben mit antiken Tonscherben beschäftigen wollen oder mit der Gestaltung von Bühnenbildern. Ich fand alles Mögliche spannend: Sprachen, Gesellschaftswissenschaft, aber auch die Biologie hatte es mir angetan. Erst später wurde mir klar, dass es mir mit der Entscheidung für die Affen gelang, meine verschiedenen Interessen für Natur- und Geisteswissenschaften unter einen Hut zu bringen. Zu meiner eigenen Überraschung musste ich außerdem feststellen, dass ich das Leben in der Wildnis liebte. Dabei galt ich jahrelang als eingefleischte Stubenhockerin. Das Wunderbare an der Affenforschung ist, dass sie so vielfältige Herausforderungen bietet. Zur Lektüre gehören verhaltensbiologische Fachtexte ebenso wie philosophische Essays – und das Handbuch *Wo es keinen Doktor gibt*. Ich habe gelernt, die Sonne als Kompass zu nutzen und Wasserleitungen zu reparieren, die von Elefanten zerstört worden waren. Bei einem Abendessen auf der Terrasse vor unserem Forschungscamp musste ich feststellen, dass es sich sieben Löwinnen um den Tisch herum bequem gemacht hatten. Ich musste Geduld üben und viele Rückschläge einstecken. Am Ende aber bin ich immer wieder entschädigt worden. Das soziale Leben von Makaken und Pavianen – das ist ganz große Oper. Vorhang auf.

TEIL 1
SOZIALVERHALTEN

Diversität der Primaten

Die Protagonisten dieses Buches sind Berberaffen, Bärenpaviane und Guineapaviane. Bevor ich sie genauer vorstelle, sind zunächst ein paar Sätze zur Vielfalt der Erscheinungs- und Lebensformen von Affen angebracht, weil es »den Affen« nicht gibt; es gibt noch nicht einmal »den Pavian«. Die Ordnung der Primaten ist durch eine außergewöhnliche Vielfalt gekennzeichnet, sowohl was ihr Aussehen und ihre Lebensweise angeht wie auch ihre soziale Organisation. Das Spektrum reicht von den einzelgängerischen Fingertieren Madagaskars, die nachts mit ihrem dürren verlängerten Mittelfinger Äste abklopfen und horchen, ob sich unter der Rinde Insekten verbergen, über die in großen Gruppen lebenden Totenkopfaffen Südamerikas bis zu den in Harems organisierten Gorillas, bei denen die ausgewachsenen Männchen bis zu vier Zentner auf die Waage bringen.

Die Primaten sind vor etwa 80 Millionen Jahren entstanden. Die nächsten lebenden Verwandten sind die in Südostasien vorkommenden Gleitflieger sowie die baumlebenden Spitzhörnchen, die einem eine Vorstellung davon geben, wie der ursprüngliche Vorfahre aller Primaten beschaffen gewesen sein mag. Die heutigen Primaten umfassen drei Hauptlinien: erstens die Feuchtnasenaffen mit den Galagos, Pottos und Loris sowie den Madagassischen Lemuren, von denen wohl die Kattas mit ihren schwarz-weiß geringelten Schwänzen die berühmtesten Vertreter sind. Die zweite systematische Gruppe sind die Tarsier, nachtaktive Primaten, die in den Regenwäldern Südostasiens leben. Als dritte Gruppe tauchten dann vor 50 bis 36 Millionen Jahren schließlich die »echten Affen« auf, die die Neuwelt- und Altweltaffen umfassen. Zu letzteren gehören die geschwänzten Altweltaffen sowie die menschenartigen Affen mit den Gibbons und den großen Menschenaffen – also Orang-Utan, Gorilla, Schimpanse, Bonobo und Mensch.

Die geschwänzten Altweltaffen umfassen die allseits bekannten Paviane, die ich später noch genauer beschreiben werde, sowie die Makaken, zu deren bekanntesten Vertretern die Rhesusaffen, die Berberaffen und die Japanmakaken gehören. Letztere haben durch ihre Sitzbäder in heißen Quellen einige Berühmtheit erlangt. Außerdem werden noch die meist in Baumkronen lebenden verschiedenen Meerkatzenarten zu dieser systematischen Gruppe gezählt. Die zu diesem Stamm gehörende Grüne Meerkatze spielt bei der Erforschung der Kommunikation von nichtmenschlichen Primaten eine große Rolle. Weitere Vertreter der geschwänzten Altweltaffen sind schließlich die Schlank- und Stummelaffen, zu denen die Languren Asiens gehören, ebenso wie die schwarz-weißen Mantelaffen Afrikas mit ihrer beeindruckenden Haarpracht.

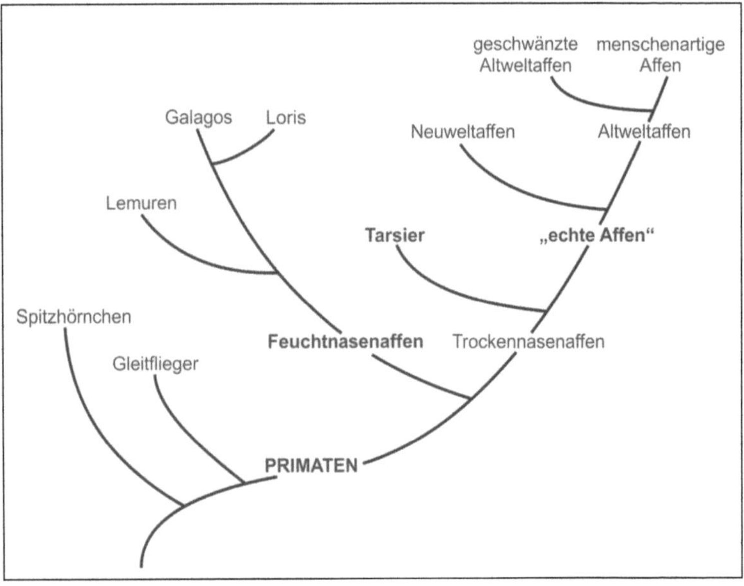

Abb. 1: Stammbaum der Primaten.

Berberaffen als Modell

Ich habe selbst viele Jahre an Berberaffen geforscht. Dabei standen Affen ursprünglich gar nicht auf meinem Plan – ich wollte Meeresbiologin werden. Nach dem Studium an der Freien Universität Berlin und der Universität Glasgow hatte ich sogar schon einen Platz für eine Diplomarbeit an der *Sea Mammal Research Unit* an der Universität Cambridge ergattert. Mir fehlte nur noch ein Kurs in Verhaltensbiologie – und der führte mich nach Südwestfrankreich, wo wir unter Anleitung von Kurt Hammerschmidt, Henrike Hultsch und meinem späteren Doktorvater Dietmar Todt im Affenfreigehege *La Forêt des Singes* in Rocamadour das Sozialverhalten von Berberaffen untersuchen sollten. Die Affen, die in diesem Park herumsprangen, erschienen mir doch sehr viel spannender als Robben, die meist träge auf einer

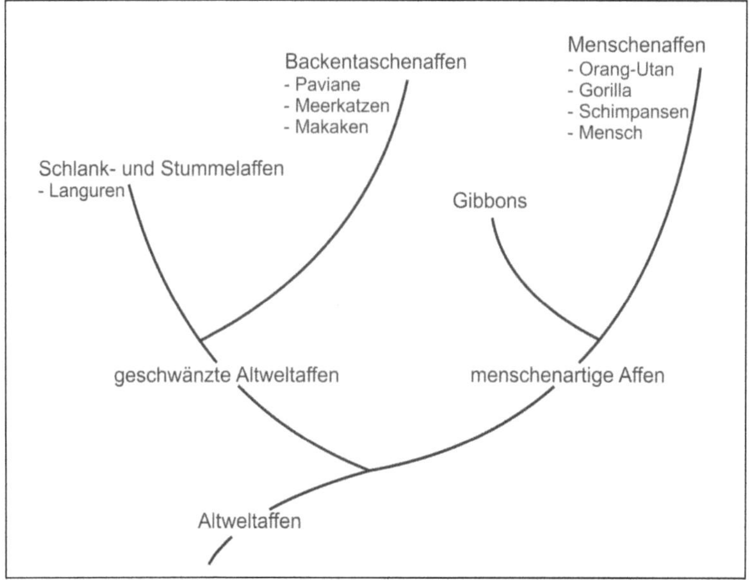

Abb. 2: Stammbaum der Altweltaffen.

Sandbank herumliegen. Seit dieser Zeit arbeite ich mit Kurt zusammen. Er ist mein bester Freund und Kompagnon und wir gehen nach wie vor gemeinsam der Frage nach, was es mit der Evolution von Kommunikation auf sich hat.

La Forêt des Singes ist ähnlich wie der »Affenberg« in Salem am Bodensee oder *La Montagne des Singes* in Kintzheim im Elsass vornehmlich eine Touristenattraktion. Die Besucher können auf festgelegten Wegen durch das Gehege spazieren und die Affen aus nächster Nähe beobachten. Aber auch für wissenschaftliche Forschung und Ausbildung sind die Parks sehr gut geeignet. Im Park in Rocamadour leben etwa 150 Tiere in drei Gruppen auf über 20 Hektar im Freien. Sie werden lediglich zusätzlich gefüttert und einmal jährlich einer medizinischen Untersuchung unterzogen.[1] Natürlich gibt es dort keine Raubfeinde – für die Affen also ziemlich paradiesische Zustände. Oder wie Kurt bemerkte: »Die Affen würden sich schon gerne mal im Freiland umschauen. Sie wären aber auch alle wieder pünktlich am Flugzeug, wenn es zurückgeht.« Um das Populationswachstum zu beschränken, wird mittels hormoneller Verhütungsmittel die Anzahl der Geburten kontrolliert. Aufgrund der Haltungsbedingungen lässt sich eine ganze Reihe von Fragen nicht sinnvoll stellen; etwa, welches Männchen den größten Paarungserfolg hat, oder wie viel Zeit die Tiere täglich mit der Nahrungsaufnahme verbringen. Andererseits eignen sich diese Tiere hervorragend für Untersuchungen ihrer Intelligenz und Kommunikation, da sie vollkommen an Menschen gewöhnt sind und sich auch auf kleine Experimente einlassen.

Berberaffen sind die einzigen Makaken, die in Afrika vorkommen, und zwar in den Wäldern und Bergen des mittleren und hohen Atlas sowie im Rif-Gebirge in Marokko und der algerischen Kabylei. Außerdem gibt es eine kleine Population in Gibraltar. Alle anderen Makaken sind im asiatischen Raum zu finden. Als Folge ihres Lebens unter klimatisch harschen Bedingungen haben die Berberaffen ihren Schwanz im Laufe der Evolution verloren, weshalb sie eine Weile als Menschenaffen klassifiziert wurden. Tatsächlich aber ist der Schwanz einfach reduziert, und ein kleines Stummelchen am Hinterteil deutet das ursprüngliche Merkmal noch an. Als Schutz vor der Kälte entwickeln sie in den Wintermonaten ein dichtes Fell. Die Paarungszeit ist im Herbst; nach einem knappen halben Jahr Tragzeit erblicken die Kinder im Frühjahr das Licht der Welt. Meistens werden sie in den Abend- oder Nachtstunden geboren, wenn die Gefahr durch Raubtiere am geringsten ist. Anders als die braungelb gefärbten Erwachsenen haben die Neugeborenen ein pechschwarzes Fell und pinke Gesichter und Hände.[2] Ein besonderes Babyfell ist bei vielen Affenarten zu finden. Bei Pavianen sind die Neugeborenen ebenfalls schwarz – außer bei einer Art, den noch kaum erforschten Kindapavianen. Hier sind die Babys weiß.

Die ersten Lebenswochen verbringt ein Affenkind in der Regel als »Tragling«[3] am Bauch der Mutter. Mit Händen und Füßen krallt es sich in ihrem Fell fest. Wenn es noch nicht die nötige Kraft hat, hält die Mutter manchmal unterstützend eine Hand un-

Abb. 3: Berberaffen in Rocamadour.

ter ihr Kind. Später dann werden die Kinder auf dem Rücken transportiert. Bei den schwanzlosen Berberaffen schmiegen sich die Kinder an die Schultern des Trägers. Dagegen können es sich Paviankinder aufrecht sitzend bequem machen und sich an den aufgestellten Schwanz der Mutter anlehnen. Bei den Berberaffen ist allerdings nicht nur die Mutter für den Transport und die Betreuung der Kinder zuständig. Auch die männlichen Tiere haben anders als bei den meisten anderen Affenarten ein enormes Interesse an den Kleinen. Oft nehmen sie der Mutter das Kind schon wenige Tage nach der Geburt weg und tragen es herum. Zuerst vermuteten die Forscher, dass es vornehmlich die Väter seien, die sich um ihren Nachwuchs kümmerten. Allerdings musste diese Hypothese nach genetischen Untersuchungen wieder verworfen werden. Eine zweite Überlegung war, dass sich die Männchen bei den Müttern beliebt machen wollen, um in der kommenden Paarungssaison einen erhöhten Paarungserfolg bei den betreffenden Weibchen zu erzielen. Aber auch diese Vermutung konnte nicht bestätigt werden. So blieb als dritte Hypothese, dass die Kinder für die Männchen eine Art Statussymbol darstellen.[4] In der Tat spielen die Neugeborenen bei der Regulation der Sozialbeziehungen unter den Männchen eine große Rolle. Wenn ein Männchen ein Jungtier mit sich herumträgt, kann es sich viel einfacher einem anderen Geschlechtsgenossen annähern und mit ihm Fell- und Beziehungspflege betreiben als ohne Kind im Schlepptau. Wenn zwei männlichen Berberaffen mit einem Kind zusammensitzen, dann ergehen sie sich in einem bizarr anmutenden Ritual, bei dem sie das Kind vor sich in die Höhe halten, es beschmatzen und inspizieren und dabei mit den Zähnen klappern. Dabei geben sie tiefe Grummellaute von sich. Manchmal bleiben sie danach einfach entspannt nebeneinander sitzen, ein anderes Mal greift sich einer der Partner hektisch das Kind und läuft damit zu einem anderen Männchen, um mit ihm das gleiche Ritual zu vollziehen. Je mehr Zeit die Männchen mit einem Jungtier verbringen, desto größer sind ihre Chancen auf solche »Triadischen Interaktionen«. Die Betreuung der Kinder – also das Halten und Herumtragen – ist für sie aber eine teure Angelegenheit. Wie wir in einer Studie zeigen konnten, war ihr Stresshormonspiegel umso höher, je häufiger und länger sie ein Kind betreuten. Andererseits nahmen Männchen, die sich viel um Kinder kümmerten, eine zentrale Stellung im Beziehungsgeflecht der Männchen ein.[5] Und diejenigen, die im Frühjahr enge Beziehungen zu anderen Geschlechtsgenossen aufbauten, erfuhren später auch häufiger Unterstützung durch ihre ehemaligen Partner.[6] Allerdings konnte noch niemand nachweisen, dass Männchen mit vielen engen Bindungen am Ende auch einen höheren Reproduktionserfolg haben und damit möglichst viele Genkopien in die nächste Runde der Evolution schicken können.

Nach der Logik der Evolutionstheorie zählt nur die Vermehrung der eigenen Gene. Manche Menschen nehmen sich glücklicherweise heraus, dieser Strategie nicht zu folgen. »My genes can jump into the lake«, bemerkte sogar der Evolutionspsychologe Steven Pinker.[7] Selbst in der Biologie gab es eine Reihe von Wissenschaftlern, die sich schwertaten, die Einsichten der Soziobiologie zu akzeptieren – die Schlussfolgerungen hatten für manche eine sozialdarwinistische Konnotation vom »Recht des Stärkeren«. Im Kern geht es aber nur um die Einsicht, dass in der Evolution »Erfolg« durch die Vermehrung der Anzahl von Genkopien definiert ist. Dabei muss ein Individuum nicht zwangsläufig auf die eigene Fortpflanzung setzen; es kann auch Verwandten beistehen. Je näher die Tiere miteinander verwandt sind, das heißt, je höher die Übereinstimmung der genetischen Ausstattung ist, desto eher lohnt es sich, dem anderen zu helfen. Die Gesamtheit aller weitergegebenen Genkopien ist die so genannte »inklusive Fitness«.[8]

Was sich aber als erfolgreich herausstellen wird, ist nicht immer vorhersehbar – mit sich wandelnden Bedingungen kann es sich als vorteilhaft erweisen, klein, wendig und defensiv zu sein. Mit der Ausdifferenzierung der soziobiologischen Theorie und dem Tod einiger der wichtigsten Protagonisten wie Steven Jay Gould ist die große ideologische Auseinandersetzung um die Soziobiologie vorbei – und inzwischen selbst ein Forschungsgegenstand der Wissenschaftsgeschichte.[9]

Berberaffen sind wie viele Primaten außerordentlich von Neugeborenen fasziniert. Als ich das erste Mal sah, wie eine ganze Gruppe von Affen auf so ein kleines Kind blickte, wurde mir klar, dass Ansammlungen von Leuten, die in einen Kinderwagen starren, Ausdruck ganz alten Primatenerbes sind. Das enorme Interesse der anderen Gruppenmitglieder für die Neugeborenen ist für diese nicht ganz ungefährlich. Manchmal wird ein Kind nicht nur von einem Männchen durch die Gegend geschleppt, sondern von einem älteren oder ranghöheren Weibchen entführt.

Bei den Berberaffen bekommen die älteren und erfahrenen Weibchen ihre Kinder früh in der Saison. Diese Weibchen wissen, wie sie sich ihr Kind von den Männchen zurückholen. Jüngere Weibchen tun sich damit schwer. Bei ihrem ersten Kind wissen sie oft nicht, was sie überhaupt mit ihm anfangen sollen. Einmal be-

Abb. 4: Berberaffenmännchen mit Kind.

obachtete ich ein junges Berberaffenweibchen – beim Menschen würde man wahrscheinlich von einer Teenagerschwangerschaft sprechen –, wie sie ihr Neugeborenes falsch herum trug. Dann setzte sie sich auf das Kind. Schließlich trug sie es mehr schlecht als recht mit sich herum, ließ es zwischendurch auch einfach so liegen. Als das Kind anfing zu schreien, lief sie auf das Baby zu und wollte mit ihm spielen. Glücklicherweise war das Kind relativ robust, und nach einigen Tagen hatte sie den Bogen raus. Solche Fälle zeigen sehr deutlich, wie wichtig die Erfahrung beim Umgang mit dem Nachwuchs ist. Wie ich später ausführen werde, sind Affen in vielen Fällen äußerst lernfähig. Allerdings *können* sie nicht nur vieles lernen, sie *müssen* es auch.

Diejenigen kleinen Berberaffen, die die kritische erste Phase überstanden und das Glück gehabt haben, eine erfahrene und durchsetzungsfähige Mutter zu haben, verbringen die ersten Lebensmonate zu einem großen Teil bei ihr oder in Obhut eines Männchens. Meist entwickeln sich besondere Präferenzen bei den Männchen für ein bestimmtes Kind, so dass dieses in der Regel einen Hauptbetreuer und vielleicht einen oder zwei Nebenbetreuer hat. Souveräne Betreuer bringen das Kind zur Mutter zurück, wenn es aus Hunger oder Durst anfängt zu protestieren. Manchmal hält ein Männchen aber auch über Stunden relativ ungerührt ein Kind am Fußgelenk fest und lässt sich durch sein Geschrei nicht im Mindesten beeindrucken.[10]

Im Laufe des Sommers färbt sich das Babyfell allmählich um, und die Kinder nehmen die Farbe der Erwachsenen an. Zunächst zeichnet sich an den Augenbrauen ein goldener Streif ab. Die Gesichter werden erst blasser und dann setzt nach und nach die für die älteren Tiere typische Pigmentierung des Gesichtes ein. Die Hände und Füße werden dunkler und allmählich genauso schwarz wie die kleinen Finger- und Fußnägel. Auch die motorischen Fähigkeiten der kleinen Affen bilden sich erst allmählich heraus. So bezeichnen wir die drei oder vier Wochen alten Affen manchmal als »Frösche«, weil sie so unbeholfen herumhoppeln. Erst nach einigen Monaten hat sich die normale Fortbewegungsweise voll herausgebildet. Jetzt sind die wichtigsten Sozialpartner neben der Mutter die anderen Jungtiere. Ausgiebig wird die Welt erkundet, gespielt, geklettert und balanciert.

Die Mütter unterscheiden sich in ihrem Betreuungsstil deutlich voneinander, nicht nur in Abhängigkeit von ihrer eigenen Erfahrung, sondern auch entsprechend ihrer Persönlichkeit und dem Geschlecht des Kindes. Manche Affenmütter sind außerordentlich protektiv und lassen das Kind nicht weg, wenn dieses sich aufmachen möchte, um die Welt zu erkunden. Andere dagegen sind sehr entspannt und lassen das Kind bestimmen, ob es bei der Mutter bleiben oder mit anderen Jungtieren spielen will. Innerhalb des ersten Lebensjahres wechseln die beiden ihre Rollen: Am Anfang läuft die Mutter eher dem Kind hinterher, doch irgendwann dreht sich das Verhältnis um, weil die Mutter sich auf weiteren Nachwuchs vorbereitet und beginnt, ihr Kind abzuwehren. Das Kleine kann dann nicht mehr nach Belieben zur Mutter kommen und an der Brust trinken. Berberaffenmütter scheinen ihre

Abb. 5: Ein Berberaffenmännchen hält ein Jungtier am Fuß fest.

Töchter früher zu entwöhnen als ihre Söhne. Dies wurde damit in Verbindung gebracht, dass die Söhne nach der Entwöhnung nur noch wenig Kontakt zur Mutter haben, während die Töchter die wichtigsten Sozialpartner bleiben.[11] Während der Entwöhnungsphase spielen sich teils dramatische Szenen ab. Ich habe schon gesehen, wie eine Mutter einen Arm vor ihre Brust hielt, um das Kind am Trinken zu hindern, und der Nachwuchs mit gesträubtem Fell und blitzenden Zahnreihen lautstark protestierte. Manche Kinder scheinen ihre Mütter regelrecht zu erpressen: Sie stürzen sich vom Baum, schlagen Saltos und wälzen sich im Staub. Anfangs gibt die Mutter manchmal noch nach und lässt das Kind doch wieder an die Brust. Wenn im Herbst aber die Paarungszeit beginnt, ist der Nachwuchs abgemeldet. Einmal habe ich gesehen, wie ein kleiner Berberaffe nach einem langen Schreianfall an die Brust der Mutter gelassen wurde. Plötzlich riss die Mutter das Kind von sich. Es hatte sie anscheinend in die Brust gekniffen. Sie griff sich das Kind und biss ihm kräftig ins Bein. Es gibt bei Affen also durchaus eine Form von »Erziehung«.

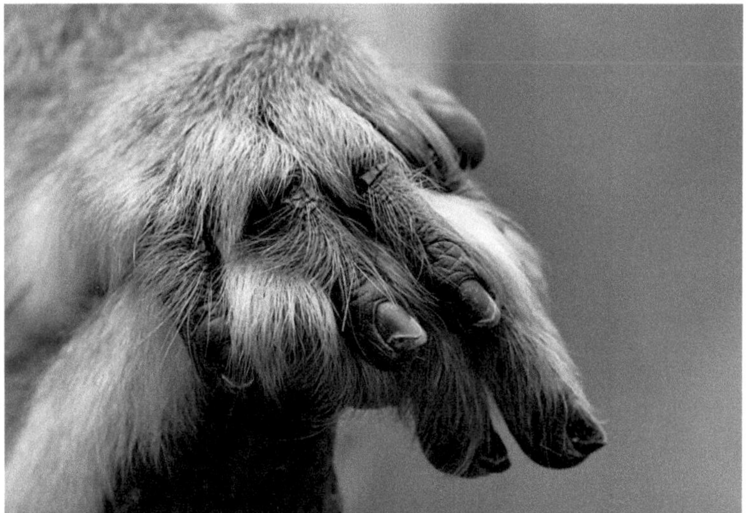

Abb. 6: Füße und Hände eines Berberaffen.

Die jungen Weibchen werden im Alter von dreieinhalb bis viereinhalb Jahren geschlechtsreif. In diesem Alter scheinen sie noch nicht so recht zu wissen, wie ihnen geschieht. Einerseits fürchten sie sich immer noch vor den erwachsenen Männchen, denen sie bislang immer aus dem Weg gegangen sind. Andererseits treiben die Hormone sie in deren Nähe. Ein regelrechtes Wechselbad der Gefühle – sie nähern sich schnatternd und mit Furchtgrinsen an, um bei der geringsten Bewegung des Männchens kreischend davonzulaufen. Irgendwann trauen sie sich dann doch und recken den Männchen ihre Hinterteile entgegen. Wenn ein fast doppelt so schweres Männchen ein junges Weibchen besteigt, ist es für dieses schwierig, das Gleichgewicht zu halten. Erfahrenere Weibchen hingegen sind in der Lage, sich bei der Paarung sogar zum Männchen umzudrehen, ihm ins Gesicht zu schauen und in sein Fell zu greifen: Maßnahmen, die die Wahrscheinlichkeit einer Ejakulation erhöhen. Dazu stoßen die Weibchen einen stakkatoartigen Paarungsruf aus.[12]

Die jungen Männchen verlassen im Alter von vier bis fünf Jah-

Abb. 7: Paarung bei Berberaffen.

ren normalerweise ihre Geburtsgruppe.[13] Dies ist für sie eine äußerst gefährliche Zeit. Zunächst halten sie sich in der Peripherie ihrer eigenen Gruppe auf, womit sie auch die Rolle der Wächter übernehmen, da sie oft als Erste mögliche Gefahren entdecken und durch Warnrufe darauf aufmerksam machen. Irgendwann begeben sie sich dann in eine fremde Gruppe. Sie sind in dieser Phase noch längst nicht ausgewachsen, sondern ziemlich schlaksig – halbstark eben. Gegen die ausgewachsenen Männchen, die viel mehr Muskelmasse, größere Eckzähne und erheblich dichteres Fell aufweisen, haben sie keine Chance. Junge Männchen, die in eine Gruppe einwandern wollen, laufen Gefahr, von den erwachsenen Männchen angegriffen und zum Teil schwer verletzt zu werden. Aber irgendwann macht sich Hartnäckigkeit bezahlt und sie werden in die neue Gruppe aufgenommen.

Im Alter von sieben oder acht Jahren erreichen die männlichen Berberaffen ihre volle Kampfkraft. Wichtiger als die physische Überlegenheit scheint aber bei dieser Art die Fähigkeit zu sein, das Netz der Sozialbeziehungen zu pflegen und Allianzen zu schmieden. Bei den Berberaffen in Rocamadour halten sich die Alpha-Männchen manchmal erstaunlich lange in der höchsten Rangposition. Dabei unterscheiden sie sich oft deutlich in ihrem individuellen Dominanzstil.

Männliche und weibliche Berberaffen altern auf unterschiedliche Weise. Die Männchen verlieren zwar ihre Masse, bleiben aber meist noch ganz gut in Form. Die Weibchen dagegen werden erst einmal dick und schwammig. Die Brüste und der Bauch hängen. Im höheren Alter fangen sie dann wie die Männchen an zu schrumpeln und werden immer dürrer und knochiger, bis irgendwann nur noch die Haut über den Knochen spannt. Das Haar wird struppig, die Finger knorrig, und die meisten von ihnen bekommen einen Buckel. Die Zähne fallen aus, die Augen werden trübe. Dass sie überhaupt so alt werden, liegt natürlich an ihrem Leben im Gehege. Im Freiland wären sie schon längst einem Raubfeind zum Opfer gefallen. Aber auch dort können Affen über 20 Jahre alt werden.

Die Sozialsysteme von Primaten

Die Berberaffen sollen als Referenzsystem dienen, um die Grundzüge der wichtigsten theoretischen Modelle vorzustellen, die sich mit der Variation in Sozialsystemen von Primaten befassen. Berberaffen sind ein Beispiel für eine Gesellschaft, in der die weiblichen Tiere den Kern der Gruppe bilden und die männlichen Tiere nach der Pubertät normalerweise ihre Geburtsgruppe verlassen.[14] Die Weibchen leben in Klans, bestehend aus Großmutter, Mutter, vielleicht deren Schwestern, sowie Töchtern und Cousinen. Oft ist das ranghöchste Tier in einem solchen Klan das älteste Weibchen, gefolgt von ihrer jüngsten Tochter, dann der zweitjüngsten Tochter, und so weiter. Die jüngste Tochter erfährt nämlich in der Regel bei Auseinandersetzungen die meiste Unterstützung durch ihre Mutter. Bei den Berberaffen nimmt allerdings die älteste Tochter den höchsten Rang ein. Und auch sonst sind die Verhältnisse oft komplexer als die graue Theorie – zum Beispiel, wenn die Mutter gestorben ist, ein jüngeres Weibchen aber durch einen älteren Bruder unterstützt wird, der noch nicht ausgewandert ist.[15]

Bei der Analyse von Sozialsystemen hat es sich bewährt, verschiedene Aspekte getrennt voneinander zu betrachten.[16] Da wäre zum einen die Frage nach der sozialen Organisation – das heißt: Wie verteilen sich die Tiere in Raum und Zeit? Leben sie in Gruppen? Wie groß sind die Gruppen und wie sind sie zusammengesetzt? Sind immer alle zusammen, oder teilen sie sich auf und treffen sich dann wieder? Handelt es sich um Paare mit ihrem Nachwuchs oder um Harems und Junggesellengruppen? Und wie sind die Verwandtschaftsbeziehungen innerhalb einer Gruppe? Eine andere Analyseebene ist das Paarungssystem: Paart sich nur ein Männchen mit den Weibchen der Gruppe, oder kommen auch andere zum Zug? Gibt es exklusive Bindungen, wenn ein Weibchen paarungsbereit ist, also so genannte Konsortpaare? Oder paaren sich alle munter durcheinander? Daran schließt sich direkt die Frage an, wer am Ende bei den Männchen den größten Fortpflanzungserfolg verzeichnen kann. Möglicherweise geht ein Weibchen auch mal »fremd« und kopuliert mit einem Männchen aus einer anderen Gruppe. Die dritte Analyseebene bezieht sich schließlich auf die einzelnen Sozialbeziehungen, die die Tiere miteinander pflegen und die in ihrer Gesamtheit die Sozialstruktur einer Gruppe ausmachen. Beziehungen lassen sich nach Art und Häufigkeit der einzelnen Interaktionen zwischen Individuen charakterisieren, wobei die Art der Interaktionen den sozialen Stil einer Art ausmacht – etwa, ob die Dominanzhierarchie sehr strikt ist und die Tiere eher despotisch agieren, oder ob egalitäre Verhältnisse herrschen und eine hohe Toleranz der Tiere untereinander zu beobachten ist.

Soziale Organisation

Berberaffen leben im Freiland in festen Gruppen mit mehreren Männchen und Weibchen sowie ihrem Nachwuchs. Die Gruppen umfassen etwa zehn bis 50 Tiere.[17] Insgesamt zeichnen sich die Berberaffen durch eine relativ hohe Toleranz innerhalb der Gruppe und eine starke Konkurrenz zwischen Gruppen aus. Die Frage, ob die Konkurrenz eher zwischen oder innerhalb von Gruppen herrscht und wie stark ausgeprägt sie ist, das heißt, wie das kompetitive Regime aussieht, fällt in den Gegenstandsbereich der sozioökologischen Theorie. Als Grundlage der Konkurrenzbeziehungen wird die Verteilung der Nahrung im Habitat, also im Lebensraum der Tiere, angesehen.[18] Als Faustregel gilt, dass die Verteilung der Weibchen davon abhängt, wo es was zu essen gibt, und die der Männchen davon, wo die Weibchen sind, weil letztere als wichtigste Ressource für den Fortpflanzungserfolg eines Männchens gelten. Die Ausbreitung der Weibchen hängt von der Qualität der Nahrung sowie dem Vorkommen im Habitat ab. Haben es die Tiere mit hochwertiger Nahrung zu tun, die unregelmäßig in kleineren Mengen im Habitat verteilt ist, fördert dies die Herausbildung von stärkeren Hierarchien innerhalb der Gruppe. Es zahlt sich für die Tiere aus, sich gegen andere durchzusetzen, um sich Vorrang bei den Futterquellen zu verschaffen. Ist die Nahrung jedoch mehr oder weniger gleichmäßig verteilt, von schlechter Qualität oder rasch aufgebraucht, dann lohnt es sich nicht, Händel mit anderen Tieren einzugehen. Stattdessen können die Tiere einfach ausweichen. Oder es gibt gar nichts, worum sie streiten müssten. Bei unregelmäßiger Verteilung hochwertigen Futters hängt es nun wieder von der Größe der Nahrungsquellen ab, ob die Konkurrenz vor allem zwischen Individuen einer Gruppe oder zwischen Gruppen auftritt. Bei den Berberaffen sind die Rangbeziehungen relativ egalitär und die vielen kleinen Streitigkeiten innerhalb der Gruppe werden meist gleich wieder beigelegt. Dafür herrscht zwischen Gruppen im Freiland eine enorme Konkurrenz um Territorien.

Weniger eindeutig sind die theoretischen Vorstellungen davon, wie die soziale Organisation von Gruppen zu erklären ist, bei denen die Männchen den Kern der Gruppe darstellen und die Weibchen auswandern. Diese Form der sozialen Organisation wird der Theorie nach durch eine schwache Konkurrenz um Futter begünstigt. Allerdings kann nicht alles, was wir heute beobachten, vollständig durch die aktuellen ökologischen Bedingungen erklärt werden; evolutionäre Inertia spielen auch eine gewichtige Rolle. Vergleichende Analysen, die die stammesgeschichtlichen Verwandtschaftsbeziehungen berücksichtigen, sind daher wichtig, um herauszufinden, welche Merkmale für eine ganze Gruppe von Tierarten gelten und daher vermutlich auf alte Anpassungen der gemeinsamen Vorfahren der betreffenden Arten zurückzuführen sind.[19]

Viele Studien haben inzwischen weitere Faktoren identifiziert, die zusätzlich zur Nahrung die Verteilung der weiblichen Tiere beeinflussen, wie zum Beispiel das Risiko der Übertragung von Krankheiten und die Bedrohung durch Raubfeinde. In einer

Gruppe können Raubfeinde viel eher entdeckt werden, wobei die Kosten der Wachsamkeit zudem noch auf die verschiedenen Mitglieder der Gruppe verteilt werden. Außerdem profitieren die einzelnen Tiere vom Verdünnungseffekt, also von der Tatsache, dass die Wahrscheinlichkeit, einem Räuber zum Opfer zu fallen, mit zunehmender Gruppengröße sinkt. Ein weiterer Faktor ist die Bedrohung des eigenen Nachwuchses durch neu in die Gruppe eingewanderte Männchen, was dazu führen kann, dass Weibchen sich zum Schutz vor Kindstötungen eng an einzelne vertraute Männchen binden.[20] Andererseits wachsen mit einer erhöhten Anzahl von Tieren, die auf engem Raum leben, die Gefahr der Übertragung von Krankheiten und selbstverständlich die Konkurrenz um Nahrung und Wasser. Insofern herrschen in sozialen Gruppen sowohl Kräfte, die gegen die Aggregation wirken, als auch solche, die den Zusammenschluss fördern. Kosten und Nutzen des Gruppenlebens führen der sozioökologischen Theorie zufolge zu quasi optimalen Gruppengrößen, die den jeweiligen ökologischen Situationen entsprechen.

Paarungssysteme

In Bezug auf ihr Paarungsverhalten stellen die Berberaffen ein Beispiel extremer Promiskuität dar. Die weiblichen Tiere paaren sich mit fast allen Männchen der Gruppe, wobei sie eine höchst aktive Rolle einnehmen.[21] Wir haben schon gesehen, wie ein Weibchen einem Männchen ihr Hinterteil mit rosafarbener Sexualschwellung mitten ins Gesicht drückte. Und Dana Pfefferle, die bei uns ihre Doktorarbeit schrieb, hat ein Weibchen dabei beobachtet, wie es kräftig am Penis eines Männchens zog. Nach einer Paarung unternehmen die männlichen Berberaffen nur zögerliche Versuche, das Weibchen noch eine Weile zu bewachen. Diese machen stattdessen bald dem nächsten Männchen Avancen. Bei anderen Arten, wie zum Beispiel den südafrikanischen Bärenpavianen, sieht das ganz anders aus: Hier bildet sich ein festes Konsortpaar heraus, wobei das Männchen sein Weibchen keine Minute aus den Augen lässt. Bei den Berberaffen entscheidet sich die Vaterschaft vermutlich erst nach der Kopulation, durch Konkurrenz der Spermien untereinander. Das Ziel der Weibchen scheint zu sein, die Männchen im Unklaren über die mögliche Vaterschaft zu lassen – also Vaterschaftsverschleierung zu betreiben. Wenn die meisten Männchen eine gewisse Chance haben, der Vater zu sein, werden sich auch möglichst viele in der Betreuung der Kinder und bei der Verteidigung der Gruppe engagieren. Die Berberaffen sind also ein Beispiel für Polygynandrie: Die Weibchen paaren sich mit mehreren Männchen und die Männchen mit mehreren Weibchen.

Das andere Extrem eines Paarungssystems wäre die Monogamie: Nur ein Weibchen und ein Männchen paaren sich miteinander. Das bekannteste Beispiel hierfür liefern die Gibbons, die meist in festen Paaren leben. Allerdings sind sich die Tiere nicht immer »treu«. Dies weist darauf hin, dass man zwischen sozialer Organisation (wer lebt mit wem?) und dem Paarungsverhalten (wer paart sich mit wem?) sorgfältig unterscheiden muss. Nicht alle Gibbons sind jedoch paarlebend. Bei den Weißhandgibbons im thailändischen Khao Yai Nationalpark leben viele Tiere in Gruppen mit zwei oder mehreren Männchen.[22]

Da die meisten menschlichen Kulturen die Monogamie als dominante soziale Organisationsform hervorgebracht haben, gilt der Frage großes Interesse, welche Faktoren eine enge Paarbindung begünstigen. Das gilt natürlich auch für Vertreter anderer Tierklassen. So leben zahlreiche Vogelarten in stabilen Paarbeziehungen. Manche davon halten ein Leben lang, so wie beispielsweise bei den Höckerschwänen. Eine Hypothese zur Evolution der Monogamie bei Primaten lautet, dass die Männchen schlichtweg nicht in der Lage sind, mehr als ein Weibchen für sich zu monopolisieren, da die von jeweils einem Weibchen bewohnten Territorien zu groß sind.[23] Würden die Männchen zwischen verschiedenen Territorien wechseln, liefen sie Gefahr, am

Ende weniger erfolgreiche Paarungen zu verzeichnen als solche Männchen, die stets bei einem Weibchen bleiben. Eine alternative Erklärung für die Herausbildung einer monogamen Paarbindung wäre, dass das Männchen seinen Reproduktionserfolg durch die Unterstützung seines Weibchens steigert. Es hält nach Raubfeinden Ausschau, hilft, das Revier zu verteidigen, oder verhindert, dass ein anderes Männchen den Nachwuchs umbringt. Bislang sprechen verschiedene Überlegungen für die letztgenannte Hypothese. Die grundlegendere Frage lautet jedoch, warum sich die Weibchen nicht in größeren Gruppen zusammenschließen. Fehlt die Bedrohung durch Raubfeinde, oder sind die Habitate nicht dafür geeignet, dass mehrere Weibchen auf engerem Raum zusammen leben können? Diese Fragen sind noch nicht hinreichend geklärt.

Sobald sich eine feste Paarbindung herausgebildet hat, kann das Männchen seinen reproduktiven Erfolg am ehesten dadurch maximieren, dass es nun auch in die Jungenaufzucht investiert, wie es bei den meisten Vogelarten der Fall ist. Ein solches Beispiel findet sich auch bei Krallenaffen, die als Paar oder in kleinen Gruppen zusammenleben. In der Regel pflanzt sich bei ihnen nur das dominante Weibchen fort, während bei den anderen Weibchen der Eisprung vermutlich durch Pheromone unterdrückt wird.[24] Wenn sich ein weibliches Tier mit mehreren Männchen paart, wird dies als polyandrisches Paarungssystem bezeichnet. Krallenaffen bringen in der Regel Zwillinge zur Welt, die dann an die Männchen oder ältere Geschwister abgegeben und von diesen durch die Baumwipfel getragen werden. Lediglich zum Säugen werden sie zur Mutter zurückgebracht. Die hat durch diese Art der Arbeitsteilung mehr Zeit, sich Nahrung zu suchen und rascher wieder schwanger zu werden. Aufgrund der Beteiligung der anderen Tiere an der Jungenaufzucht wird diese als »kommunal« oder »kooperativ« bezeichnet. Tatsächlich ist eine hohe soziale Toleranz notwendig, um den Transfer der Babys sicher bewerkstelligen zu können.[25]

Häufig finden sich Paarungssysteme, bei denen sich ein Männchen mit mehreren Weibchen paart und diese auch gegen andere Männchen verteidigt. Solche Harems gibt es bei Gorillas und Mantelpavianen ebenso wie bei den Hanumanlanguren des indischen Subkontinents. Hanumanlanguren sind besonders interessant, da sie in verschiedenen Habitaten eine unterschiedliche soziale Organisation aufweisen: In Indien kommen sie als Harems vor, wo ein Männchen mehrere Weibchen für sich monopolisieren kann. Im Süden Nepals, wo Hanumanlanguren in einem üppigeren Habitat leben, bestehen die Gruppen dagegen aus mehreren Männchen und Weibchen. Man könnte auch sagen, dass die Weibchen sich unter diesen Bedingungen mehrere Männchen leisten können.[26]

Ein wichtiger Faktor im Rahmen der reproduktiven Strategien von Männchen und Weibchen sind Kindstötungen, auch Infantizide genannt. Ein neuer Haremshalter profitiert davon, eine möglichst große Zahl von Weibchen zu befruchten. Solange die Weibchen noch Kinder haben, die sie stillen, sind sie in der Regel nicht empfängnisbereit. Unter solchen Umständen ist der Infantizid für die Männchen eine adaptive Strategie – für die Weibchen ist die Tötung ihres Nachwuchses dagegen eine Katastrophe.

Als ich meine ersten Gehversuche in der Primatologie machte, lehnten viele meiner Kollegen den Gedanken an die Existenz von Kindstötungen grundlegend ab. Auf Konferenzen brachen regelrechte Glaubenskriege aus. Manche konnten sich einfach nicht vorstellen, dass Affen ihresgleichen töten, und dann auch noch Kinder![27] Für Anhänger der soziobiologischen Theorie waren Infantizide dagegen vollkommen kompatibel mit der evolutionsbiologischen Maxime, nach der jedes Individuum seine inklusive Fitness erhöhen sollte. Inzwischen sind Infantizide als Teil des normalen Verhaltensrepertoires mancher Arten akzeptiert.[28]

Die Frage heute ist eher, welche Faktoren das Auftreten von Infantiziden begünstigen. Eine große Rolle scheint zu spielen, wie lange ein Haremshalter oder ein Alphamännchen seine Position halten kann.[29] Bei den streng saisonalen Berberaffen würden sich Infantizide überhaupt nicht lohnen, da die Weibchen sowieso erst wieder im nächsten Herbst empfängnisbereit sind.

Soziale Beziehungen

Wie lässt sich die Sozialstruktur einer Affengruppe charakterisieren? Laut Robert Hinde, einem der Doyens der Erforschung des Sozialverhaltens von Tieren, ergibt sich die Sozialstruktur aus der Gesamtheit der Beziehungen, die die Gruppenmitglieder miteinander haben.[30] Die Beziehungen ihrerseits sind durch die Qualität und Quantität der einzelnen Interaktionen zwischen den Individuen definiert.

Bei Affen wird die Soziabilität oder Bindungsfähigkeit eines Tieres in der Gruppe meist an der Dauer und Häufigkeit der sozialen Fellpflege – dem so genannten Grooming – festgemacht. Wie häufig ein Affe mit anderen friedlich zusammensitzt (»Kontaktsitzen«) oder diese beim Fressen in seiner Nähe duldet, kann ebenfalls Aufschluss über die Intensität einer sozialen Beziehung geben.[31] Es gibt verschiedene theoretische Modelle, mit denen versucht wird, die Verteilung der sozialen Fellpflege innerhalb einer Gruppe zu beschreiben und zu erklären. Die Fellpflege wird dabei stets als eine Art sozialer Investition angesehen. Eines der beiden wichtigsten Modelle wurde von Robert Seyfarth vorgelegt. Seyfarth charakterisierte die Verteilung der Fellpflege unter weiblichen Primaten in den 1970er Jahren mit seinem *Priority of Access*-Modell.[32] Er modellierte neben verschiedenen Einflussfaktoren wie dem Grad der Verwandtschaft oder dem Vorkommen eines Kindes vor allem die Zeit, die für die aktive und passive Fellpflege angesetzt werden. Sein Modell basiert auf der Annahme, dass Beziehungen für die Tiere einen Wert haben. Beziehungen mit hochrangigen Tieren sind demnach wertvoller als solche mit niedrigrangigen Tieren, da sie effektivere Unterstützung versprechen und gegebenenfalls auch Zugang zu begehrten Futterquellen verschaffen können. Tatsächlich haben mehrere Studien ergeben, dass hochrangige Tiere häufiger gegroomt werden als niedrigrangige. Es zahlt sich für die Affen also aus, Zeit und Fellpflege in die Beziehung zu »wertvollen« Partnern zu investieren. Insgesamt beschrieb Seyfarths Modell das beobachtete Verhalten in eher hierarchischen Gesellschaften recht gut, war aber weniger zutreffend für egalitäre Gesellschaften.

Ein anderer Ansatz wurde von Ronald Noë und Peter Hammerstein entwickelt. Ihnen zufolge seien die Interaktionen zwischen Affen besser zu verstehen, wenn man sich die Tiere als Teilnehmer an einem biologischen Markt vorstellt, auf dem soziale Güter gehandelt werden.[33] In biologischen Märkten können die Tiere auswählen, mit wem sie interagieren. So kommt es zu einem Wettbewerb um die zuverlässigsten Partner. Louise Barrett und Peter Henzi nahmen diesen Ansatz auf, um die Interaktionen zwischen Weibchen mit und ohne Neugeborene zu charakterisieren. Wie erwähnt, sind Neugeborene für viele Affen außerordentlich faszinierend. Die anderen Gruppenmitglieder haben meist

Abb. 8: Ein Berberaffenmännchen groomt ein Weibchen.

ein großes Interesse daran, die kleinen Affen anzufassen und zu begrüßen. Eine Mutter, die über eine solche »Ressource« verfügt, kann nun den Zugang zum Kind eintauschen gegen ausgedehnte Fellpflege – wer ihr ausgiebig den Rücken kratzt, darf hinterher auch das Kind anfassen. Der »Preis« für den Zugang zum Kind hängt nach dieser Logik davon ab, wie viele Kinder gleichzeitig auf dem »Markt« sind.[34] Ist das Weibchen gerade die Einzige mit einem Kind, darf die Fellpflege auch ein bisschen länger dauern. Die empirische Überprüfung für den Austausch von Grooming und Zugang zum Kind hat bislang allerdings gemischte Ergebnisse erbracht: Während bei Bärenpavianen in Südafrika der Aufwand der Fellpflege bei einer geringen Anzahl von Kindern auf dem »Markt« stieg, gab es bei Kapuzineraffen in Südamerika keinen solchen Zusammenhang.[35]

Die Affen machen ihre Interaktionen nicht nur vom Wert des Partners oder der Ressource abhängig, sondern sie scheinen auch einzubeziehen, welcher Art die letzte Interaktion war. Dies untersuchten Dorothy Cheney und Kollegen an weiblichen Bärenpavianen. Sie spielten diesen Weibchen die Drohlaute eines anderen Weibchens vor, und zwar unter verschiedenen Bedingungen. In der ersten Bedingung hatten sich die beiden eine halbe Stunde zuvor ausgiebig gegroomt. In der zweiten Bedingung dagegen war das Weibchen, das nun die Laute hörte, zuvor selbst von dem anderen Weibchen bedroht worden. Die getesteten Tiere gingen häufiger in Richtung des Lautsprechers, um das rufende Weibchen zu unterstützen, wenn sie sich kurz zuvor mit diesem gegroomt hatten, als wenn sie bedroht worden waren. Das Verhalten hing also von der vorherigen Interaktion ab; allerdings nur, wenn die Tiere nicht verwandt waren. Bei Verwandten war die vorherige Interaktion unerheblich.[36]

Untersuchungen des kooperativen Verhaltens in Gefangenschaft ergaben, dass soziale Toleranz und die Bereitschaft zu teilen einen großen Einfluss darauf haben, ob Tiere zusammenarbeiten, um eine bestimmte Belohnung zu bekommen.[37]

Schimpansen wissen zum Beispiel genau, auf welche Partner sie sich am ehesten verlassen können.[38] Es spricht vieles dafür, dass es gewisse Kontingenzen im Sozialverhalten gibt, wobei die Bereitschaft, jemand anderen zu unterstützen, vom vorherigen Kontakt abhängt. Diskutiert wird derzeit, ob dabei eher der Verstand oder das Gefühl entscheidend ist. Theoretisch könnten die Affen eine genaue Vorstellung von der Sequenz der bisherigen Interaktionen haben und daraus einen Wert der Beziehung berechnen, der dann ihr Verhalten bestimmt (»kalkulierte Reziprozität«).[39] Aufgrund solcher Berechnungen könnten die Tiere Erwartungen generieren, wer ihnen gewissermaßen noch etwas schuldig ist. Dies hieße, die Tiere würden tatsächlich in Beziehungen »investieren« und Vorstellungen von gewissen Vorteilen in der Zukunft haben. Diese Annahmen wurden unter anderem von den Vertretern der Theorie der »Biologischen Märkte« als kognitiv viel zu komplex angesehen.[40] Eine andere, sehr einfache Erklärung geht davon aus, dass die Tiere eine summarische Repräsentation vergangener Interaktionen haben. Dazu müssen sie sich nur merken, welchen positiven oder negativen Wert eine bestimmte Beziehung hat, und in der Lage sein, diesen Wert nach einer Interaktion zu aktualisieren. Ein solcher über die »Attitüde« vermittelter Mechanismus wurde von Frans de Waal vorgeschlagen.[41] In den vergangenen Jahren tauchte er unter dem Begriff der »Emotionalen Buchhaltung« erneut in der Diskussion auf.[42]

Kooperatives Verhalten, bei dem sich die Tiere im gegenseitigen Interesse zeitgleich oder auch abwechselnd unterstützen, ist bei den Affen weit verbreitet. Dabei nehmen sie außergewöhnliche Kosten auf sich, wenn es beispielsweise um die Verteidigung des eigenen Territoriums geht. Dies ist aber immer in ihrem ureigenen Interesse. Was dagegen anscheinend nicht vorkommt, ist echter Altruismus, bei dem einer Kosten auf sich nimmt, um jemand anderes zu unterstützen, ohne dass dies später vergolten würde. Diese Form kooperativen Verhaltens scheint auf Menschen beschränkt zu sein.[43]

Neben der sozialen Fellpflege gehören das »Kontaktsitzen« und insbesondere die Toleranz bei der Nahrungsaufnahme zu den Indikatoren für eine wohlwollende und stabile Beziehung. Da diese Indikatoren in der Regel korrelieren, werden sie häufig zu einem Sozialitätsindex zusammengefasst. Bei den Gelben Pavianen im kenianischen Amboseli Nationalpark haben Weibchen mit einem hohen Sozialitätsindex einen höheren reproduktiven Erfolg, konkret, eine höhere Anzahl von Kindern, die das erste Jahr überleben.[44] Feste Beziehungen zu anderen Tieren haben also evolutiv gesehen einen hohen adaptiven Wert. Bei Bärenpavianen im Okavangodelta ist es ähnlich: Weibchen mit einem hohen Sozialitätsindex leben nicht nur länger als Weibchen mit wenigen oder schwachen Beziehungen, sie haben ebenfalls einen höheren reproduktiven Erfolg.[45]

Ein Zusammenhang zwischen Sozialität und reproduktivem Erfolg wurde inzwischen auch bei Männchen nachgewiesen. Oliver Schülke, Julia Ostner und Mitarbeiter untersuchten an freilebenden Assammakaken in Thailand, wie sich positive soziale Bindungen auf den Rang und damit den Zugang zu fertilen Weibchen auswirkten. Männchen, die ihre sozialen Beziehungen pflegten, nahmen in den darauf folgenden Untersuchungsperioden einen höheren Rang ein als solche mit einem niedrigen Sozialitätsindex und hatten später auch einen höheren Reproduktionserfolg.[46]

Ich habe mich oft gefragt, wie die Tiere den Tod eines nahestehenden Partners empfinden. Sie zeigen ja keine offensichtlichen Anzeichen von Trauer. Weibchen, deren kleine Kinder zeitweise verschwunden sind oder denen man ihre toten Kinder wegnimmt, suchen zwar nach ihren Jungen und äußern Kontaktrufe. Doch einem Weibchen, das seine Schwester oder Mutter verloren hat, merkt man zunächst gar nichts an. Tatsächlich aber lösen solche Ereignisse eine starke physiologische Stressreaktion aus.[47] Genaue Beobachtungen zeigten, dass die Tiere plötzlich mit vielen anderen Gruppenmitgliedern Kontakt aufnahmen und ihnen das Fell lausten, bis sie schließlich einen neuen Partner gefunden hatten.[48]

Woher wissen wir eigentlich, dass die Tiere mit einer physiologischen Stressreaktion auf solche Ereignisse antworten? Inzwischen ist es möglich, die Stoffwechselprodukte verschiedener Hormone aus Kot zu extrahieren und die Konzentration der entsprechenden Hormone im Rückschluss zu ermitteln, so dass wir in der Lage sind, physiologische Stresslevels, Testosteronwerte oder den Ovulationszeitpunkt zu bestimmen. Ebenso lässt sich DNA, also das Erbgut, aus abgeschilferten Zellen im Kot extrahieren, so dass heute viele Fragen in der Freilandforschung angegangen werden können, ohne dass wir die Tiere fangen müssten. Entsprechend wird Affenscheiße auch als »Gold der Primatenforscher« bezeichnet.

Für das Verständnis der Entwicklung einer sozialen Bindung ist die Interaktion zwischen Müttern und Neugeborenen besonders aufschlussreich. Eine erfahrene Mutter hält ihr Junges am Bauch, so dass es jederzeit trinken kann. Setzt sie sich hin, hält sie das Baby im Schoß. Oft schauen sich Mutter und Kind dann sehr lange an. Erwachsene Affen vermeiden das in der Regel, da ein direkter Blick eine Drohung darstellt. Der Blickkontakt zu den Neugeborenen aber scheint große Bindungskräfte zu entfalten und durch den Ausdruck positiver Stimmung verstärkt zu werden. So grunzen Pavianweibchen sanft, und die Mütter und anderen Betreuer der Berberaffenjungen schmatzen mit den Lippen, klappern mit den Zähnen und geben knarzende Laute von sich. Bei den Berberaffen fangen die kleinen Kinder schon nach wenigen Tagen an, ebenfalls rhythmische Kaubewegungen zu produzieren, die eine rudimentäre Form des Zähneklapperns darstellen. Es sind also gegenseitige Aufmerksamkeit und der sich verstärkende Austausch positiver Signale, die zu einer Etablierung und Festigung der sozialen Bindung führen.

Beim Menschen führt das Stillen des Säuglings zur Ausschüttung von Oxytocin, einem Botenstoff, der auch als »Bindungshormon« bezeichnet wird. Eine Studie von James Higham, Dario Maestripieri und Kollegen von der Universität Chicago bestätigte einen solchen Zusammenhang auch bei Rhesusaffen.[49] Oxytocin spielt aber nicht nur beim Geburtsprozess und dem Stillen eine Rolle, sondern wird auch als Folge sexuellen Kontakts und zärtlicher Berührungen ausgeschüttet. Über die Mutter-Kind-Beziehung hinaus trägt es zur Bindung zwischen Individuen bei.

Bei toten Kindern fällt diese positive Rückkopplung aus. Die Mütter sind den Jungen zwar noch zugewandt, sie pflegen ihnen sogar noch das Fell, aber der verstärkende Effekt des Blickkontakts und der positiven Signale kann nicht mehr wirken. Allmählich sinkt die Motivation der Mutter, den Kontakt mit dem Kind aufrechtzuerhalten. Das tote Kind wird zunächst phasenweise, später auch für längere Zeit zurückgelassen. Dabei ist der Mutter oder den anderen Gruppenmitgliedern der tote Körper durchaus nicht gleichgültig. Kommt man als etwas ahnungslose Beobachterin dem zuweilen schon stark verwesten Körper zu nah, kann es passieren, dass man von der ganzen Gruppe bedroht wird. Der Leichnam gilt also durchaus noch als der Gruppe zugehörig.

Soziale Beziehungen manifestieren sich nicht nur tagsüber durch ausgedehnte Grooming-Sessions oder durch Unterstützungsaktionen bei Konflikten, sie bilden sich auch im Schlafverhalten ab. Aus Schutz vor Raubfeinden schlafen Affen in der Regel in Bäumen oder auf Felsen – eine Gruppe von Pavianen in Südafrika verbrachte die Nächte in einer unterirdischen Höhle. Schimpansen bauen sich mehr oder minder kunstvolle Nester, in die sie sich nachts kuscheln. In den Abendstunden sammeln sich die Berberaffen am Fuße ihrer Schlafbäume, manche nehmen noch etwas Futter auf, und andere lausen sich das Fell. Irgendwann klettert das erste Tier in den Schlafbaum und sucht sich ein Plätzchen. Meist schlafen zwei oder drei Tiere zusammen; nur die erwachsenen Männchen nächtigen auch gerne allein. Die Jungtiere schlafen normalerweise bei der Mutter.[50]

Der Entwöhnung der Kinder am Tag folgt etwas später die

nächtliche. Wenn die Kinder etwa ein halbes Jahr alt sind, spielt sich Abend für Abend das Drama ab, dass das Kind bei der Mutter schlafen möchte, diese aber ihre Ruhe vorzieht. Die Mütter werden in der Auseinandersetzung mit den Kindern durchaus handgreiflich: Sie drängen das Kind weg, und wenn dies nichts nützt, dann schlagen oder beißen sie auch. Zumindest bis zur Geburt des nächsten Kindes schafft es der Nachwuchs trotzdem immer wieder, den begehrten Platz in Mutters Armen zu erlangen. Dann ist tatsächlich Schluss. Der berühmte Evolutionsbiologe Robert Trivers hat in den 1970er Jahren die Schlüsselpublikation zu diesem Thema vorgelegt.[51] Er erklärt den Verlauf des Eltern-Kind-Konfliktes damit, dass es zunächst im Interesse der Eltern bzw. der Mutter liege, maximal in ihren Nachwuchs zu investieren, damit dieser überlebensfähig werde. In dieser ersten Zeit deckt sich das Interesse des Nachwuchses mit dem der Mutter: Es geht um maximale Fürsorge. Dieses Abkommen zwischen Mutter und Kind zerbricht in dem Moment, in dem die Mutter sich um die Produktion weiterer Kinder zu kümmern beginnt. Sie muss also Investment vom bereits vorhandenen Nachwuchs abziehen und, wenn man so will, in potentiellen neuen umschichten: also zum Beispiel nicht länger stillen, sondern den Körper auf eine neue Schwangerschaft vorbereiten. Einer ähnlichen Logik folgt der so genannte Geschwisterkonflikt. Einerseits beansprucht ein Kind das Maximum an Aufmerksamkeit und Zuwendung für sich; andererseits gilt der Grundsatz, dass die Anzahl der Genkopien maximiert werden sollte. Demnach hat ein Geschwisterteil durchaus Interesse am Überleben seiner anderen Geschwister, mit denen es je nach Vaterschaft zur Hälfte oder einem Viertel verwandt ist.[52] Menscheneltern mit mehreren Kindern wird dieser Konflikt wohl vertraut sein.

Als wir in Rocamadour in der Dämmerung sahen, wie die schreienden Kinder in den Schlafbäumen herumsprangen, stellte sich für uns die Frage, ob sie sich dieses auffällige Verhalten nur in einem Affenpark erlauben können, wo es keine Raubfeinde gibt. Um dies zu klären, sind Kurt und ich nach Marokko gefahren. Wir wollten Berberaffen im Freiland beobachten und prüfen, ob es uns auch dort gelingen würde, dieses abendliche Geschrei zu beobachten. Wir kauften einen alten VW-Bus, die »Else«, mit der wir bergab und mit Rückenwind auf 90 Stundenkilometer kamen, und traten mit ihr die weite Fahrt nach Algeciras im Süden Spaniens an, um von dort nach Marokko überzusetzen. Es war März, und im mittleren Atlas lag noch Schnee, als wir in der Gegend ankamen, in der schon die Pioniere der Berberaffenforschung, John Deag und David Crook, ihre Beobachtungen gemacht hatten.[53] Bereits am ersten Abend hörten wir aus den Kronen einer mächtigen Zeder das uns so vertraute Geschrei der kleinen Affen. Der abendliche lautstarke Machtkampf war also nicht nur ein Artefakt der Haltungsbedingungen im französischen Park.[54] Jahre später machten wir ganz ähnliche Beobachtungen auch bei den Pavianen. Da wurde mir klar, warum dieses Verhalten bis zu jenem Zeitpunkt so wenig Beachtung in der Freilandforschung erfahren hatte. Bei Sonnenuntergang fangen nicht nur die kleinen Affen an zu schreien, sondern es machen sich auch die Raubtiere auf die Pirsch. Um diese Zeit empfiehlt es sich also nicht gerade, nur mit einem Mikrofon bewaffnet unter einem Schlafbaum von Affen auszuharren. Das Geschrei kann als Teil eines (angeborenen) »Erpressungsversuchs« des Kindes angesehen werden: Es gefährdet sich und andere, da in diesem Lärm schwer auszumachen ist, ob sich ein Raubtier annähert. Damit versucht es, die Mutter zum Nachgeben zu zwingen.

Neben den sozialen Bindungen spielen auch die Dominanzbeziehungen eine wichtige Rolle, um die Variabilität im Sozialsystem zu erfassen. Dominanzränge sind ein Konstrukt des Beobachters. Sie werden in der Regel durch das Aufsummieren von spezifischen Interaktionen vergeben. Ein entscheidendes Maß ist natürlich, wer aus einer Auseinandersetzung als Sieger hervorgeht. Aber auch subtilere Verhaltensweisen können zu Grunde gelegt werden, zum Beispiel das »Verdrängen«. Oft reicht es schon aus, dass sich ein Tier dem anderen annähert, um das Unterlegene zum Aufstehen und Weggehen zu bewegen. Zudem haben verschiedene Arten unterschiedliche Signalmuster, die sie bei Auseinandersetzungen mit Artgenossen einsetzen. Als Zeichen der Unterlegenheit zeigen Berberaffen ein deutliches Grinsen, und manchmal klappern sie dabei auch mit den Zähnen. Eine Drohung signalisieren sie durch das Hochziehen der Augenbrauen, das Vorrecken des Kopfes und schließlich durch einen runden vorgewölbten »O-Mund«.[55] Bei Berberaffen wie auch bei Pavianen sind die Lider sehr hell, so dass auch ein kurzes Heben der Brauen gut zu erkennen ist.

Aus diesen verschiedenen Formen des Dominanzverhaltens bzw. der Submission konstruieren wir die Dominanzhierarchie. Theoretisch gesehen sollte es bei einer völlig linearen Dominanzhierarchie ein Tier geben, das nie bedroht wird, seinerseits aber die meisten anderen Tiere irgendwann schon einmal bedroht oder gegen diese eine Auseinandersetzung gewonnen hat. Am unteren Ende der Dominanzhierarchie steht das Tier, das sich kein einziges Mal gegen ein anderes durchsetzen konnte. Dazwischen sollten sich in schöner Reihenfolge die anderen Gruppenmitglieder einordnen lassen. Bei den Berberaffen ist die Sache aber etwas komplizierter, die Hierarchie ist nämlich nicht besonders eindeutig ausgeprägt. In der Regel rangieren zwar alle ausgewachsenen Männchen über den Weibchen, aber ich habe auch schon gesehen, wie ein besonders furchtloses Weibchen ein adultes Männchen regelrecht verprügelte. Beobachtungen der Interaktionen zwischen Männchen erlauben es zumeist, relativ sicher das Alphamännchen zu identifizieren – häufig auch den zweiten und dritten Affen in der Rangordnung. Wer am unteren Ende der Hierarchie angesiedelt ist, lässt sich ebenso gut feststellen. Im Mittelfeld ist es allerdings schwierig, gesicherte Hierarchiezuordnungen zu machen – je länger die Beobachtung dauert, desto diffuser wird das Bild.[56] Hier scheint es keine langfristigen und eindeutig festgelegten Dominanzbeziehungen zu geben. Bei den weiblichen

Tieren ist das etwas einfacher. Hier halten einzelne Clans oder »Matrilinien« über Dekaden ihre jeweilige Rangposition, es sei denn, es gibt in einem Clan keinen weiblichen Nachwuchs mehr, was zum Verlust der Stellung führen kann. Die hohe Stabilität der Clanbeziehungen wird darauf zurückgeführt, dass alle – außer dem Clan am unteren Ende der Skala – Abneigungen gegen Emporkömmlinge hegen.[57] So versuchen die Mitglieder des dritthöchsten Clans zum Beispiel, die unter sich rangierenden Weibchen in Schach zu halten, und werden dabei auch von den beiden ersten Matrilinien unterstützt. Bei den Berberaffen können manche Weibchen es durch geschicktes Wohlverhalten gegenüber einzelnen hochrangigen Tieren aber schaffen, ihren Status zu verbessern.[58]

Soziale Beziehungen bestehen also aus einer Mischung aus Bindung und Konflikt. Damit eine Auseinandersetzung keinen dauerhaften Schaden anrichtet, gibt es bei Affen nach einem Streit oft einen Austausch von positiven Signalen. Dies wird als Versöhnung bezeichnet.[59] Berberaffen versöhnen sich nach etwa einem Drittel aller Konflikte.[60] Das Versöhnungsverhalten ist außerordentlich fein moduliert und hängt einerseits von den Charakteristika des Konfliktes und andererseits von der Beziehungsqualität zwischen den beiden Parteien ab. Annika Patzelt, damals noch Diplomandin in unserer Arbeitsgruppe, konnte dieses Geflecht von Faktoren in einer Beobachtungsstudie entwirren.[61] Die Wahrscheinlichkeit der Versöhnung stieg, wenn die Tiere über den gesamten Beobachtungszeitraum gesehen häufig zusammensaßen, sich das Fell pflegten und sich in Konflikten mit anderen unterstützten. Dagegen spielte die Verwandtschaft der Tiere oder ihr Rang nur eine untergeordnete Rolle. Waren die Konflikte kurz und nicht besonders ausgeprägt, dann schnatterten sich die Tiere im Anschluss sofort an und gingen ihrer Wege. Angreifer und Opfer initiierten solche Versöhnungen gleich häufig. Bei intensiveren Auseinandersetzungen, in denen die Tiere sich bissen oder schlugen, dauerte es meist viel länger, bis es zu einer Versöhnung kam. Hier war es der vorherige Angreifer, der sich mit beschwichtigenden Gesten seinem Opfer näherte. In der Regel folgte dann eine ausgiebige Fellpflegesitzung. Etwas überrascht waren wir allerdings, als wir feststellten, dass die positiven Interaktionen nach einem Konflikt den Namen Versöhnung nicht immer verdienten: Hatten die Tiere nach einem Streit um Futter positive Signale ausgetauscht, kam es fast doppelt so häufig zu einer erneuten Auseinandersetzung wie bei den Tieren, die das nicht getan hatten. Das vorherige Opfer blieb nach einer Versöhnung nämlich eher in der Nähe und machte sich damit auch eher wieder zur Zielscheibe erneuter Angriffe. Die Ursache des Konfliktes, nämlich die Futterkonkurrenz, bestand ja nach wie vor.

Ein Vergleich des Versöhnungsverhaltens verschiedener Makaken-Arten ergab einen engen Zusammenhang zwischen dem Verhalten nach Konflikten und dem Dominanzstil. Letzterer hängt wiederum mit der Neigung zum Nepotismus zusammen, das heißt, der Tendenz, Sozialbeziehungen vornehmlich zu Verwandten zu unterhalten. Je stärker ausgeprägt der Nepotismus und je formaler strukturiert die Dominanzbeziehungen sind, desto seltener kommt es zur Versöhnung nach einem Konflikt. Umgekehrt kommen Versöhnungen vor allem bei denjenigen Arten vor, bei denen es stabile Beziehungen auch zu nicht verwandten Tieren gibt.[62]

Positive Interaktionen zwischen ehemaligen Opponenten scheinen dem Stressabbau zu dienen. So zeigen Tiere nach einem Konflikt mit Versöhnung weniger Anzeichen von Anspannung als nach Konflikten ohne Versöhnung.[63] Es gibt allerdings auch noch komplexere Varianten des Konfliktmanagements. Bei Bärenpavianen beispielsweise ist eine direkte Versöhnung selten. Allerdings nähert sich nach einem Konflikt zuweilen ein Verwandter des Aggressors dem Opfer an und grunzt freundlich. Dies hat eine ähnliche Funktion wie eine direkte Versöhnung.[64] Bei Schimpansen wurde eine solche Annäherung von Dritten an das ehemalige Opfer auch als »Trösten« bezeichnet.[65] Ob das

Trösten kognitiv anspruchsvoller ist als die durch Verwandte vermittelte Versöhnung, ist umstritten. Weitere Studien sind nötig, um die Vielschichtigkeit des Verhaltens nach Konflikten bei verschiedenen Arten zu erfassen.

Oft lassen die Tiere ihren Ärger auch an anderen aus. Bei den Berberaffen gehen ehemalige Opfer regelmäßig gegen ein drittes, vorher unbeteiligtes Tier vor. Ist dieses niedriger im Rang, kann der Rächer auf diese Weise seinen Status sichern. Bei manchen Arten attackieren die Opfer aber auch gezielt Verwandte des früheren Aggressors. Noch komplizierter wird es, wenn Verwandte des früheren Opfers nun Verwandte des vorherigen Aggressors angreifen. Auch das ist bei verschiedenen Affenarten schon beobachtet worden und zeigt, wie genau die Tiere die Zugehörigkeiten und Allianzen ihrer Gruppenmitglieder verfolgen.[66]

Bärenpaviane

Als frischgebackene Doktorin stellte ich die Ergebnisse meiner Experimente auf einer internationalen Konferenz in den USA vor. In der gleichen Session wie ich sollte Dorothy Cheney sprechen. Sie hatte zusammen mit ihrem Mann Robert Seyfarth das Buch *How Monkeys See the World* geschrieben.[67] Die Lektüre dieses Buches hatte mich begeistert und mir die Augen für das Sozialverhalten und die Kommunikation von Affen geöffnet. Meine eigenen Studien orientierten sich sehr stark an den von Cheney und Seyfarth aufgeworfenen Fragen. Nach meinem Vortrag kam Dorothy zu mir und sagte, dass ich eine schöne Arbeit vorgelegt hätte. Am nächsten Tag hieß es, Robert Seyfarth würde gerne mit mir sprechen. Kurzum, am Ende boten mir die beiden eine Stelle als Postdoktorandin an. Ich sollte die Leitung ihrer Forschungsstation in Botswana übernehmen und wilde Paviane untersuchen. Ich war wie vom Donner gerührt. Ich hatte nie gewagt, mich bei den beiden zu bewerben, in der sicheren Annahme, dass ich gegen die globale Konkurrenz keine Chance gehabt hätte. Und nun sollte ich die Möglichkeit erhalten, ins Freiland nach Botswana zu gehen, um mit den beiden Wissenschaftlern zusammenzuarbeiten, die ich am meisten von allen bewunderte? Es war ein Geschenk des Himmels.

Meine Hauptaufgabe war es, Bärenpaviane zu untersuchen. Diese gehören zu den südlichen Vertretern der Gattung. Paviane kommen in vielen Gebieten Afrikas südlich der Sahara sowie im südwestlichen Teil der Arabischen Halbinsel vor. Für den Anthropologen Sherwood Washburn galten sie als eines der großen Modellsysteme, um die menschliche Evolution zu verstehen.[68] Zusammen mit seinem Kollegen Louis Leakey hatte er postuliert, die evolutionären Ursprünge des menschlichen Verhaltens ließen sich nur durch das Studium der nächsten lebenden Verwandten im Freiland verstehen. Leakey initiierte drei langfristig angelegte Studien, um das Verhalten von großen Menschenaffen zu beschreiben. Da er Zweifel am Durchhaltevermögen und der Frustrationstoleranz von Männern hatte, heuerte er drei Frauen an, um Gorillas, Schimpansen und Orang-Utans zu untersuchen: Dian Fossey, die in den *Virunga Mountains* die vom Aussterben bedrohten Berggorillas beobachtete und später ermordet wurde, die immer noch hochaktive Jane Goodall, die in Gombe in Tansania Schimpansen studierte, und schließlich die weniger bekannte Biruté Galdikas, die in den tropischen Regenwäldern Borneos das Leben der Orang-Utans beschrieb.[69] Anders als Leakey setzte Washburn dagegen auf Paviane als Modellsystem, da sie ähnlich wie frühe Menschen in Savannenhabitaten leben. Die meisten anderen Primaten leben dagegen im Wald. An den Pavianen sollte man erkennen können, welche Herausforderungen das Leben in der Savanne mit sich brachte.

Zusammen mit seinen Schülern Irven DeVore und Kenneth Hall untersuchte Washburn das Sozialverhalten von Anubispavianen.[70] Während meiner Zeit an der Harvard-Universität besuchte ich die Vorlesungen von Irven DeVore, der damals schon etwas in die Jahre gekommen war. Unvergessen war der Moment, als er ein Dia von einer großen Sexualschwellung eines Pavianweibchens zeigte, eine Weile darauf starrte und dann sagte: »If this starts to look interesting to you, then you know it's time to get out of the field.«

Insgesamt gibt es bei den Pavianen sechs so genannte Morphotypen, die sich im Aussehen deutlich unterscheiden. Ob man sie als verschiedene Arten bezeichnet oder nicht, hängt vom gewählten Artkonzept ab. Das biologische Artkonzept besagt, dass zwei Organismen dann als unterschiedliche Arten angesehen werden, wenn sie keine fruchtbaren Nachkommen mehr erzeugen können. Demnach würde man alle Paviane als eine Art ansehen, da sie sich miteinander fortpflanzen können. Das phylogenetische Artkonzept charakterisiert Arten dagegen anhand einer einzigartigen Kombination von Merkmalen, mittels derer man eine bestimmte Gruppe von Tieren von der nächsten verwandten Gruppe unterscheiden kann.[71] Wir folgen in unseren Analysen diesem Ansatz und bezeichnen die verschiedenen Paviane als Arten. Ne-

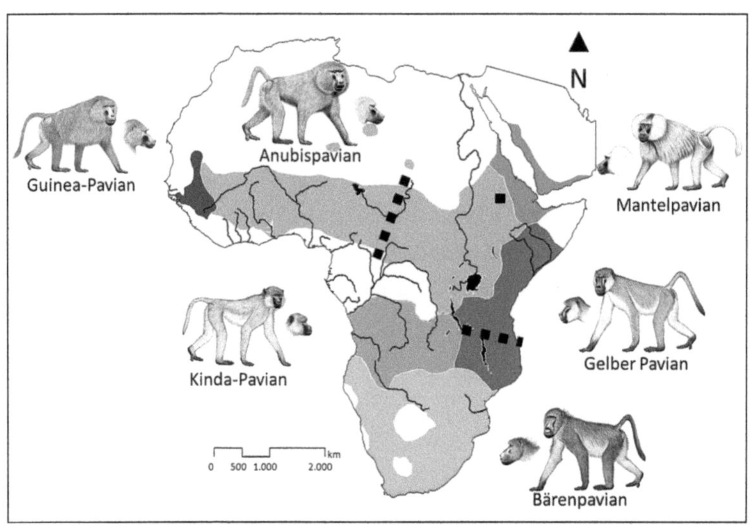

Abb. 9: Verbreitungsgebiete der Paviane.

benbei bemerkt, die Wahl des Artkonzepts ist keine rein akademische, sondern auch eine politisch relevante Angelegenheit, spielt sie doch bei der Identifizierung neuer Arten oder bei der Einstufung von Tieren in die Liste bedrohter Arten eine große Rolle.

Von den Pavianen sind die Mantelpaviane die bekanntesten, da sie am häufigsten in Zoos gehalten werden. Sie kommen im Nordosten Afrikas und auf der Arabischen Halbinsel vor. Mantelpaviane leben in komplex strukturierten Gruppen, deren kleinste soziale Einheit Ein-Mann-Gruppen sind, die aus einem Männchen und mehreren Weibchen bestehen.[72] Manchmal gibt es auch assoziierte jüngere Männchen. Mehrere Ein-Mann-Gruppen bilden zusammen einen Clan, der zusammen auf Futtersuche geht und deren Männchen in der Regel miteinander verwandt sind.[73] Auf einer höheren Aggregatsebene können sich dann wiederum mehrere Clans zu einer Bande zusammentun, die ein gemeinsames Streifgebiet durchzieht und zum Beispiel gemeinsam die gleiche Wasserstelle nutzt. Banden können über hundert Tiere umfassen; sie gelten als die ökologische Einheit, während Ein-Mann-Gruppen die reproduktive Einheit darstellen. In der Regel bleiben die Tiere innerhalb ihrer eigenen Bande. Besonders spektakulär und schön anzusehen ist es, wenn sich in den Abendstunden mehrere Banden zusammen auf demselben Schlaffelsen einfinden.

Im südlichen Afrika sind die Bärenpaviane zu finden, nördlich davon die noch wenig untersuchten Kindapaviane. Im Südosten Afrikas leben die Gelben Paviane, die inzwischen zunehmend von den Anubispavianen verdrängt werden; diese breiten sich bis nach Westafrika aus. Gelbe, Bären- und Anubispaviane werden auch als Savannenpaviane bezeichnet. Sie leben in festen Gruppen mit mehreren Männchen und Weibchen. Relativ wenig erforscht sind dagegen die Guineapaviane, deren Verbreitungsgebiet im äußersten Westen Afrikas zu finden ist.

Baboon Camp

Nach Abschluss meiner Doktorarbeit machte ich mich also nach Botswana auf. Ein halbes Jahr begleitete mich Kurt, den Rest der Zeit war Markus Metz dabei – ein begnadeter Fährtenleser, Automechaniker und großer Pavianversteher. Das Baboon Camp befand sich mitten im Okavangodelta, weitab von jeglicher Zivilisation. Für mich bleibt dieser Ort der schönste auf der ganzen Welt. Das Camp lag am Boro-Fluss auf einer »Insel« vor einer Lagune, die sich während der Flut mit Wasser füllte. In der Trockenzeit kamen die Tiere abends zum Trinken an den Fluss. Giraffen, Zebras, Gnus, manchmal auch Elefantenherden oder Büffel. Anderthalb Jahre lebten wir mitten in der Wildnis. Dabei war das Camp durchaus luxuriös: Es gab fließend Wasser, eine Solaranlage und sogar einen gasbetriebenen Kühlschrank. Während für die einen Entbehrung und ein gewisser Grad der Selbstkasteiung zur Feldforschung dazugehören, finden Leute wie Robert

Abb. 10: Baboon Camp.

und Dorothy, dass das Leben im Feld so angenehm wie eben möglich sein sollte. Wir schliefen in großen Armeezelten, die mit Teppich, Bett, Tisch und Stuhl sowie einem Bücherregal ausgestattet waren. In den Abendstunden saßen wir auf der Terrasse vor der Küchenhütte und genossen den spektakulären Blick auf die Landschaft. Das wirklich Außergewöhnliche aber war die exquisite Einsamkeit: Wenn die Feldassistenten am frühen Nachmittag gegangen waren, waren wir nur noch zu zweit – abgesehen von den vielen wilden Tieren. Inzwischen wurde das Camp leider aufgegeben. Die Genehmigung, innerhalb des Naturschutzgebietes zu leben, war erloschen. Zudem war es in den USA immer schwieriger geworden, noch Fördergelder zu erhalten. So sahen sich Robert und Dorothy 2009 schweren Herzens veranlasst, Baboon Camp zu schließen. 2011 nahmen Urs Kalbitzer und Marc Stickler aus unserer Arbeitsgruppe zwar noch einmal Daten von den Tieren dort auf, aber sie mussten ihre Zelte auf dem Gelände einer nahe gelegenen Touristenlodge aufschlagen. Der Zauber ist für immer vorbei.

Die Paviane, denen wir Tag für Tag hinterherstapften, wurden bereits seit 1978 kontinuierlich erforscht. Die Forschungsstation war einst von Bill Hamilton und David Buss etabliert worden, und die Paviane waren von Geburt an neugierige Blicke von Forschern gewohnt. Wenn neue Männchen in die Gruppe einwanderten, so waren sie anfangs etwas scheu, sahen aber, dass sich die anderen Affen nicht durch die Anwesenheit der Forscher beunruhigen ließen. So gewöhnten auch sie sich rasch an unsere Gegenwart. Durch die lange Beobachtungszeit war bekannt, wer zu welcher Matrilinie gehörte und wie alt die verschiedenen Tiere waren. Solche Hintergrundinformationen sind wichtig, um die Beziehungen der Tiere zu charakterisieren. Leider gibt es nur wenige Projekte, die über wirklich lange Zeiträume finanziert werden. Dabei sind langfristig angelegte Studien von immenser Bedeutung. Gutachter und Entscheidungsträger sind sich dieser Sache leider nicht immer bewusst (oder ignorieren sie). Dabei wissen wir aus Studien an Menschen, wie aufschlussreich langfristig erhobene demographische Daten sind.

Während meiner Zeit in Botswana umfasste die Gruppe etwas mehr als 80 Tiere. Die soziale Organisation ähnelte der der Berberaffen: Es handelte sich um eine feste Gruppe, deren Kern die weiblichen Tiere bildeten, während die meisten Männchen mit Erreichen des Erwachsenenalters die Gruppe verließen. Jeder Forscher setzte mit der Namensgebung der Tiere eigene Akzente. So verrieten Champagne, Mojito und Bex die Vorliebe für verschiedene alkoholische Getränke, während bei Lemon, Ginger, Nutmeg, Anchovy und Tabasco die Leidenschaft für gutes Essen Patron stand. Bex sollte eigentlich Beck's heißen, aber alle Tiere in dieser Linie sollten zur leichteren Zuordnung ein X im Namen tragen. So hieß Lux' älteste Tochter Hilux – wie unser himmelblaues Auto, und ihr nächster Sohn bekam den Namen Asterix.

Jedes Forschungscamp hat seine eigene Tradition der Namensgebung. Robert und Dorothy benannten die Grünen Meerkatzen in ihrem früheren Projekt in Kenia nach Skandalen und zweifelhaften Politikern, während die Affen in einem Projekt in Namibia mit den Namen von Krankheitserregern bedacht wurden. In Botswana nannten wir alle eingewanderten Männchen nach Figuren aus Filmen oder Büchern – meist nach unheimlichen Charakteren, die dann doch einen guten Kern hatten: Third Man, Enzo und Roy waren Männchen, die einen bleibenden Eindruck und zum Teil auch mehrere Kinder hinterließen. Roy, der seinen Namen aus dem Film *Blade Runner* hatte, wurde allerdings von unserem einheimischen Feldassistenten als Royal geführt – und dabei ist es dann auch geblieben.

An der Spitze der weiblichen Tiere in unserer Gruppe stand Selo, ein ruhiges und besonnenes Weibchen, das sich kaum auf irgendwelche Auseinandersetzungen einließ. Sie wurde einfach respektiert. Wenn sie kam, standen die anderen Weibchen auf und machten ihr Platz. Ihre Schwester Sylvia war von weniger freundlichem Gemüt. Außerdem hatte sie gelbe Augen und eine ganz besondere Art zu gehen, so dass wir sie schon von weitem gut erkennen konnten. Diesen speziellen Bewegungsablauf vererbte sie auch an ihre Kinder. Ihr Sohn Lala zum Beispiel hatte denselben auffälligen Gang. »She walks the walk«, pflegte Mokupi, unser Feldassistent, über Sylvia zu sagen.

Zu den einwandernden Männchen hatte ich ein gespaltenes Verhältnis. Mein primäres Forschungsinteresse galt der Frage, wie junge Paviane lernen, die Laute ihrer Artgenossen mit der richtigen Bedeutung zu belegen. Leider kommt es gerade bei Bärenpavianen häufig zu Infantiziden.[74] Als ich in Botswana ankam, war gerade eine große Anzahl von Jungtieren geboren worden, was mich jubilieren ließ – bis Dorothy trocken meinte, dass sowieso alle sterben würden. Ich hatte jedoch Glück, und das ranghöchste Männchen, Apple, verteidigte seine Brut sehr ordentlich. Es gab nur einen einzigen Fall von Kindsmord, aber der geschah an einem Kind der Nachbargruppe. Andererseits interessierte mich auch, ob sich die Kampfkraft eines Männchens an seinen Rufen ablesen ließe und wie sich die Laute mit dem Alter entwickeln. Daher waren mir auch neue Männchen durchaus willkommen.[75]

Unwägbarkeiten wie die Einwanderung von neuen Männchen oder die Gefahr der Kindstötung sind elementare Bestandteile von Feldforschung. Nichts läuft jemals wie geplant. Krankheiten brechen aus und raffen die halbe Population dahin, Bürgerkriege machen eine rasche Evakuierung der Forscher notwendig. Eine Überschwemmung kann das gesamte Forschungsgebiet unter Wasser setzen – so geschehen im vergangenen Jahr im Senegal, wo wir inzwischen eine eigene Feldstation betreiben. Bei diesen Ereignissen und Katastrophen helfen nur starke Nerven und bisweilen ein etwas grimmiger Humor.

Leben und Sterben

Meine Zeit in Botswana war vor allem durch eine große Dürreperiode geprägt. Anders als die Forscher vor oder nach uns waren wir die meiste Zeit trockenen Fußes unterwegs. Auch konnten wir bis auf wenige Wochen mit dem Auto in die nächstgelegene Stadt Maun fahren, um dort unsere Einkäufe zu erledigen. Diese Fahrten waren Abenteuer für sich; für die knapp 100 Kilometer brauchten wir zwischen vier und sechs Stunden. In anderen Jahren musste die jeweilige Besetzung von Baboon Camp eine Kombination aus Boot und Flugzeug benutzen, um nach Maun zu gelangen. Die große Variabilität in den Umweltbedingungen ist ein weiterer guter Grund, Studien an Primaten auf viele Jahre oder besser Jahrzehnte anzulegen. Bei zu kurz laufenden Untersuchungen besteht die Gefahr, vorschnelle Schlüsse und Verallgemeinerungen zu ziehen. Ein Beispiel liefert die Beurteilung der Häufigkeit von Infantiziden. In den ersten Jahren, nachdem Robert und Dorothy das Camp übernommen hatten, gab es tatsächlich in kurzer Folge drei neu eingewanderte Männchen, die jeweils eine Vielzahl der Neugeborenen umbrachten. Erst in den darauf folgenden Jahren ergab sich ein etwas ausgewogeneres Bild: Nicht alle neu eingewanderten Männchen begingen Kindstötungen. Unklar bleibt allerdings bis heute, welche Umstände das Auftreten von Infantiziden begünstigen. Ist es die Umsicht und Kampfkraft der bereits in der Gruppe lebenden Männchen, die ihren Nachwuchs verteidigen? Oder hängt die Wahrscheinlichkeit von Infantiziden vornehmlich von der Anzahl der gerade verfügbaren empfängnisbereiten Weibchen ab? Solche Fragen lassen sich vernünftig nur anhand langfristig erhobener Datensätze beantworten.

Für die Gruppe der Bärenpaviane im Okavangodelta liegt eine umfassende Analyse der demographischen Entwicklung zwischen 1992 und 2002 vor. Die mittlere Gruppengröße umfasste

75 Tiere. Insgesamt wurden in dieser Zeit 122 Geburten verzeichnet. Obwohl Paviane nicht als ausgesprochen saisonal gelten, wurden die meisten Kinder zwischen Juli und Dezember geboren. Ihr erstes Kind bekamen die Weibchen in der Regel im Alter von sechseinhalb Jahren. Normalerweise folgte das nächste Kind zwei Jahre später, wobei dieses Intervall etwas länger war, wenn sie zuvor einen Jungen bekommen hatten. Mit zunehmendem Alter wurde der Abstand zwischen den Geburten immer länger; er betrug bei Weibchen, die älter als 15 Jahre waren, zwei Jahre und drei Monate. Auch der Rang spielte eine Rolle: Hochrangige Weibchen wurden schneller wieder schwanger als mittelrangige oder niedrigrangige Tiere. Es gab aber keinen Zusammenhang zwischen dem Rang der Mutter und dem Geschlecht des Kindes. Theoretisch sollte ein hochrangiges Weibchen seinen Reproduktionserfolg maximieren, indem es vornehmlich Töchter bekommt.[76] Diese würden den Rang der Mutter erben und damit relativ gut ausgestattet sein, was wiederum für das Überleben ihrer Kinder vorteilhaft wäre. Niedrigrangige Weibchen sollten

Abb. 11: Hoher Wasserstand im Okavangodelta.

dagegen besser männlichen Nachwuchs produzieren, da der Rang und damit der Reproduktionserfolg des Männchens unabhängig vom Rang der Mutter sind. Bei unseren Bärenpavianen im Delta konnten wir diesen Effekt allerdings nicht beobachten.

Die Mortalität innerhalb der von uns beobachteten Gruppe war bei den Neugeborenen am höchsten. Im Durchschnitt wurden die weiblichen Tiere knapp 14 Jahre alt, aber die Variation war groß. So gab es auch fünf Weibchen in der Gruppe, die über 20 Jahre alt wurden. Hatte es das Jungtier ins Jugendalter geschafft, war die häufigste Todesursache, von einem Raubtier erlegt zu werden.

Die bedeutendsten Raubtiere im Delta sind Leoparden, die vornehmlich nachts auf Pavianjagd gehen. Tagsüber hingegen waren es die Paviane, die die Leoparden attackierten, wenn sie sie fanden. Mehrere Male sahen wir einen Leoparden, der sich in einem hohlen Baumstumpf oder in dichtem Gebüsch versteckt hatte. Um ihn herum hatte sich die ganze Gruppe der Paviane versammelt, sie schrien wie am Spieß, wenn der Leopard sich nur rührte. In Botswana heißt es, dass nach einem Kampf zwischen einem Leoparden und einem ausgewachsenen Pavianmännchen am Ende beide tot seien. Wildhunde und Hyänen dagegen ignorierten die Affen weitgehend.

Krokodile sind eine ernste Bedrohung. Sie greifen Tiere an, die am Flussufer trinken oder den kleinen Fluss im Streifgebiet überqueren. Die Flussquerungen waren für die Tiere sehr aufreibend. Sie versammelten sich am Ufer, grunzten nervös, die Kinder schrien. Irgendwann wagte das erste Tier, durch die Furt zu springen. Kleinere Kinder wurden auf dem Rücken von Erwachsenen transportiert. Wenn die Tiere ein Krokodil erspähten, gaben sie laute Alarmrufe von sich.

Auch Löwen greifen sich zur Not einen Pavian – »einen Snack«, wie Dorothy bemerkte. Dabei scheinen die Paviane das Verhalten der Löwen ganz gut studiert zu haben. Auf satte Löwen, die mit dicken Bäuchen irgendwo im Schatten lagen, reagierten sie kaum, während sie sich sehr aufregten, wenn sie irgendwo im hohen Gras ein paar sich langsam vorwärts bewegende gelbe Schultern und runde Ohren entdeckt hatten. An einem Morgen standen wir bei unseren Pavianen am Fuß ihrer Schlafbäume, wo sie gerade ihr Frühstück zu sich nahmen. Ein Löwe ging keine 50 Meter entfernt an uns vorbei. Er war blutverschmiert und sein Bauch schien bald zu platzen. Offensichtlich war er gerade von einer erfolgreichen Jagd gekommen. Die Affen behielten ihn zwar gut im Auge, aber sonst rührten sie sich nicht. Wenn man mich fragt: Auch ich bevorzuge Begegnungen mit Löwen, die satt aussehen. Noch lieber ist es mir aber, ihnen überhaupt nicht gegenüberzustehen, jedenfalls nicht ohne ein ordentliches Gitter dazwischen.

Auf Schlangen wie Pythons reagierten die Paviane mit »Hassen« oder »Mobbing«. Sie versammelten sich in sicherem Abstand und gaben Alarmrufe von sich. An einem Morgen fanden wir ein großes Männchen tot im Baum – am Vorabend war es noch völlig gesund gewesen. Wir wussten nicht, ob es tatsächlich

Abb. 12: Bärenpaviane sonnen sich am Morgen.

einem Schlangenbiss zum Opfer gefallen war, aber es erschien uns sehr wahrscheinlich. Raubvögel beunruhigten die Paviane insgesamt wenig.[77]

Eine weitere wichtige Todesursache sind Krankheiten. Es gibt immer wieder Berichte über verheerende Epidemien, die in kurzer Zeit Gruppen oder Populationen stark dezimieren oder sogar auslöschen können. Die Paviane im Delta blieben während meiner Zeit dort glücklicherweise davon verschont. Nur ein einziges Tier war vor seinem Verschwinden krank und schwach.

Am auffälligsten war die enorme Aggression unter den männlichen Tieren. Neu eingewanderte Männchen halten sich häufig ein paar Tage in der Peripherie der Gruppe auf, bevor sie anfangen, das Alphamännchen herauszufordern. Das neue Männchen stellt seine gute Verfassung unter Beweis, indem es in Bäume klettert, an den Ästen schüttelt und laute Rufe von sich gibt. Es wird auch viel gegähnt – ein wenig subtiles Vorgehen, um die brechscherenartigen Eckzähne zu präsentieren. Nicht immer gelingt es dem neuen Männchen, die Alphaposition einzunehmen. Manchmal begnügt es sich mit einer Position darunter; manchmal versucht es sein Glück auch in einer anderen Gruppe. Der stärkste Anreiz, für den höchsten Rang bis aufs Blut zu kämpfen, ist der damit verbundene Vortritt bei den Weibchen. Bei den Bärenpavianen im Okavangodelta ist der Zugang zu fertilen Weibchen allerdings nicht exklusiv – sind mehrere Weibchen gleichzeitig paarungsbereit, kommen auch Männchen auf Rang 2 oder 3 zum Zug. Hat sich ein Männchen erst einmal mit einem Weibchen zu einem Konsortpaar zusammengetan, bewacht es sein Weibchen eifersüchtig und folgt ihr auf Schritt und Tritt, meist laut grunzend. Einmal wollte ich von einem solchen Weibchen Lautaufnahmen machen und lief ihr ebenfalls hinterher. Ihr Bewacher drohte mich mehrmals unverhohlen an, bis ich mich entschloss, lieber das Verhalten eines anderen Weibchens zu protokollieren. Eine Erweiterung der Fortpflanzungsstrategie der Männchen ist es, auf die Kinder aufzupassen. Meist sind dies exklusive Partnerschaften zwischen einem Männchen, einer Mutter und ihrem Kind, die allerdings nur so lange dauern, wie das Kind noch abhängig ist und gestillt wird. In der Regel bestehen diese »Freundschaften« aus einem früheren Konsortpaar. Anders als bei den Berberaffen können sich die Männchen also relativ sicher sein, dass sie die Väter sind, und genetische Analysen haben dies inzwischen auch bestätigt.[78] Männchen, die so weit im Rang gefallen sind, dass sie überhaupt keinen Zugang zu brünstigen Weibchen mehr haben, bleibt dann immerhin noch die Kinderbetreuung – also der Schutz des eigenen Nachwuchses vor Angriffen durch eingewanderte Männchen. Der Fortpflanzungserfolg der Männchen variiert beträchtlich: Als ich in Botswana arbeitete, war Apple gerade Chef geworden, und er blieb es fast bis zu meiner Abreise anderthalb Jahre später. Er war der Vater der meisten Kinder, die in dieser Zeit geboren worden waren, und zum Schluss hätte er fast einen Kindergarten aufmachen können, so viele kleine Paviankinder turnten regelmäßig um ihn herum. Im Vergleich zu den anderen Männchen erschien er sehr ausgegli-

Abb. 13: Ein Bärenpavianmännchen inspiziert seine Verletzung.

chen und beschränkte sich beim Herumscheuchen der Weibchen auf das Nötigste. In Auseinandersetzungen mit neu eingewanderten Männchen hingegen ging er aufs Ganze: Einige Male beobachtete ich, wie er sich ein kleines Pavianbaby schnappte, es sich unter den Bauch klemmte und drohend auf den Neuling zulief. Mir erschien dieses Verhalten zunächst völlig widersinnig; warum sollte er seinen eigenen Nachwuchs derartig in Gefahr bringen? Aber er signalisierte damit schlichtweg, dass er bereit war, alles zu riskieren, um seine Position zu halten. Sich in einer Paviangruppe zu behaupten, hängt eben nicht nur von der schieren Kampfkraft ab, sondern auch von Mut und Entschlossenheit.

Ältere Männchen haben in der Regel keinen Zugang zu Weibchen mehr – ihre Zähne werden erst gelb, dann braun, und in der Nähe von anderen Männchen vermeiden sie es, zu gähnen. Dies stellte sich eher zufällig heraus, als Keena, die Tochter von Robert und Dorothy, von allen Männchen Fotos ihres Gebisszustands machen sollte. Für die hochrangigen Männchen brauchte sie nur wenige Minuten; bei den älteren dauerte es manchmal Tage, bis endlich einer seine braunen Stummel zeigte.

Aggression

Aggressivität, also die Bereitschaft, um Ressourcen zu kämpfen, spielt eine wichtige Rolle für den Reproduktionserfolg bei Bärenpavianen. Der Aufstieg und Fall eines männlichen Bärenpavians ist eng mit Veränderungen seines Testosteronspiegels verknüpft. Dieser steigt mit Beginn der Pubertät an – in dieser Zeit senken sich die Hoden ab, die zuvor in der Bauchhöhle lagen, und die Eckzähne brechen hervor. Den höchsten Wert erreicht der Testosteronspiegel, in der Literatur meist als »T« bezeichnet, wenn das Männchen am aggressivsten um einen hochrangigen Platz in der Hierarchie kämpft. Je höher der T-Spiegel, desto aggressiver verhalten sich die Männchen. Sie nähern sich häufiger anderen Männchen an, um zu testen, ob diese aufstehen und somit ihre

Unterordnung signalisieren. Solche Provokationen funktionieren nicht immer: Manchmal nimmt das andere Männchen diese Herausforderung auch an. Entscheidend für den Verlauf einer Auseinandersetzung ist der T-Wert *beider* Männchen: Haben beide hohe Werte, eskaliert die Auseinandersetzung häufig; andernfalls zieht sich das Männchen mit dem niedrigeren Testosterongehalt zurück. Dabei scheinen Veränderungen im Testosteronspiegel Veränderungen im Verhalten vorauszugehen: Erst steigt die T-Konzentration an, dann beginnt das Männchen, andere herauszufordern. Umgekehrt ist oft erst ein signifikanter Abfall in der T-Konzentration zu verzeichnen, bevor das Männchen seinen ersten Kampf verliert und in der Hierarchie schrittweise nach unten durchgereicht wird.[79]

Ein weiterer wichtiger physiologischer Parameter, der bei Auseinandersetzungen um die Dominanz in der Gruppe eine Rolle spielt, ist der Glucocorticoid-Spiegel als Maß für die physiologische Stressreaktion. Bei Bärenpavianen hängt er davon ab, wie häufig ein Männchen herausgefordert wird, ob es sich aktuell in einem Konsortpaar mit einem fruchtbaren Weibchen befindet oder ob es eine enge Beziehung zu einer stillenden Mutter und deren Kind pflegt. Wenn ein neues Männchen in die Gruppe einwandert und die Dominanzbeziehungen durcheinanderbringt, steigen bei allen Männchen in der Gruppe die Glucocorticoid-Werte an. In solch instabilen Perioden zeigen die höherrangigen Männchen auch eine höhere Stressreaktion – sie haben mehr zu verlieren. In stabilen Perioden hingegen haben die niedrigrangigen Männchen höhere Stresswerte.[80]

Bei anderen Pavianarten zeichnet sich ein ganz anderes Bild ab: Bei den Pavianen im Amboseli-Nationalpark in Kenia hatten vor allem die Alphamännchen sehr hohe Glucocorticoid-Werte, während die Männchen in den etwas niedrigeren Rangpositionen signifikant geringere Glucocorticoid-Werte aufwiesen.[81] Bei diesen Pavianen wandern die Männchen während der Adoleszenz aus ihrer Geburtsgruppe aus und in eine andere Gruppe ein, während die

Männchen bei den Bärenpavianen warten, bis sie voll ausgewachsen sind.

Welche Rolle Testosteron oder die Glucocorticoid-Werte bei Guineapavianen spielen, wissen wir noch nicht. Zuchtexperimente mit Hunden, Füchsen und verschiedenen Nagetieren zeigen nämlich, dass Aggressivität teilweise genetisch festgelegt ist. Ob und in welcher Weise sich ein Tier aggressiv verhält, wird durch eine Kombination aus der genetischen Ausstattung und den Umweltbedingungen bestimmt, die wiederum einen erheblichen Einfluss auf die Hormonausschüttung haben.[82]

Welche Gene und Gennetzwerke bei der Ausprägung von Aggressivität eine Rolle spielen, ist noch nicht völlig geklärt. Es gibt aber eine Reihe von Hypothesen über mögliche Aggression begünstigende Gene. Diese sind mit dem Stoffwechsel von Serotonin, einem Botenstoff im Gehirn, assoziiert. Rhesusaffen mit einem hohen Serotoninspiegel verhalten sich weniger aggressiv als Artgenossen mit niedrigen Werten.[83] Verschiedene Gene, die bei der Regulation des Serotoninspiegels eine Rolle spielen, liegen bei Primaten als verschiedene Varianten (Allele) vor. Diese unterschiedlichen Allele wurden mit Variation im aggressiven Verhalten in Verbindung gebracht. Problematisch sind solche Studien, da die Effekte einzelner Gene oft sehr klein sind und sehr große Stichproben nötig sind, um mit Sicherheit einen signifikanten Effekt zu identifizieren. Zusätzlich spielen die Umweltbedingungen eine erhebliche Rolle, was die Variation stark vergrößert. Zudem ist zu vermuten, dass so genannte epigenetische Effekte bei der Vererbung von aggressiver Disposition eine Rolle spielen. Durch Erfahrung kann nämlich die Expression von Genen dauerhaft verändert werden, und diese veränderten Muster können schließlich auch weitervererbt werden.[84]

Die Verhaltensgenetik ist ein hoch spannendes und verheißungsvolles Feld, aber der ursprüngliche Enthusiasmus, Gene auf einfache Weise in Zusammenhang mit Verhalten zu bringen, ist einer gewissen Ernüchterung gewichen. Inzwischen wird immer deutlicher, wie komplex die Interaktionen zwischen Genen, Umwelt und Verhalten sind – Gene agieren in Netzwerken; ihre Expression hängt von der Umwelt und der Genexpression anderer Gene ab. Die Umwelt wiederum wirkt nicht nur auf das Individuum, sondern dessen individuelles Verhalten auch auf die Genexpression zurück. Aus verschiedenen Gründen sind Affen jedoch nicht das beste Modell, um die Fäden zwischen den verschiedenen Faktoren zu entwirren: Sie sind langlebig, und aus ethischen Gründen werden Eingriffe in die Keimbahn sehr restriktiv gehandhabt. Deswegen beschränkt sich die Primatologie weitgehend auf Korrelationen zwischen genetischer Ausstattung und bestimmten Verhaltensmerkmalen. Aber das ist ja auch schon einmal eine wichtige Erkenntnis.

Die Bereitschaft zu aggressiven Auseinandersetzungen ist zwischen verschiedenen Pavianarten sehr unterschiedlich ausgeprägt, was zumindest bei Männchen in einen starken Zusammenhang mit der reproduktiven Strategie und der »Life History« – also den Charakteristika der Lebensgeschichte eines Tieres – gebracht wird.[85] Bärenpaviane verlassen ihre Geburtsgruppe erst, wenn sie voll ausgewachsen sind. Dann versuchen sie, in einer anderen Gruppe einen möglichst hohen Rangplatz zu erreichen. Dazu ist eine hohe Aggressivität unabdingbar. Gelbe und Anubispaviane wandern dagegen bereits als Jugendliche in eine neue Gruppe ein. Hier können ganz andere Faktoren dafür entscheidend sein, später einen hohen Rang zu erlangen – beispielsweise die Fähigkeit, Koalitionen zu bilden. Urs Kalbitzer aus unserer Arbeitsgruppe untersucht derzeit in seiner Doktorarbeit den Zusammenhang zwischen Lebensgeschichte, Aggressivität und den physiologischen Grundlagen bei verschiedenen Pavianarten.

Neben Auseinandersetzungen, bei denen die Tiere alles auf eine Karte setzen, gibt es eine Menge kleiner Nickeligkeiten: Meist geht es um den Zugang zu Futter. Dabei folgen die Tiere in der Regel der »Bourgeois-Strategie«: Für den Besitzer einer Ressource ist diese wertvoller als für den Herausforderer, da er mehr zu verlieren hat.[86] Entsprechend wird sie auch verteidigt. Sharonna, ein altes Weibchen aus der Bärenpaviangruppe in Botswana, lieferte das beste Beispiel für diese Strategie. Sie hatte in dem Fass, in dem wir unseren Müll verbrannten, ein großes Stück vergammeltes Fleisch gefunden, das nicht ganz verbrannt, sondern nur etwas angekohlt war. Obwohl sie fast zahnlos und recht schwach war, ließ sie keinen Zweifel daran, dass sie ihre Beute aufs Blut verteidigen würde. Sobald ein Männchen in ihre Nähe kam, brach sie in gellendes Geschrei aus und klammerte sich an ihrem Braten fest. Schließlich konnte sie ihn tatsächlich behalten. Die Bereitschaft, aggressives Verhalten zu zeigen, kann also auch ganz kurzfristig stark variieren, je nachdem, wie hoch der Wert der Ressource und die Aussichten auf Erfolg sind.

Die Sicherung der Rangbeziehungen spielte bei den Bärenpavianweibchen eine große Rolle. Ein klares Zeichen der Dominanz war der Biss in die Schwanzwurzel eines anderen Weibchens. Die Tiere auf den unteren Rängen waren leicht an den nie richtig heilenden Bisswunden am Schwanzansatz zu erkennen. Berberaffen hingegen verzichten auf solch drastische Maßnahmen – hier wird ständig gedroht, verjagt und manchmal auch gebissen und geschlagen. Dafür aber versöhnen sich die Tiere auch wieder schnell. Woher diese Variabilität im Verhalten kommt, bleibt eine der zentralen Fragen der Verhaltensbiologie.

Guineapaviane

Paviane gehören sicherlich zu den am besten erforschten Affen – aber es gibt immer noch größere weiße Flecken auf der Affen-Landkarte. Fast gar nichts war bislang über die im westlichen Afrika vorkommenden Guineapaviane bekannt. Meine erste Literatursuche 2005 ergab lediglich eine Handvoll Publikationen, von denen die meisten auf Beobachtungen in Zoos basierten oder deren Autoren sich auf die Beschreibung des Verbreitungsgebietes der Tiere beschränkten. Die wichtigste Freilandstudie wurde von Martin Sharman Ende der 1970er Jahre angefertigt. Er verbrachte als Doktorand anderthalb Jahre im senegalesischen Nationalpark Niokolo-Koba und beobachtete dort zwei große Gruppen von Guineapavianen. Er ging damals davon aus, dass die Guineapaviane ebenso wie die Savannenpaviane in Gruppen mit mehreren Männchen und Weibchen leben. Allerdings notierte er auch, dass sich die Gruppen häufig in Untergruppen aufteilten.[87] Sharman konnte während seiner Datenaufnahme wichtige Erkenntnisse zur Nahrungsökologie der Tiere und zu ihren Wanderungsbewegungen gewinnen. Leider kam er nie dazu, seine Ergebnisse auch in den entsprechenden Fachzeitschriften zu publizieren, so dass seine Studie weitgehend unbeachtet blieb.

Die anderen frühen Studien stammen von Gilbert Boese, der eine Kolonie von Guineapavianen im Brookfield Zoo von Chicago beobachtete. Laut Boese sollten die Guineapaviane eine ähnliche soziale Organisation wie die Mantelpaviane aufweisen – also Harems, die sich auf verschiedenen Organisationsstufen zu höheren Aggregatsstufen zusammenschließen.[88] Solche Schlussfolgerungen aus der Beobachtung von Zootieren sind jedoch mit einiger Vorsicht zu genießen. Boese machte sich nach Abschluss seiner Beobachtungen im Zoo auf in den Senegal, um ebenfalls im Nationalpark Niokolo-Koba zu überprüfen, wie denn die Gruppen zusammengesetzt waren. Er sah seine Annahme einer Haremsstruktur bestätigt, da er Assoziationen zwischen einzelnen Weibchen und Männchen beobachtete. Allerdings war er nur wenige Wochen im Feld und nicht in der Lage, die Tiere individuell zu identifizieren. Insgesamt lagen bis zum Beginn unserer Studie also eher dürftige und dann auch noch widersprüchliche Informationen vor. Das war Anreiz genug, der Sache auf den Grund zu gehen.

Expedition in den Senegal

Im März 2006 fuhr ich mit Kurt in den Senegal, um dort die Bedingungen für den Aufbau einer Feldstation zu prüfen. Von Jill Pruetz, einer Kollegin aus den USA, die selbst an Schimpansen im Senegal forscht, hatten wir einige Adressen und Tipps erhalten; insgesamt waren wir aber recht unbedarft. Vor der Abreise hatten wir ein paar Erkundungen über das Land eingeholt und mit Befriedigung festgestellt, dass Senegal das einzige Land in Westafrika ist, in dem es nach der Unabhängigkeit keinen militärischen Putsch gegeben hat. Das ist nicht ganz unwichtig. Ich habe schon viele Primatologen fluchen hören, dass Affen vornehmlich in Bürgerkriegsgebieten vorkämen. In Dakar angekommen, quartierten wir uns erst mal in dem uns empfohlenen Etablissement *La Brazzerade* ein, das sich etwas außerhalb der Stadt im Bezirk Ngor befindet. Es ist sehr schön am Strand gelegen. Eine kleine Schaluppe fährt zur gegenüberliegenden Île de Ngor. Im *Brazzerade* gibt es ausgezeichnetes Essen, vor allem frischen Fisch vom Grill, und ein sehr gemischtes Publikum, das von der senegalesischen Fußballnationalmannschaft bis zu französischen Großwildjägern und lokalen Geschäftsgrößen reicht. Aufreizend angezogene senegalesische Damen warten auf Kundschaft, dazwischen tummeln sich ein paar Rucksacktouristen, und auch Vertreter der örtlichen *Expatries* sind hier anzutreffen. Ich gehe jedes Jahr dorthin, wenigstens zum Essen, und freue mich immer, die Belegschaft wiederzusehen.

Zunächst machten wir uns in einem *Sept Place*, also einem der landesüblichen Peugeot-Taxis, in den tiefen Südosten des Landes, in die Provinz Kedougou auf. Da es Probleme mit dem Motor gab, wurde unsere Fahrt von mehreren Stopps unterbrochen. Mit letzter Kraft schaffte die alte Karre es bis in die Provinzhauptstadt Tambacounda, wo sich eine ganze Truppe von Mechanikern um das Auto kümmerte. Am späten Nachmittag konnten wir die Fahrt nach Kedougou fortsetzen. In meinem Reiseführer hatte ich gelesen, dass es im Senegal unüblich sei, Alkohol zu trinken, schließlich ist das Land vornehmlich muslimisch. Abends in unserer Bleibe fragte ich, ob ich wohl etwas Wasser kaufen könne. Die Jungs an der Rezeption schüttelten bedauernd den Kopf. Vielleicht Coca-Cola? Nein – aber ein Bier könnten sie mir anbieten.

In der Nähe von Kedougou verbrachten wir einige Tage im Fongoli-Schimpansenprojekt und erkundeten die Möglichkeiten, in der dortigen Gegend auch Studien an Pavianen durchzuführen. Jill Pruetz hatte uns ihre Hütte zur Verfügung gestellt, und ihr Feldassistent Mbouli bot sich an, mit uns nach Pavianen zu suchen. Mbouli war schon leicht ergraut und lebte mit seinen beiden Frauen im Camp. Kurt und ich hatten große Tüten mit Gemüse auf dem Markt von Kedougou erstanden und wurden von der Familie mit köstlichem senegalesischem Essen versorgt. Mboulis Gehalt hätte ihm ermöglicht, eine dritte Frau zu nehmen – oder sich ein Moped zu kaufen. Nach langen Beratungen mit Jill war er zu dem Schluss gekommen, dass ein Moped doch die bessere Idee war, und Jill unterstützte ihn mit einem kleinen Kredit. Mbouli war schlaksig und sehr durchtrainiert, und er führte uns mit langen Schritten durch die Gegend. Hin und wieder kamen wir in kleine Siedlungen, in denen uns eine Schar von Kindern entgegenkam. Mbouli schien jedes einzelne zu kennen; in manchen Dörfern wurden wir auch gleich zum Tee eingeladen. Nur mit den Pavianen sah es düster aus. Wir entdeckten zwar eine große Gruppe, aber diese schien die Gärten und Felder der Dorfbewohner zu plündern. Solche Gruppen sind in der Regel sehr schwer an Beobachter zu gewöhnen; zudem lieben es die Dorfbewohner nicht, wenn Forscher hinter den Affen über ihre Felder laufen. Kurzum, die Gegend um Kedougou schien kein gutes Pflaster zu sein, obwohl mir die kleine Provinzstadt mit ihrem bunten Markt und den vielen Cafés und kleinen Restaurants sehr gut gefiel.

Der nächste Abschnitt unserer Reise führte uns in den Nationalpark Niokolo-Koba, in dem schon andere Kollegen gearbeitet hatten, unter anderem Robin Dunbar, der mir später anvertraute, dies sei der schrecklichste Ort gewesen, an dem er je gelebt hätte – so heiß. Inzwischen hatten wir uns ein Auto samt Fahrer gemietet; anders wären wir gar nicht in den Park gekommen. Als Erstes fuhren wir zum Hotel Simenti, eine in Beton gegossene Scheußlichkeit aus den 1960er Jahren, die einst als Großwildjägerlodge gedient hatte. Großartig allerdings ist die Lage: Von der Terrasse des Hotels blicken die Gäste auf eine Biegung des Gambia-Flusses und können die Krokodile und Flusspferde am Ufer beobachten. In direkter Nachbarschaft des Hotels befand sich auch ein Posten der Wildhüter, auf dem einige verfallene Hütten standen. Wir fuhren aber weiter zum nahe gelegenen *Camp de Lion*, wo wir in kleinen Strohhütten übernachteten. Auf unserer Fahrt hatten wir schon überall Paviane gesehen und die ganze Nacht konnten wir ihre Geräusche vernehmen. Die großen Tiere grunzten, die kleinen schrien, und als nachts ein Leopard durch die Gegend strich, hörten wir von allen Seiten die lautstarken Alarmrufe der großen Männchen. Es gab mehr Paviane als Kaninchen in einem Stadtpark. Hier waren wir richtig.

Nach unserer Rückkehr fuhr Dietmar Zinner, ein erfahrener Pavianforscher aus unserer Arbeitsgruppe, in den Senegal, um Kontakt mit den Behörden aufzunehmen und die genauen Modalitäten für den Aufbau einer Feldstation zu verhandeln. Wir einigten uns schließlich darauf, unser Camp auf dem Wildhüterposten am Hotel Simenti aufzuschlagen. Da war es zwar nicht so schön einsam wie bei den anderen Camps, dafür gab es dort solche Annehmlichkeiten wie frisches Baguette – zumindest während der Touristensaison – und ein Telefon, auch wenn die Verbindung meistens gestört war. Uns wurden die verfallenen Hütten überlassen, die jedoch mit relativ wenig Aufwand wieder in einen guten Zustand gebracht werden konnten. Am Anfang hatten wir zwei der landesüblichen Rundhütten: eine für uns, die andere für die beiden Feldassistenten, die uns von der Nationalparkverwaltung zugewiesen worden waren. Außerdem gab es eine Hütte mit Dusche und Toilette. Nach und nach kamen weitere Gebäude und ein eigener Brunnen hinzu. Aus den Ruinen, die Kurt und ich 2006 noch skeptisch beäugt hatten, ist inzwischen ein kleines feines Forschungscamp geworden.

Simenti

Die Atmosphäre im *Centre de Recherche de Primatologie Simenti* – so heißt unser Projekt – ist ganz anders als die in Botswana. Wir leben mit den Wildhütern Tür an Tür, wir essen zusammen und erleben in ganz anderem Ausmaß die Chancen und Risiken interkultureller Kommunikation. Mittags und abends gibt es warmes Essen, das meist sehr gut ist. Unsere Köchin heißt Taye. Sie kann zwar nicht lesen und schreiben, aber hervorragend rechnen, und sie hat einen ausgeprägten unternehmerischen Geist. Aus Tambacounda, der nächstgelegenen Stadt, bringt sie Zigaretten mit, um sie einzeln zu einem Vielfachen des Preises an Touristen weiterzuverkaufen. Außerdem fabriziert sie köstlichen Bissap-Saft aus den Blüten der Afrikamalve, den sie in kleinen Fläschchen anbietet. Manchmal vermisse ich die Solitüde, die wir in Botswana genießen konnten. Ein Vorteil dort war, dass wir völlig unabhängig arbeiten konnten; wenn der Feldassistent ausfiel, dann gingen wir eben alleine raus. Angesichts der großen Anzahl von wilden und wirklich gefährlichen Tieren schien mir das vor allem am Anfang etwas riskant zu sein, aber es funktionierte. Im Nationalpark Niokolo-Koba gibt es dagegen fast keine gefährlichen Tiere mehr. Fast das gesamte Großwild wurde von Wilderern erlegt. Nur Warzenschweine und Paviane gibt es noch viele, und ein paar Leoparden, die gut von Pavianen leben können. Ansonsten ist die Lage wirklich erschreckend, und unsere Feldassistenten sind vor allem zu unserem Schutz vor Wilderern da. Besonders bedrückend ist die rapide Verschlechterung der Situation in den wenigen Jahren, seitdem wir dort angefangen haben. Dabei gehört der Nationalpark zum UNESCO-Weltnaturerbe. Vielleicht war das aber auch gerade sein Todesurteil. Laut einem Vertreter einer örtlichen NGO achteten früher die Dorfältesten darauf, dass durch die Jagd die Bestände nicht gefährdet wurden. Außerdem pflegten die Fischer die Schwemmflächen, die jedes Jahr in der Regenzeit vom Fluss unter Wasser gesetzt werden, und entfernten das dort wuchernde Mimosengestrüpp. Die Schwemmflächen werden als »Mare« bezeichnet und sind mit ihrem reichen Fischbestand eine wichtige Nahrungsquelle für die Vogelfauna. Seitdem die Leute aus den Dörfern im Park umgesiedelt wurden, spielt sich im Nationalpark Niokolo-Koba eine »Tragik der Allmende« ab: Eine Ressource, die jedem zur Verfügung steht, wird von jedem einzelnen maximal ausgebeutet, bis sie vernichtet ist.[89] Außer dem Staat und vielleicht ein paar Tourismusunternehmen gibt es zu wenige Leute, die vom Schutz des Parks profitieren würden. Gegen die professionell agierenden Banden, die das Fleisch seltener Antilopen auf dem Markt von Dakar an-

Abb. 14: Das Forschungscamp in Simenti.

bieten, haben die paar Wildhüter keine Chance. Die größte Herausforderung für die Region ist daher die Entwicklung eines integrierten Konzeptes, bei dem die lokale Bevölkerung direkt oder indirekt vom Schutz des Nationalparks profitiert. Manchmal fürchte ich, dass uns nicht mehr viel Zeit bleibt im Senegal.

Die Pionierinnen des Projektes waren Annika Patzelt und Gisela Fickenscher, die sich um den Aufbau des Camps kümmerten. Damals hatten wir noch nicht mal ein Auto, und die ersten Wochen teilten sie sich ein Zimmer im Gebäude der Wildhüter. Sie suchten sich eine Gruppe von Pavianen, die in der Nähe von Simenti ihre Schlafbäume hatten, und fingen an, sie an die Anwesenheit von Beobachtern zu gewöhnen. Das war leichter gesagt als getan. Von anderen Forschungsprojekten wussten wir, dass Paviane eigentlich ziemlich rasch die Gegenwart von Menschen akzeptieren. Ich selbst hatte bei unserem ersten Besuch im Nationalpark eine Gruppe aus etwa 50 Meter Distanz beobachten können und hielt deshalb eine rasche Habituation, also Gewöhnung, einer Gruppe für durchaus machbar. Leider hatte ich mich getäuscht. Die Tiere waren sehr scheu, und sie blieben es auch sehr lange. Unsere Strategie war, den Tieren gerade so nahe zu kommen, dass sie nicht wegliefen, um ihnen dann in dieser Distanz zu folgen. Leider hatten diese Paviane die Fähigkeit, plötzlich lautlos im Gebüsch zu verschwinden. Die Fotos, die ich aus dieser ersten Zeit erhielt, zeigten meist nur ein paar weit entfernte rötliche Gestalten. Auch die Verstärkung durch verschiedene andere Mitglieder der Arbeitsgruppe brachte keinen wirklichen Fortschritt – wir trieben die Tiere vor uns her und konnten zwar ein paar Daten sammeln zu ihrer Nahrung und ihrem Streifgebiet, aber an eine individuelle Erkennung war nicht zu denken. Besser wurde es, als David Schellenberger-Costa die Habituation übernahm: Er entschloss sich, den Affen richtig auf die Nerven zu gehen, indem er die Fluchtdistanz dauernd unterschritt und ihnen regelmäßig zu nahe kam. Irgendwann gaben sie auf und ließen seine Gegenwart zu.

Erste Ergebnisse

Zu Beginn unserer Studie vermuteten wir, dass in der Nähe des Camps eine kleine Gruppe mit etwa vierzig Tieren sowie eine größere mit etwa achtzig Tieren ihre Schlafplätze hatten. Aber herrje: An einem Tag war ein Weibchen mit einem besonders markanten Merkmal, nämlich einem abgetrennten Schwanz, in der einen Gruppe zu sehen und am nächsten in der anderen. Offensichtlich war die soziale Organisation um einiges komplexer als ursprünglich vermutet.

Annika und Gisela verbrachten in dieser Phase viel Zeit am *Mare di Simenti* – also der großen Schwemmfläche neben unserem Camp –, um zu protokollieren, wie groß die Gruppen waren, die am Mare ankamen und es wieder verließen, und um zu erfassen, wie die jeweiligen Gruppen zusammengesetzt waren. Morgens waren die Gruppen immer etwas größer als abends, was darauf hindeutete, dass die Tiere gemeinsam vom Schlafplatz zum Mare zogen, sich dann während des Tages für die Futtersuche in kleinere Gruppen aufspalteten, um abends wieder am Mare zusammenzukommen. Zudem gab es klare Unterschiede zwischen der Regen- und der Trockenzeit. In der Regenzeit, wenn das Futter üppig ist, waren die Gruppen erheblich größer als in der Trockenzeit. Besonders bemerkenswert war aber, dass die Untergruppen ohne jegliche Auseinandersetzung oder Aggression zusammenkamen, sich vermischten und zum Teil in unterschiedlichen Besetzungen wieder auseinandergingen. Es schien sich um ein sehr fluides System zu handeln, das sich deutlich von der sozialen Organisation der Mantelpaviane unterschied. So etwas war für Paviane bislang nicht beschrieben worden.[90]

Während Annika mit systematischen Beobachtungen der Männchen begann, sammelte Gisela fleißig Scheiße, nicht nur in der Gegend um Simenti, sondern auch in anderen Bereichen des Parks. Ihr Ziel war, die genetische Struktur der Population aufzuklären. Auch wenn ihre Analysen noch nicht abgeschlossen sind, deutet sich für die Guineapaviane ein ungewöhnliches Bild an. Die Männchen in einem Gebiet sind im Durchschnitt etwas stärker miteinander verwandt als die Weibchen – ein erster Hinweis darauf, dass die Männchen den Kern der Gruppen ausmachen und die Weibchen ihre Gruppe verlassen. Was uns allerdings lange Zeit fehlte, waren detaillierte Beobachtungen ihres Verhaltens.

Das größte Problem blieb, dass wir einfach nie wussten, wen wir sahen. Wenn sich die Zusammensetzung einer Gruppe ständig ändert, kann man nie sicher sein, ob ein bestimmtes Männchen wirklich dasselbe ist wie dasjenige, das man am Vortag gesehen hat. Uns blieb nichts anderes übrig, als die Tiere zu markieren. Dazu wollten wir einige mit Radiosendern ausstatten, um sie mit Hilfe einer Antenne orten zu können. Zusätzlich kauften wir ein paar sündhaft teure GPS-Halsbänder, mit denen alle zwei Stunden der Aufenthaltsort des Tieres registriert und abgespeichert werden kann. Wir mussten die Tiere dazu betäuben. Glücklicherweise hatte inzwischen Peter Maciej als Feldassistent angeheuert, der keine Scheu hatte, sich mit dem Blasrohr zu versuchen. Die meisten Versuche, die Tiere im Feld zu erwischen, scheiterten allerdings kläglich. Zudem fingen die Affen an, misstrauisch zu werden, und wir befürchteten, die Habituation könnte vergebens gewesen sein. Käfige mussten her. Peter fand in Tambacounda einen tüchtigen Schlosser, der nach genauen Anweisungen verschiedene Käfige mit Falltüren baute. Die Käfige stellten wir dann am Fuße der Schlafbäume auf. Zunächst verstreute Peter in der Nähe der Käfige ein paar Erdnüsse, später gab er sie auch in die Käfige. Er versteckte sich in der Nähe im dichten Gebüsch und konnte beobachten, wie die Tiere ohne Scheu in die Käfige liefen und sich dort die Nüsse in die Backentaschen stopften. Zusammen mit dem Tierarzt der Nationalparkverwaltung ging es schließlich ans Betäuben. Alle hielten sich im Hintergrund, Peter saß im Gebüsch und wartete, bis ein Männchen alleine in einem Käfig saß. Dann zog er an der Schnur, die den Schließmechanismus der Falltür auslöste. Zack! Das erste Tier saß in der Falle. Wenn es gut ging, konnte er auch noch ein zweites oder drittes Tier fangen. Als Nächstes musste Ciss, unser Feldassistent, die Tiere langsam wegtreiben, die sich um die Käfige herum aufhielten. Schließlich kam Peter mit dem Blasrohr und setzte die Betäubung.

Jedes Tier wurde sorgfältig vermessen, gewogen und mit einer Markierung versehen. Die großen Männchen bekamen Halsbänder, an denen die Radio-Sender oder die GPS-Empfänger befestigt waren. Wenn alles vorbei war, wurden die Tiere im Schatten der Bäume abgelegt und überwacht, bis sie langsam wieder zu sich kamen. Das Narkosemittel verursacht eine leichte Amnesie, und so saßen die meisten Tiere bereits am nächsten Tag wieder im Käfig, als ob nichts gewesen wäre. Kritisch ist immer die Phase des Aufwachens, wenn die Tiere noch halb im Schlaf sind. Sie wirken dann wie betrunken und sind nicht ganz zurechnungsfähig.

Endlich konnten wir den Tieren nun auch Namen geben. Das erste Männchen, das mit einem Radiosender ausgestattet wurde,

Abb. 15: Guineapaviane.

nannten wir zu Ehren von Annika »Anniko«. Die Studenten im Projekt machten sich einen Spaß daraus, die Tiere nach den Mitarbeitern unserer Arbeitsgruppe, aber auch nach senegalesischen Freunden und Bekannten zu benennen. Das führte manchmal zu großer Verwirrung: »Dietmar ist weg!« – »Aber wieso? Ich habe ihn doch eben noch gesehen!« – »Nein, ich meinte den Pavian!«

Seit zwei Jahren sind wir in der Lage, einen Großteil der Tiere individuell zu erkennen. Langsam wird nun auch die Struktur der sozialen Organisation deutlich. Den Kern einer Einheit bilden meist zwei, manchmal auch drei Männchen. Zu diesen gesellt sich dann eine bestimmte Anzahl von Weibchen. Die Assoziation ist aber nicht so fest wie bei den Mantelpavianen, wo der Haremshalter seine Weibchen durch Nackenbisse unter Kontrolle hält. Stattdessen genießen die Weibchen einige Freiheiten und können auch zu Männchen anderer Untergruppen gehen. Diese Einheiten nennen wir in unseren Analysen *Parties*, die sich wiederum mit anderen *Parties* zu so genannten *Gangs* zusammenschließen können. Mehrere *Gangs* bilden dann die *Community.* Ganz anders als bei den

Abb. 16: Zwei männliche Guineapaviane umarmen sich.

Bären- oder auch Mantelpavianen gibt es kaum Konflikte zwischen verschiedenen *Parties* oder *Gangs*. Stattdessen weisen die männlichen Guineapaviane einen ungewöhnlich hohen Grad an Toleranz untereinander auf. Sie dulden sich gegenseitig in der Nähe, wenn sie fressen, und sie pflegen ein bizarres Begrüßungsritual, bei dem sie sich umarmen, heftig mit dem Kopf nicken und sich gegenseitig an den Penis fassen. So etwas wäre bei Bärenpavianen völlig undenkbar. Ein beträchtlicher Anteil aller positiven Interaktionen eines Guineapavianmännchens findet mit einem anderen Männchen statt. Neben dem erwähnten Begrüßungsritual sitzen sie auch einfach in Körperkontakt oder lausen sich das Fell.

Über die weiblichen Tiere wissen wir im Vergleich zu den männlichen noch sehr wenig. Zwei Dinge sind uns allerdings schon aufgefallen: Ihre Sexualschwellungen sind sehr viel kleiner als bei den Bärenpavianen, und auch ihre Paarungsrufe sind kümmerlicher. Insgesamt ist der Sexualdimorphismus weniger ausgeprägt als bei den anderen Pavianarten. Die Männchen haben viel kleinere Eckzähne und geradezu winzige Hoden. Viele Indizien sprechen dafür, dass die Konkurrenz zwischen den Männchen im Vergleich zu anderen Pavianarten reduziert ist.

Als Nächstes steht auf dem Plan, die Sozialbeziehungen und das Paarungsverhalten der weiblichen Guineapaviane zu untersuchen. Haben die Weibchen eine besonders starke Beziehung zu einem bestimmten Männchen, oder haben sie mehrere Freunde? Wie viel Zeit verbringen sie in Kontakt mit anderen – und mit wem? Über genetische Untersuchungen versuchen wir gleichzeitig, die Verwandtschaftsverhältnisse zu klären. Bezüglich des Paarungsverhaltens wollen wir wissen, mit wie vielen Männchen sich ein Weibchen paart und ob es dabei Unterschiede zwischen verschiedenen Phasen des Zyklus gibt. Vielleicht wählt sie während der Phase der höchsten Empfängniswahrscheinlichkeit nur ein Männchen (oder wird von diesem mehr oder weniger gut bewacht) und paart sich zur Vaterschaftsverschleierung noch mit ein paar anderen Männchen? Oder ist sie weniger wählerisch? Zudem interessiert uns, wie gut der Zeitpunkt der Ovulation anhand der Sexualschwellung abzuschätzen ist. Nebenbei sammeln wir Daten zur Demographie: Wer hat ein Kind bekommen? Wer wurde wann zuletzt gesehen? Gibt es neue Tiere innerhalb einer *Party*?

Evolution der Paviane

Wie kann man sich die Entstehung der Vielfalt im Verhalten der Paviane erklären? Ihr Ursprung wird im südlichen Afrika, etwa im Gebiet von Sambia, vermutet. Von ihrem Ursprungsgebiet breiteten sich Vertreter der Gattung vor etwa zwei Millionen Jahren in den Süden aus, wo sie heute durch die Bärenpaviane repräsentiert werden, sowie in Richtung Norden, wo sie heute als Gelbe Paviane in Ostafrika vorkommen und als Mantelpaviane den Nordosten und die Arabische Halbinsel besiedeln. Die Anubispaviane gehören auch zur nördlichen Gruppe der Paviane, liefern aber ein relativ uneinheitliches Bild: Es gibt zwei verschiedene größere Zweige innerhalb dieser Gruppe, die in etwa einer Ost-West-Trennung entsprechen.[91] Dabei deutet sich an, dass derzeit eine zweite große Ausbreitungswelle der Anubispaviane in Gebieten ankommt, die bereits durch andere Paviane besiedelt sind, und dass die Anubispaviane mit den dort lebenden Arten hybridisieren. Die Analyse von DNA erlaubt heute solche Rekonstruktionen von Ausbreitungs- und Wanderungsbewegungen. Ein bekannteres Beispiel lieferten Svante Pääbo und Kollegen durch Analysen des Neandertalergenoms. Vergleiche mit der genomischen Information der heutigen Menschen legten nahe, dass einige auf Neandertaler zurückzuführende Informationen auch in bestimmten Populationen moderner Menschen zu finden sind. Zumindest punktuell scheint es zu Verpaarungen zwischen Neandertalern und modernen Menschen gekommen zu sein.[92]

Um die Guineapaviane besser zu verstehen, ist für uns vor allem von Interesse, was während der Ausbreitung der früheren Paviane in Richtung Norden passiert ist und wie es dazu kam, dass Mantel- und Guineapaviane eine von den Savannenpavianen stark abweichende soziale Organisation aufweisen. Zur Erinnerung: Bei den Savannenpavianen verbleiben die Weibchen in der Geburtsgruppe, während die Männchen diese verlassen. Damit vermeiden sie die Nachteile der Inzucht. Bei den Guineapavianen deutet dagegen vieles darauf hin, dass die Männchen philopatrisch und die Weibchen für den Genfluss verantwortlich sind. Wie kann es zu einem solch dramatischen Wandel in der sozialen Organisation kommen?

Analysen der genetischen Diversität bei verschiedenen Tierarten ergaben, dass sich bei der Neubesiedelung von Gebieten dramatische Effekte einstellen können. Dabei kann der Zufall eine große Rolle spielen, ebenso wie die Tatsache, dass bestimmte Individuen risikofreudiger sind und ein neues Gebiet eher kolonialisieren. Die Gruppe der Tiere, die sich entweder zufällig oder aus

Abb. 17: Auch bei den Guineapavianen kommt es manchmal zu heftigen Auseinandersetzungen.

bestimmten Gründen am Rand einer Population aufhält bzw. die dann ein neues Gebiet besiedelt, muss nicht immer repräsentativ für die Gesamtpopulation sein. Daher kann es bei einer raschen Inbesitznahme eines neuen Gebietes zu Effekten im Genpool und damit auch im Verhalten oder Aussehen einer Art kommen. Ein Beispiel ist die erhöhte Frequenz bestimmter Varianten von zwei menschlichen Genen, die mit der Entwicklung eines größeren Gehirns in Verbindung gebracht wurden. Diese Varianten traten auf, nachdem die frühen modernen Menschen Afrika verlassen hatten. Während eine Zeit lang galt, die Zunahme dieser neuen Variante im Genpool sei Resultat eines evolutiven Selektionsprozesses, zeigten spätere Berechnungen, dass die beobachteten geographischen Verteilungsmuster auch durch räumliche Gegebenheiten und das zufällige Auftreten dieser Varianten an der Front der Population sein können.[93]

Clifford Jolly, ein Veteran der Pavianforschung, vertritt die Hypothese, nach der es an der vordersten Front der Ausbreitung der Paviane zu einer spezifischen Dynamik gekommen ist, die für den Wechsel in den Sozialsystemen verantwortlich ist.[94] Dies geschah vermutlich während des Pleistozäns, in dem es eine Reihe von Kaltzeiten gab, während derer sich das Savannenhabitat in unterschiedlichem Maß ausbreitete und wieder zurückzog. Damit öffneten sich weitere Gebiete der Besiedlung durch Tiere, die an ein Leben in einer trockenen und offenen Landschaft angepasst waren. Das betraf viele Huftiere und auch die Paviane. Möglicherweise spielten also die ökologischen Veränderungen der Landschaft, die sich durch den Rückzug der Waldgebiete in höhere Lagen ergaben, eine Rolle bei der Transformation der Sozialsysteme der Paviane. Clifford Jolly zufolge gab es zunächst Bedingungen, die solche Männchen begünstigten, die lieber in ihrer Geburtsgruppe verblieben. Dies ist insbesondere der Fall, wenn sich eine Population rasch ausbreitet und auswandernde Männchen an der Spitze der Ausbreitung in pavianfreies Gebiet gelangen würden, wo sie sich nicht fortpflanzen könnten. Hier hätten die »Stubenhocker« einen Vorteil, der vor allem dann nicht zum Nachteil gereicht, wenn die Populationsdichte hoch und Inzucht eher unwahrscheinlich ist. In diesem Szenario hätten wir also zunächst eine Situation, in der Männchen vermehrt in der Geburtsgruppe bleiben. Daraus soll sich zum einen das Mantelpaviansystem entwickelt haben, bei dem einzelne Männchen eine kleine Anzahl von Weibchen monopolisieren, und zum anderen ein System wie bei den Guineapavianen, was wir erst noch genau entschlüsseln müssen. Zumindest ließe sich mit Clifford Jollys Szenario die hohe Toleranz unter den Männchen bei den Guineapavianen erklären. In einem zweiten Schritt, vor allem wenn die Populationsdichte wieder sinkt, ist es für die weiblichen Tiere vorteilhaft, die Geburtsgruppe zu verlassen, damit sie nicht Gefahr laufen, sich mit ihren Brüdern oder Vätern zu verpaaren. Auch wenn sich diese Hypothese zunächst plausibel anhört, so bleiben doch noch viele Fragen offen: Warum bilden sich in einem Fall Harems heraus und im anderen die fluide Dynamik der Guineapaviane? Und warum sind die Guineapaviane so tolerant?

Herausforderungen der dritten Art

Die Feldforschung bietet nicht nur Herausforderungen praktischer Art, sondern es gilt auch, theoretische Ansätze weiterzuentwickeln. Drittens geht es um das Überleben im bürokratischen Dschungel. Mein persönliches Highlight im Senegal war der Versuch, Fahrzeugpapiere für unser Auto zu bekommen.

Wir hatten 2008 vom Deutschen Primatenzentrum (DPZ) Geld erhalten, um einen Toyota Hilux zu erwerben. Zu diesem Zeitpunkt war der Status unseres Projektes noch nicht offiziell geklärt, was aber eine Voraussetzung für die ordnungsgemäße Anmeldung eines Wagens ist. Leider war der Vorgang irgendwo versandet. Deshalb konnten wir zwar unser Auto mit einem vorläufigen Bescheid von Toyota in Empfang nehmen, aber der Fahrzeugschein – die *carte grise* – fehlte noch. Wir waren deshalb mit verschiedenen vorläufigen Papieren unterwegs.

Als ich 2009 in den Senegal fuhr, heuerte ich Monsieur Seydi an, einen senegalesischen Spezialisten, der sich mit den Tücken der landeseigenen Bürokratie auskennt. Wir trafen uns im *Brazzerade*, und er entwickelte einen Plan, wie wir vorgehen sollten. Dazu war der Besuch bei mehreren hochrangigen Persönlichkeiten notwendig. Missbilligend betrachtete er meine Kleidung. Ob ich kein Kostüm dabeihätte? Keine schicken Schuhe? So könne er sich mit mir nicht sehen lassen. Ich schämte mich sehr, hätte ich nach Jahren in Afrika doch wirklich wissen müssen, dass der Look der Feldforscher im Straßenleben vollkommen inakzeptabel ist. Die meisten Einheimischen sind wie aus dem Ei gepellt, wenn sie ihren Geschäften nachgehen, und die Nachlässigkeit der weißen Entwicklungshelfer, Forscher oder Großwildjäger wird mit einiger Irritation zur Kenntnis genommen. Dabei sah ich nun nicht schlampig oder dreckig aus, aber warum sollte ich in High Heels über die Sandpiste vor dem *Brazzerade* stolpern? Ich hätte es besser wissen sollen.

Nun musste ich also mit Monsieur Seydi einkaufen gehen – an einem Sonntag. Das Schöne im Senegal ist, dass jeder irgendwie jemanden kennt, der genau das hat oder kann oder macht, was man gerade braucht. So fuhren wir also mit dem Taxi und Madame Seydi zu einer Bekannten, die regelmäßig nach Europa fliegt, um dort westliche Kleidung zu erwerben, die sie im Senegal weiterverkauft. Eines der Zimmer in ihrer Wohnung hat sie in eine kleine Boutique umfunktioniert, und ich wurde nun eingeladen, mir ein gutes Stück auszusuchen. Es gab viel Strass und Blumenapplikationen, und alles war aus Polyester. Am Ende entschied ich mich für eine schokoladenbraune Kombination mit Glitzer-Applikationen und einer großen Seidenschleife als Gürtel, dazu für eine passende knitterfreie Bluse, die ich abends auswusch und am nächsten Tag wieder anzog. Die Hose war hauteng und hatte eine scharfe Bügelfalte. Dazu musste ich eine passende Plastik-Handtasche nehmen und altrosa Pumps, die leider zwei Nummern zu groß waren.

Am nächsten Morgen fuhren wir als Erstes zum Polizeipräsidenten. Dem erklärte Monsieur Seydi die Lage und erhielt einen Zettel, auf den der Polizeipräsident irgendetwas gekritzelt hatte. Monsieur Seydi versicherte mir, der Herr Polizeipräsident sei sehr beeindruckt von meinem eleganten Auftreten gewesen. Anschließend ging es zum *Service des Mines*, einer Mischung aus TÜV und Fahrzeugstelle. Der *Service des Mines* liegt etwas außerhalb der Stadt in einem Industriegebiet, in dem man auch sämtliche Autofirmen findet. Der *Service des Mines* mutet wie ein Schrottplatz an, und die meisten Autos sehen auch so aus, als ob sie eher dorthin gehörten – mit Ausnahme natürlich der Autos der Nichtregierungsorganisationen. Wir mussten über eine Art Baustelle laufen, was mit meinen neuen altrosa Pumps eine veritable Herausforderung war. Hinter der Halle, in der die Autos inspiziert werden, gelangten wir zu dem Bürotrakt mit den Schaltern, an dem die Papiere ausgegeben werden.

Monsieur Seydi verlangte, zum Direktor vorgelassen zu werden. Seine Methode war, immer oben einzustechen und dezent darauf hinzuweisen, dass man gerade mit einer noch wichtigeren Person über die Angelegenheit gesprochen hätte. Dann galt es festzustellen, dass man in irgendeiner Weise verwandt oder bekannt war oder gemeinsame Schulfreunde hatte. An mit Aktenbergen vollgestopften Verschlägen vorbei wurden wir ins Büro des Direktors geführt. Der Mann legte bedächtig den Kopf zur Seite und meinte, er verstünde das Problem nicht, die *carte grise* sei doch schon lange beim Autohaus. Wir nahmen also ein Taxi zum Autohaus, wo es jedoch hieß, die Papiere seien nie ausgestellt worden. Also ging es zurück zum *Service des Mines*, wieder in den Pumps über die Baustelle, um dort die Information zu erhalten, dass eine wichtige Akte noch beim Autohaus sei. Wieder ins Taxi eingestiegen, fuhren wir zum Autohaus zurück, wo wir das

Dossier ausgehändigt bekamen. Beim *Service des Mines* hieß es, nun sei alles geklärt und wir könnten später unsere *carte grise* abholen. Als wir nach dem Mittagessen wieder dort vorstellig wurden, teilte uns der zuständige Mitarbeiter mit, sie hätten inzwischen festgestellt, dass noch ein weiteres Dokument fehlte. Unser Status sei noch nicht geklärt, und deswegen könnten wir keinen Titel bekommen, der aber Voraussetzung für die Ausstellung der *carte grise* sei. Außerdem fehlten noch ein paar Stempel von Toyota. Monsieur Seydi nahm mich zur Seite und bedeutete mir, wir könnten die ganze Sache auch abkürzen, indem wir Geld zwischen die Papiere legen würden – davon würde er aber dringend abraten, denn wir sollten der Korruption keinen Vorschub leisten. Also wieder zu Toyota, Stempel geben lassen, dann zur Parkdirektion. Ein M. Mallé Guye sagte uns, es sei alles ganz einfach, wir müssten nur mit dem Sekretariat der Nationalparkdirektion reden, und dann bekämen wir die Bestätigung unseres Status. Der Sekretär ließ uns überraschenderweise wissen, dass der Vorgang vor einem halben Jahr annulliert worden sei: Wir hätten nicht die Rechte, eine Nichtregierungsorganisation zu werden – was wir auch nie hatten werden wollen. Und dass wir deswegen auch keine Bestätigung unseres Status bekommen könnten, da wir ja keinen hätten. Als wir dies beim *Service des Mines* erklärten, erhellten sich die Gesichter und uns wurde versichert, wir könnten am kommenden Morgen die *carte grise* abholen.

Natürlich gab es dann keine Papiere, da unser Status ja noch nicht geklärt war … Zwischenzeitlich hatten wir einen Termin beim Chef der Nationalparkbehörde ergattert, M. Mame Balla. Der hat ein großes Büro mit einer mächtigen Klimaanlage und vielen Fotos, die ihn beim Fallschirmspringen zeigen. Von ihm bekamen wir schließlich eine richtige Forschungsgenehmigung, mit der wir dann wieder zum *Service des Mines* getrabt sind. Außerdem gab er Monsieur Seydi zu verstehen, dass ich äußerst elegant angezogen sei. Inzwischen hatte Monsieur Seydi den Polizeichef aktiviert und mit ihm vereinbart, dass wir kurz vor Betreten des Büros des Direktors eine SMS schicken sollten, woraufhin der Polizeichef beim Direktor anrufen wollte. Als wir ins Büro kamen, war gerade der Polizeichef am Apparat. Auf einmal zeigten sich alle ganz beflissen, natürlich könnten sie jetzt den Status klären und auch die *carte grise* ausstellen, und schon am kommenden Tag könnten wir die Papiere ... Monsieur Seydi wollte sich gerade erheben, als ich zwischen zusammengepressten Zähnen freundlich, aber bestimmt sagte, dass es bestimmt auch möglich sei, jetzt sofort die Papiere zu bekommen. Und dass wir sehr gerne warten würden. Dies löste zunächst einige Verwunderung aus, zeigte aber Wirkung. Wir wurden etwa eine Stunde lang zwischen riesigen Aktenbergen abgestellt, bevor wir ein letztes Mal in das Büro des Direktors gebeten wurden, wo wir zusehen durften, wie er eigenhändig die *carte grise* unterschrieb und abstempelte.

Die Geschichte mit den Fahrzeugpapieren war ein außergewöhnlicher Exzess, und inzwischen habe ich auch immer einen guten Anzug und schicke Schuhe mit, wenn ich nach Dakar fahre. Als Frau hat man es im Senegal mit seiner patriarchalen Struktur nicht leicht – viele Frauen treten zwar sehr selbstbewusst und stolz auf; auf Ämtern und Behörden aber richtet sich das Gespräch vorzugsweise an den Mann. Ähnlich frustrierend war es manchmal für die Doktorandinnen, die alles aufgebaut hatten und dann zusehen mussten, wie die später angekommenen jungen Männer ohne viel Federlesens als Chefs des Projektes angesprochen wurden. In Göttingen haben wir eigens ein Seminar bei einem Senegalesen belegt, der seit fast zwanzig Jahren in Deutschland lebt. Er empfahl uns, höflich zu bleiben, aber durchaus deutlich zu machen, dass bei uns andere Spielregeln gelten würden – meistens jedenfalls. In jedem Fall sind die Auseinandersetzungen mit Behörden um einiges anstrengender, als bei sengender Hitze hinter einer Gruppe von Pavianen herzulaufen. Und dafür war ich ja eigentlich angetreten: das Sozialleben der Affen zu beschreiben und zu verstehen.

TEIL 2
KOGNITION

Was denken Tiere?

Amelia, ein älteres und eher niedrigrangiges Bärenpavianweibchen mit einem wundervollen Backenbart, sitzt auf einer staubigen Schwemmfläche und gräbt Wurzeln aus der Erde. Der Höhepunkt der Trockenzeit ist erreicht, und das Futter ist knapp geworden. Die Tiere haben sich weit über die Ebene verteilt, die von uns »The Fields of Boredom« genannt wird, da die stundenlange Beobachtung von Tieren beim Wurzelausgraben nur einen begrenzten Unterhaltungswert hat. Plötzlich kommt Palm daher, die knapp zweijährige Tochter von Sierra aus der Alpha-Matrilinie. Wie so oft lanciert sie auch heute einen Angriff auf Amelia, indem sie sich einfach in deren Nähe setzt und anfängt zu kreischen. Bei früheren Attacken kamen stets Verwandte angerannt, um die kleine Palm bei ihrem Angriff zu unterstützen. Aber heute ist weit und breit kein anderer Affe zu sehen – nur Palm und Amelia. Die packt sich Palm und beißt sie kräftig ins Bein. Die Kleine kann sich nicht aus der Umklammerung befreien und schreit wie am Spieß. Irgendwann lässt Amelia von ihr ab, und Palm rennt mit gesträubtem Fell davon.

Was war in Amelia vorgegangen? Hatte sie sich gemerkt, wie oft Palm ihre Verwandten schon gegen sie aufgehetzt hatte? Wusste sie, dass niemand in der Nähe war und sie sich endlich rächen konnte, ohne direkte Konsequenzen befürchten zu müssen? Welche Vorstellungen hat Amelia von den Beziehungen zwischen Palm und den anderen Vertreterinnen ihrer Matrilinie? Hat sie ein Konzept von »Verwandtschaft« oder »Rang«?

Es geht im Folgenden nicht nur darum, was Amelia über ihre Artgenossen weiß, sondern auch um die Vorstellungen, die sie von ihrer unbelebten Umwelt hat. Ist ihr klar, wie sie auf direktem Weg von den Schlafbäumen auf Camp Island zu den »Fields of Boredom« kommt? Überlegt sie jetzt schon, wann ihre Gruppe wieder zu den Feigenbäumen gehen wird, um sich dort gütlich zu tun? All dies sind Fragen, die in den Bereich der Erforschung der kognitiven Leistungen von Tieren fallen.

Der Begriff »Kognition« wird nicht einheitlich verwendet. Im deutschen Sprachraum wird er oft mit »Einsicht« gleichgesetzt, was im angelsächsischen Bereich nur eine spezifische Form der höheren Kognition darstellt. Dort umfasst der Begriff Kognition sehr viel allgemeiner all diejenigen Prozesse, die mit der Aufnahme, Verarbeitung und Speicherung von Information zu tun haben. Dazu gehören unter anderem Lernen und Gedächtnis, die Verhaltenssteuerung ebenso wie Orientierung und Navigation. Ich folge hier dieser weiter gefassten Definition. Und auch eine weitere Begriffsklärung scheint notwendig, nämlich, ob es überhaupt gerechtfertigt ist, bei Tieren von »Denken« zu sprechen. Versteht man unter Denken das auf Begriffen basierende, also sprachlich verfasste Urteilen, dann können Tiere natürlich nicht denken, genauso wenig wie vorsprachliche Kinder.[1] Alternativ lässt sich »Denken« allgemeiner als schließende Prozesse auf Basis mentaler Repräsentationen definieren. Der Begriff der »mentalen Repräsentation« ist ein wichtiges theoretisches Konstrukt der Kognitionswissenschaften. Damit sind wie auch immer geartete informationstragende gedankliche Strukturen gemeint. Etwas vereinfacht ausgedrückt handelt es sich um »Abbilder« von Objekten, Prozessen oder Erfahrungen, die höheren kognitiven Operationen zu Grunde liegen. Wenn ich im Folgenden von »Denken« oder »Nachdenken« spreche, meine ich damit solche mentalen Operationen.

Trophäensammler und Spielverderber

Die Erforschung der Intelligenz von Tieren war schon immer eine Arena für leidenschaftlich geführte Auseinandersetzungen.[2] Da wir die Tiere nicht direkt befragen können, bleibt für die Beurteilung des Verhaltens weit mehr Spielraum, als wenn wir ihre Aussagen zu Protokoll nehmen könnten. Das hat unter anderem zu der Frage geführt, ob die »inneren Prozesse«, die Tierverhalten zu Grunde liegen, überhaupt einer wissenschaftlichen Untersuchung zugänglich sind. Die radikalen US-amerikanischen Behavioristen um B. F. Skinner und John B. Watson vertraten die Ansicht, dass nur das beobachtbare Verhalten auch wissenschaftlich überprüft werden könne.[3] Alles andere stelle eine »Black Box« dar, deren innere Vorgänge nicht nachzuvollziehen seien. Der Fokus sollte in ihren Augen vielmehr darauf gelegt werden, den Zusammenhang zwischen spezifischen Reizen und der Veränderung des Verhaltens zu klären. Ob und in welcher Form die Tiere etwa Gelerntes verstanden, galt nicht als wissenschaftliche Frage. Eine grundlegende Annahme der Behavioristen war, dass fast das gesamte Verhalten durch Lernprozesse erklärt werden könne. Angeborene Komponenten und artspezifische Unterschiede in Verhaltensdispositionen, die in der europäisch geprägten Ethologie im Vordergrund standen, wurden dagegen als vernachlässigbar angesehen. Die Ethologie ist eine Richtung der Verhaltenswissenschaft, die aus vergleichender Perspektive das Verhalten von Tieren untersucht. Zu den bedeutendsten Vertretern gehörten Karl von Frisch, Nikolaas Tinbergen und Konrad Lorenz, die für ihre Forschungen zum Bienentanz und der Bedeutung von Instinkten 1973 den Nobelpreis für Physiologie oder Medizin erhielten. Tinbergen identifizierte mit seinen »vier Fragen« 1963 die verschiedenen Analyseebenen des Verhaltens von Tieren, nämlich die Klärung der zugrundeliegenden Mechanismen, des Überlebenswertes (der Funktion), der Individualentwicklung und der Stammesgeschichte.[4] Diese vier Fragen stehen heute noch am Beginn jeder guten verhaltensbiologischen Forschung, wobei sich integrative Forschungsprogramme zunehmend durchsetzen.

Mit der kognitiven Revolution der 1960er Jahre wurde ein neues Zeitalter der Verhaltensforschung eingeläutet. Tieren wurde nun die Fähigkeit zugesprochen, Informationen aufzunehmen, zu verarbeiten und wieder abzurufen.[5]

Schon vor der kognitiven Revolution hatte es jedoch einzelne Forscher gegeben, die zumindest bestimmte Tiere für intelligent hielten. Einer ihrer berühmtesten Vertreter war Wolfgang Köhler, der Anfang des 20. Jahrhunderts auf Teneriffa eine kleine Kolonie von Schimpansen hielt und mit ihnen Experimente durchführte. Heute ist das Zentrum zur Erforschung der Intelligenz von Menschenaffen des Max-Planck-Instituts für evolutionäre Anthropologie in Leipzig nach ihm benannt. Einen ähnlichen Ansatz wie Köhler vertrat Robert Yerkes, der in den USA einer der Begründer der vergleichenden Psychologie war und 1916 das Werk *The Mental Life of Monkeys and Apes* veröffentlichte.[6] Ein wichtiger früher Vertreter des »Kognitivismus« ist schließlich Edward Tolman, der zwar in der behavioristischen Tradition stand, aber als einer der ersten proklamierte, Ratten würden auch ohne Belohnung etwas lernen.[7] Er ließ eine Gruppe von Ratten eine Weile in einem Labyrinth herumlaufen. Irgendwann setzte er eine Belohnung in das Labyrinth und stoppte die Zeit, wie lange die Tiere brauchten, um von einem definierten Startpunkt zur Belohnung zu kommen, und wie rasch sie sich in wiederholten Versuchen verbessern würden. Zum Vergleich mussten unerfahrene Ratten die gleiche Aufgabe lösen. Die erfahrenen Ratten liefen schon beim zweiten Versuch schnurstracks zur Belohnung, während die unerfahrenen Ratten viel länger brauchten, um sich den Weg zu merken. Die Ratten der ersten Gruppe mussten also eine Menge über das Labyrinth gelernt haben, während sie darin herumliefen.[8] Die kognitiven Revolutionäre der 1960er Jahre hatten also durchaus ihre Wegbereiter.

Bei der Erforschung der Evolution der Intelligenz lassen sich derzeit zwei verschiedene Forschungsprogramme voneinander abgrenzen, die sich als anthropozentrischer bzw. evolutionär-ökologischer Ansatz charakterisieren lassen.[9] Der anthropozentrische Ansatz beginnt mit der Erstellung eines Katalogs menschlicher Leistungen und Fähigkeiten. Anschließend wird analysiert, welche anderen Tiergruppen über ähnliche Anlagen verfügen.

Der Mensch ist also der Ausgangspunkt. Durch sukzessive Erweiterung des Verwandtschaftsgrades versucht man dann, eine plausible Erklärung dafür zu finden, wann in der Evolution ein bestimmtes Merkmal aufgetreten ist. Dieses Vorgehen ist vor allem erkenntnisfördernd, um die für unsere eigene Art spezifischen Merkmalen zu identifizieren. Andererseits werden andere Arten in der Regel anhand ihrer Defizite charakterisiert. Unter Umständen fällt bei einer anthropozentrischen Betrachtungsweise fast alles Interessante an einer Tierart unter den Tisch. Ein etwas drastisches Beispiel: Wer nur danach fragt, ob Ameisen sprechen können, wird rasch feststellen, dass sie der gesprochenen Sprache nicht mächtig sind. Es wird ihm dabei aber entgehen, über welch phantastische Orientierungsfähigkeiten sie verfügen, konkret: wie exquisit sie es verstehen, sich nach der Sonne zu richten und Landmarken zu beurteilen.[10]

Der evolutionär-ökologische Ansatz dagegen versteht die kognitiven Leistungen als ein Produkt der Evolution – also als Anpassungen an die Lebenswelt der Tiere, wobei das evolutionäre Erbe berücksichtigt werden muss. Hier fragen die Forscher: Welche Lösungen haben verschiedene Spezies als Antwort auf ähnliche Probleme im Laufe der Evolution hervorgebracht? Bei welcher Lebensgeschichte wird Lernfähigkeit favorisiert, bei welcher dagegen sind weitgehend angeborene Programme überlegen? Und welche evolutionären Beschränkungen verhindern möglicherweise flexibleres oder intelligenteres Verhalten? Dieser Ansatz hat allerdings eine weniger ausgeprägte diagnostische Schärfe als der anthropozentrische, wenn es um den Vergleich von menschlichen Charakteristika mit denen anderer Tiere geht.

Sowohl der anthropozentrische als auch der evolutionär-ökologische Ansatz haben ihre Berechtigung, und ihre Stärken sollten je nach Forschungsinteresse ausgespielt werden, solange auch die jeweiligen Schwächen im Blick bleiben. Am produktivsten erscheint mir die Entwicklung von Forschungsprogrammen, die beide Lesarten nutzen, um sich der Intelligenz von Tieren anzunähern.

Leider gibt es in diesem Forschungsgebiet eine beträchtliche Anzahl von »Trophäensammlern«, also Leuten, denen es eher darum geht, einen spektakulären Befund zu verbreiten, als zu verstehen, wie die ganze Sache eigentlich funktioniert. Meist wird dabei eine vormals dem Menschen vorbehaltene Fähigkeit nun auch bei Affen oder Delfinen oder Krähen und so weiter identifiziert. Die Medien stürzen sich begeistert auf die sensationellen Neuigkeiten, und die Studie ist binnen kürzester Zeit in aller Munde, bis irgendwann ein Lerntheoretiker säuerlich einwendet, das beobachtete Verhalten könne genauso gut durch einfache Lernvorgänge erklärt werden – von Einsicht keine Spur. Diese Leute nennt man auch die »Spielverderber«. Zwischen den Trophäensammlern und Spielverderbern gibt es glücklicherweise noch Forscher, denen es darum geht, zu erklären, *wie* eine bestimmte kognitive oder kommunikative Leistung zustande kommt. Vertreter dieser Richtung fragen: Welches sind die einem beobachteten Verhalten zu Grunde liegenden Mechanismen? Lassen sich einzelne Bausteine herausarbeiten, die in ihrer Gesamtheit dieses (scheinbar) komplexe Verhalten hervorbringen? Ziel muss die Entwicklung integrativer Forschungsprogramme sein, die Mechanismen, Funktion, Individualentwicklung und Evolution im Blick behalten.

Das soziale Gehirn

Eines der großen Rätsel der vergleichenden Kognitionsforschung ist die Frage, warum manche Tiere verglichen mit ihrem Körpergewicht relativ größere Gehirne haben als andere und wie es im Laufe der Evolution der Primaten zu der enormen Vergrößerung des Neocortex, also der Großhirnrinde, kam.[11]

Der Neocortex spielt eine große Rolle bei der Verarbeitung von sensorischen Reizen, der Planung und Steuerung von Handlungen sowie der Impulskontrolle. Primaten sind jedoch nicht das einzige Taxon mit einem großen Gehirn. Auch Zahnwale haben deutlich vergrößerte Gehirne, und bei anderen schlauen Tieren wie Rabenvögeln und Papageien sind die entsprechenden Areale ebenfalls größer als bei anderen Vögeln. [12]

Gehirne sind energetisch besonders teure Organe, und der Körper muss viel Energie aufbringen, um sie zu entwickeln und mit genügend Brennstoff zu versorgen.[13] Bei erwachsenen Menschen macht das Gehirn nur etwa 2% des Körpergewichts aus; es verbraucht aber 20 % des Sauerstoffs, den wir einatmen, um den Stoffwechsel in Gang zu halten. Wer sich also schon so ein teures Organ leistet, muss dadurch auch Vorteile erlangen. Welche Faktoren begünstigen also die Entwicklung eines großen Gehirns und hier insbesondere einer vergrößerten Gehirnrinde? In den 1980er Jahren vertraten verschiedene Forscher die Ansicht, große Gehirne seien vor allem im Zusammenhang mit der Ernährung durch Früchte entstanden. Früchte kommen in der Regel geklumpt vor, und die Tiere müssen sich nicht nur merken, wo es welche Früchte gibt, sondern auch wann. Als treibende Kraft wurde also die Nahrungsökologie vermutet.[14] Inzwischen hat sich aber eine Hypothese durchgesetzt, die schon 1966 erstmals prominent von Alison Jolly, einer der *Grandes Dames* der Primatologie, vertreten worden war. Jolly ging davon aus, dass das Leben in komplexen sozialen Gruppen mit vielen verschiedenartigen sozialen Beziehungen ursächlich für die Gehirnentwicklung sei.[15] Demnach wäre es also die soziale Umwelt, welche die besondere Herausforderung darstellt. Diese Hypothese wurde von Nick Humphrey noch weiter ausgeführt.[16] In den 1990er Jahren verdrängte diese »soziale Komplexitäts-Hypothese« fast alle anderen Forschungsansätze; insbesondere nachdem Andrew Whiten und Richard Byrne von der Universität St. Andrews die Metapher der »Machiavelli-Intelligenz« geprägt hatten.[17] Soziales Leben wurde bei ihnen vornehmlich im Zeichen der Konkurrenz unter Artgenossen beschrieben: Tiere schmieden Allianzen gegen Dritte; sie versuchen, andere von ihrer Position zu verdrängen, und diese wiederum setzen alles daran, die Pläne der anderen zu antizipieren und zu durchkreuzen. Das Leben in Gruppen – ein fortwährendes Ränkeschmieden. Mittlerweile hat sich der Fokus verschoben, *en vogue* ist derzeit eher die Evolution prosozialen Verhaltens, auf die ich noch ausführlicher eingehen werde.

Es gibt viele Studien, die verschiedene Maße des Gehirns mit verschiedenen Kennwerten des Gruppenlebens korreliert haben. Häufig verwendet werden zum Beispiel das Verhältnis des Neocortex zum Gesamtgewicht des Gehirns, aber auch das Verhältnis von Neocortex und Striatum – einem Areal, das unter anderem bei der Planung von Handlungen von großer Bedeutung ist – zur Größe des gesamten Gehirns. Diese relative Gehirngröße, die wiederum zum Körpergewicht in Bezug gesetzt werden kann, wird dann gegen die Gruppengröße aufgetragen.[18] So gibt es zum Beispiel einen positiven Zusammenhang zwischen der Anzahl der Tiere, die zusammen in einem festen Verbund leben, und dem Anteil des Neocortex am Gesamtgehirngewicht. Nur die Orang-Utans passen bei diesen Berechnungen nicht so recht ins Schema: Sie haben ein großes Gehirn, und schlau sind sie auch[19] – aber meist leben sie solitär. Allerdings ist es wahrscheinlich, dass die Vorfahren der Orang-Utans in größeren Gruppen lebten. Leider ergibt sich aus derartigen Fällen für die Überprüfung bestimmter evolutionärer Hypothesen eine gewisse Beliebigkeit, die solche Korrelationsstudien etwas unbefriedigend erscheinen lassen. So wurden die Orang-Utans kürzlich in einer Studie als Vertreter von *Fission-Fusion*-Gesellschaften kategorisiert,[20] während sie sonst als solitär lebend oder als früher gruppenlebend eingestuft wurden. Noch schwerer wiegt der Einwand, dass die Größe des Gehirns an und für sich nicht besonders viel aussagt, sondern seine Leistungsfähigkeit vielmehr etwas mit seiner Architektur und den Verbindungen zwischen verschiedenen Gehirnarealen zu tun hat.[21]

Darüber hinaus gibt es weitere Annahmen, die zunächst einmal gut begründet werden müssen. Allein die Frage, ob nur der Neocortex oder auch das Striatum berücksichtigt wird, kann die Ergebnisse beeinflussen. Sue Healey, eine eminente Kognitionswissenschaftlerin, hat die Problematik solcher Studien sehr deutlich herausgearbeitet.[22] Es besteht stets die Gefahr, sehr viele Korrelationen zu rechnen, bei denen ein »Zusammenhang« entdeckt wird, allein deshalb, weil statistische Analysen auch »falsch positive« Ergebnisse hervorbringen können. Zudem bleibt bei Korrelationen immer ein erhebliches Interpretationsproblem bestehen, da ein ursächlicher Zusammenhang nicht nachgewiesen werden kann. So gibt es zum Beispiel eine Korrelation zwischen der Anzahl der Störche und der Geburtenrate, oder – wie die Anhänger der Kirche des fliegenden Spaghetti-Monsters belegen konnten – zwischen der sinkenden Anzahl von Piraten und dem Anstieg des CO_2-Gehalts in der Atmosphäre.[23]

Mittelfristig erfolgversprechender ist daher die Frage, was die Tiere mit ihren großen Gehirnen überhaupt anfangen: Wie intelligent sind Affen denn nun? Lassen sich zwischen verschiedenen Arten Unterschiede in ihren kognitiven Fähigkeiten ermitteln? Und wie misst man überhaupt die Intelligenz von nichtsprachlichen Wesen? Zu diesem Unterfangen gab uns Wolfgang Köhler mahnende Worte mit auf den Weg, als er schrieb, dass »das Gelingen von Intelligenzprüfungen im Allgemeinen durch den Experimentator leichter gefährdet [wird] als durch das Tier [...] und allgemein sollte der Prüfende erkennen, dass jede Intelligenzprüfung außer dem untersuchten Wesen notwendig auch den Experimentator selbst prüft«.[24]

Im Folgenden werde ich mich zunächst damit beschäftigen, was Tiere über Mengen sowie räumliche und zeitliche Zusammenhänge ihrer Umwelt wissen. Danach werde ich mich der Frage zuwenden, welche kognitiven Fähigkeiten spezifisch für sozial lebende Tiere sind, und prüfen, wie kognitiv komplex diese sind. Dabei werde ich zunächst danach fragen, wie Tiere von anderen lernen und ob Affengesellschaften verschiedene Traditionen oder gar Kultur hervorgebracht haben. Anschließend behandele ich das Wissen, das Tiere über sich selbst und andere sowie über die Beziehungen zwischen Dritten haben.

Eine kleine Warnung vorab: Die nächsten Abschnitte werden zum Teil sehr technisch. Einige Experimente stelle ich in aller Ausführlichkeit vor. Ich halte dies für notwendig, damit die Leser und Leserinnen nachvollziehen können, aufgrund welcher Art von Evidenz die Forscher zu ihren Schlüssen kamen. Oft steckt der Teufel bekanntlich im Detail.

Physikalische Kognition

Grundlagen

Ende des 19. Jahrhunderts schrieb Edward Thorndike, seine Experimente hätten nun definitiv die Annahme widerlegt, dass Tiere in der Lage seien, zu überlegen, zu vergleichen oder Schlüsse zu ziehen. Alles beobachtbare Verhalten sei durch einfaches Lernen zu erklären. Thorndike hatte Hunde und Katzen in »Puzzle Boxes« eingesperrt, also in Käfige, die sich auf verschiedene Weise öffnen ließen. Die Tiere lernten durch Versuch und Irrtum. Irgendwann entdeckten sie, wie sie wieder herauskommen konnten.[25] Wolfgang Köhler widersprach Thorndike. Ihm zufolge waren zumindest seine Schimpansen in der Lage, ein neuartiges Problem durch Einsicht zu lösen, also durch das mentale Durchspielen eines Problems auf die Lösung zu kommen. Köhler bot den Schimpansen verschiedene Kisten und einen Stock an und hängte hoch über dem Gehege eine Banane auf. Er wollte wissen, ob die Tiere allein durch Nachdenken auf die Idee kommen würden, die Kisten übereinanderzustapeln, auf sie heraufzuklettern und mit dem Stock nach der Banane zu fischen. Oder würden sie unsystematisch mit den Gegenständen herumhantieren, bis sie zufällig auf die richtige Anordnung kämen? Fotos zeigen, wie ein Schimpanse am Ende tatsächlich auf den Kisten steht und sich die Banane angelt, was Köhler als Beleg für seine These sah.[26] Skeptiker hingegen wandten ein, es sei nicht auszuschließen, dass die Tiere bereits eine Menge Vorerfahrung hatten. Zwischen diesen beiden extremen Positionen hat sich inzwischen eine kleine Industrie entwickelt, die die Problemlösungsfähigkeiten von Tieren auslotet. Viele dieser Experimente werden an in Gefangenschaft lebenden Tieren durchgeführt, weil dies sehr viel mehr Kontrolle ermöglicht.

Bevor es mit solchen Tests losgehen kann, müssen die Tiere erst einmal an die experimentelle Situation gewöhnt werden. Vanessa Schmitt aus unserer Arbeitsgruppe belegte zunächst einen Kurs bei einem Tiertrainer, um zu lernen, wie man die Tiere am einfachsten durch Belohnung dazu bewegen kann, sich von ihren Gruppenmitgliedern zu lösen und bei den Tests mitzumachen. Sie wandte dazu das so genannte »Klicker-Training« an, eine Methode, mit der dem Affen durch ein Signal vermittelt wird, dass er etwas richtig gemacht hat. Zunächst muss er also lernen, dass ein Klicker »Belohnung« bedeutet. Deshalb klickerte Vanessa jeweils, bevor sie dem Tier etwas zu fressen gab. Diese Art des Lernens wird als »klassische Konditionierung« bezeichnet. Das Tier lernt, dass Klickern Belohnung voraussagt, genau wie der berühmte Pawlow'sche Hund gelernt hatte, dass auf das Ertönen einer Glocke Futter folgt. Bei der klassischen Konditionierung geht es also um die Verbindung von sensorischen Reizen, hier den Zusammenhang zwischen Klickern und Futter.

Abb. 18: Schimpansen auf Wolfgang Köhlers Forschungsstation stapeln Kisten aufeinander, um an eine von der Decke hängende Banane zu gelangen.

Bei der »operanten Konditionierung« lernen die Tiere dagegen etwas über die Folgen ihres Handelns. Wenn sie beim Klickertraining eine gewünschte Handlung zeigen, wird ihnen dies durch das Klickern signalisiert. Der Vorteil dieser Methode ist, dass ein akustisches Signal sehr zeitgenau eingesetzt werden kann: Immer wenn das Tier etwas richtig gemacht hat, ertönt ein Klickern. Zunächst klickert der Versuchsleiter bei kleinen Erfolgen, zum Beispiel, wenn das Tier sich in die gewünschte Richtung gewendet hat. Dann steigert er die Anforderung sukzessive. Die Funktionsweise des Klickerns lässt sich auch sehr unterhaltsam im Klassenzimmer oder Kursraum demonstrieren. Eine Person verlässt den Raum, die anderen einigen sich darauf, was diese Person tun soll: zum Waschbecken gehen und sich die Hände waschen, auf einen Stuhl klettern und dort auf einem Bein stehen, sich die Schuhe auf- und wieder zubinden. Die Person kommt dann wieder herein und probiert alles Mögliche aus, bis eine bestimmte Handlung durch Klickern belohnt wird, zum Beispiel das Bücken. Im nächsten Schritt klickert es, wenn die Versuchsperson die Schuhe berührt, und irgendwann geht ihr auf, was sie eigentlich machen soll. Es gibt auch subtilere Formen des »Dressierens« von Menschen. So geht das Gerücht, eine Schulklasse habe ihren Lehrer dazu gebracht, sich wie Napoleon hinzustellen, einfach dadurch, dass alle ihn immer freundlich anlächelten, wenn er beispielsweise die eine Hand hinter dem Rücken hielt. So viel zum Abc des assoziativen Lernens, das Grundlage für viele Formen flexiblen Verhaltens ist. Nicht alle Tiere nehmen übrigens problemlos an Experimenten teil. Manche haben kein Interesse, sind zu scheu oder werden von anderen daran gehindert, in den Testraum zu kommen. Das Beta-Männchen in unserer früheren Pavian-Gruppe vertrieb nicht selten andere Tiere vom Eingang zum Testraum, als wäre es sein Privileg, an den Experimenten mitzumachen.

Bei vielen Tests müssen die Tiere Futter finden. Im einfachsten Fall sieht ein Affe, wie die Versuchsleiterin zum Beispiel eine Rosine unter einen umgedrehten blauen Becher legt. Daneben steht ein weißer Becher. Dann bietet sie dem Affen die beiden Becher an, und wenn er aufgepasst hat, wird er auf den blauen Becher zeigen. Es geht aber auch ein bisschen komplizierter. In einer Serie von Experimenten unserer Arbeitsgruppe ging es darum, ob die Affen strukturelle Veränderungen nutzen können, um herauszufinden, wo Futter versteckt ist. In einem der Experimente gab es drei verschiedene Bedingungen, wobei in der ersten zu Beginn zwei Brettchen flach auf dem Tisch lagen. Anschließend stellte Chris Schlögl, der Versuchsleiter, einen Schirm davor und versteckte Futter unter einem der Brettchen, so dass dieses leicht schräg stand. Dann entfernte er den Schirm und ließ den Affen wählen. Hier bevorzugten die meisten Affen das hochgestellte Brettchen. In einer zweiten Bedingung zeigte Chris zunächst ein flaches Brett und einen Becher. Nach dem Verstecken war das Brett schräg gestellt – und auch hier griffen die Affen wieder meistens zum Brettchen. In der dritten Bedingung sahen die Affen wieder ein flach liegendes Brettchen und den Becher. Nach dem Verstecken hatte sich nichts geändert. Das Futter musste also unter dem Becher zu finden sein. Die Javaneraffen schienen das aber nicht ableiten zu können. Anscheinend können sie das Schrägstellen des Brettchens als Hinweis nutzen; nicht aber das *Fehlen* einer Schrägstellung. Indirekte Evidenz ist für sie offensichtlich schwierig zu verarbeiten.

Ein anderes Experiment mit jungen Schimpansen verdeutlicht dies. David und Anne Premack trainierten vier junge Schimpansen, einen Gang herunterzulaufen, an dessen Ende sich ein Behälter mit Futter befand. Die Tiere verstanden sehr schnell, um was es ging, und sie stürmten in der Regel direkt auf den Behälter zu. Doch in etwa 15 % aller Versuche lag dort eine Gummischlange, worauf die Affen mit gesträubtem Haar und deutlich verunsichert in ihren Käfig zurückkamen. Die Frage war nun, ob die anderen Schimpansen den emotionalen Zustand des Tieres berücksichtigen würden, wenn sie als Nächstes an der Reihe waren. Mit anderen Worten: Würden sie voller Elan auf die Kiste zurennen oder sich eher vorsichtig annähern? Zur großen Überraschung der Premacks scherten sich die anderen Affen wenig um die Verfassung des Tieres, das vor ihnen zum Behälter gelaufen war. Anscheinend waren die Schimpansen nicht in der Lage, aus dem emotionalen Zustand des anderen für sich die entsprechenden Schlüsse zu ziehen.[27]

Daraufhin entwickelten die Premacks das »Apfel-Bananen-Experiment«, das sie vergleichend an Schimpansen und Kindern durchführten.[28] Das Prinzip ist eigentlich ganz einfach: Der Experimentator legte jeweils eine Banane und einen Apfel in einen Eimer, während der Schimpanse aus einiger Entfernung zuguckte. Dann wurde eine Sichtblende aufgebaut, und nach kurzer Zeit wieder entfernt. Der Affe sah nun, wie der Trainer entweder eine Banane aß oder einen Apfel. Anschließend hatte der Schimpanse die Wahl. Würde er annehmen, dass der Experimentator die Frucht genommen hatte, die in einem der Eimer lag, und sich entsprechend für die andere Seite entscheiden? In diesem Experiment wurden vier Schimpansen getestet. Die älteste Teilnehmerin lag jedes Mal richtig: Sie ging zu dem Eimer, in dem die jeweils

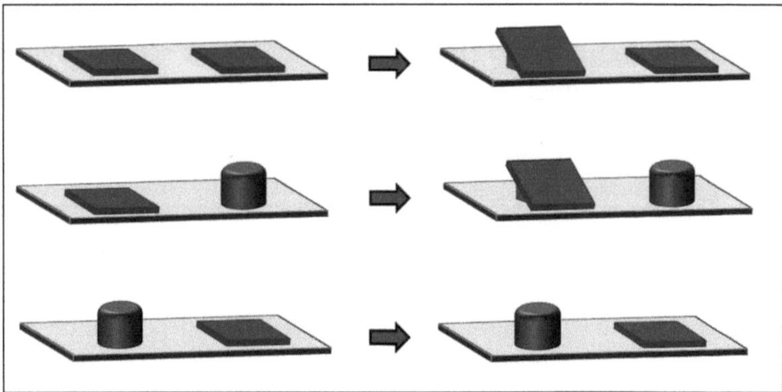

Abb. 19: Aufbau der Experimente zum kausalen Schließen. Auf der linken Seite ist jeweils die Ausgangsbedingung zu sehen, auf der rechten Seite der Zustand, nachdem die Sichtblende entfernt wurde. Die oberen beiden Aufgaben lösen die Affen zuverlässig, aber im unteren Experiment können sie nicht ableiten, dass das Futter unter dem Becher versteckt sein muss.

andere Frucht lag. Ein anderer Schimpanse entschied sich dagegen jedes Mal für den Eimer, in dem das mittlerweile verspeiste Obst gelegen hatte. Und die beiden anderen konnten sich nicht so recht entscheiden und gingen mal hier- und mal dorthin. Den Premacks zufolge schien zumindest ein Schimpanse zum »Sherlock Holmes«-Spielen in der Lage zu sein; aber auf der Gruppenebene waren die Ergebnisse eher ernüchternd.

Die Premacks fragten als Nächstes danach, ob die Affen erkennen können, welche Elemente in einer Handlung welche Funktion haben: Wer ist der Akteur, welches Mittel setzt er oder sie ein, und was ist der Gegenstand oder das Objekt des Prozesses? Die Premacks verfielen darauf, den Affen kleine Filme zu zeigen, in denen jeweils eine Person mit einem Werkzeug etwas bearbeitete – zum Beispiel Bill, der mit einem Messer eine Orange schälte, oder John, der mit einem Stift etwas auf ein Blatt Papier malte. Nun wurden die Akteure jeweils mit roten Klebepunkten markiert, die Werkzeuge mit blauen und die Objekte mit grünen Punkten. Nach langwierigem Training hatte ein weiblicher Schimpanse anscheinend verstanden, worum es ging. Sie wurde nun mit anderen Filmen getestet, in denen andere Leute und andere Tätigkeiten zu sehen war. Aber sie konnte die gelernten Kategorien nicht auf die neuen Filme übertragen. Sie klebte die Sticker einfach irgendwohin. Das Experiment wurde abgebrochen, und die Experimentatoren räumten ein, dass dieser Ansatz für die Erforschung der Intelligenz von Affen wohl nicht geeignet sei. Interessant war, dass Kinder im Alter von vier Jahren auch nicht viel besser abschnitten, es sei denn, der Versuchsleiter erklärte ihnen, dass der rote Punkt für den ist, »der was tut«, und der blaue dafür, »womit er es macht« usw. Nach diesen Erklärungen schnellte die Genauigkeit der Kinder auf über 90 % hoch. Die Sprachfähigkeit war hier also Voraussetzung dafür, den Test überhaupt zu verstehen.[29]

Mengen

Bislang haben wir gesehen, dass Affen Schwierigkeiten haben, unsichtbare kausale Zusammenhänge zu erfassen und indirekte Evidenz zu beurteilen. Wie aber sehen ihre Fähigkeiten aus, wenn es um ganz konkrete Sachverhalte geht, wie zum Beispiel die Beurteilung von Mengen? Das ist nicht nur bei der Futterwahl relevant, sondern auch bei der Verteidigung des Territoriums. Hier sollte das eigene Verhalten davon abhängen, wie stark das Aufgebot der Gegner im Vergleich zur eigenen Gruppengröße ist. Männliche Schimpansen zum Beispiel gehen regelmäßig auf »Patrouille« und überwachen ihr Territorium. In einem Experiment spielten Michael Wilson und Kollegen den Schimpansen die Rufe eines einzelnen Schimpansenmännchens vor. Die Reaktion der getesteten Schimpansen hing vor allem von ihrer Gruppengröße ab. Wenn mehr als drei Männchen zusammen waren, antworteten sie mit erregten Rufen und näherten sich dem (versteckten) Lautsprecher an. Waren aber nur ein oder zwei Männchen in der getesteten Gruppe, verhielten sie sich auffällig vorsichtig und zogen sich zurück.[30] Sie waren offensichtlich in der Lage, ihre eigene Gruppenstärke abzuschätzen. Ähnliche Befunde gibt es übrigens auch bei Löwen.[31]

Etwas genauer lässt sich die numerische Kompetenz freilich im Laborexperiment untersuchen. Wir boten den Pavianen und Javaneraffen am DPZ auf zwei kleinen Tellern verschiedene Mengen an Futterstücken an, zum Beispiel fünf Rosinen auf dem einen Teller und zwei auf dem anderen. Es ging nicht darum, ob die Affen die absolute Anzahl erkennen konnten, sondern schlicht darum, auf welchem Teller sich die größere Menge befand. Dabei gab es eine Reihe verschiedener Bedingungen, in denen wir die absolute und relative Differenz der beiden Mengen systematisch variierten. Die Affen erhielten das Futter, auf das sie gezeigt hatten. Eigentlich hatten wir vermutet, dass die Tiere diese Aufgabe spielend lösen und immer auf die größere Menge zeigen würden, außer wenn die Unterschiede sehr klein waren. Allerdings mussten wir überrascht feststellen, dass die Affen nur in etwa 60 % der Versuche die größere Menge wählten.[32] Aber auch Gorillas und Schimpansen schnitten in solchen Experimenten nicht besser ab.[33]

Woran könnte das liegen? Waren die Paviane und Javaneraffen schon zufrieden, wenn sie zwei Rosinen bekamen statt sieben? Oder taten sie sich schwer damit, die verschiedenen Mengen auseinanderzuhalten? Um dies zu testen, führten wir eine Bedingung ein, in der wir statt Rosinen kleine Kieselsteine anboten. Jetzt entschieden sie sich in fast 90 % der Fälle für die größere Menge. Lag es nun daran, dass das Futter sie nicht mehr ablenkte oder dass der Test-Reiz und die Belohnung voneinander getrennt waren? Wir führten eine dritte Bedingung ein, um dies zu überprüfen: Wieder benutzten wir verschiedene Mengen von Rosinen, aber diesmal wurden die Tiere mit der gleichen Anzahl *anderer* Rosinen belohnt. In dieser entscheidenden Bedingung schnitten die

Abb. 20: Javaneraffe am Deutschen Primatenzentrum.

Affen hervorragend ab. Die Trennung von Reiz und Belohnung schien demnach tatsächlich der kritische Schritt zu sein, der es den Affen erlaubte, die Mengen akkurat zu vergleichen. Sie waren in der Lage, die Eigenschaft »essbar« in ihrer Repräsentation der Rosinen zu unterdrücken und diese ähnlich zu behandeln wie die Kieselsteine. Die Rosinen wurden umkodiert; sie repräsentierten nun andere Rosinen.[34] Dieses Re-Repräsentieren gilt als erster Schritt in der Entwicklung des Symbolverständnisses. Das heißt, dass bestimmte Gegenstände, Gesten oder Zeichen in willkürlicher Weise für etwas anderes stehen – zum Beispiel der nach oben gerichtete Daumen dafür, dass alles in Ordnung ist. Bei den Rosinen ist dieser Zusammenhang natürlich nicht willkürlich; sie stehen direkt für andere Rosinen. Aber die mentale Operation ist vermutlich dieselbe. In Frage stand am Ende, ob die Affen durch die vielen Tests inzwischen einfach gelernt hatten, worum es ging. Um diese Möglichkeit zu überprüfen, führten wir das allererste Experiment mit den Rosinen am Ende nochmals durch. Wir boten wieder zwei verschiedene Mengen an, und die Affen bekamen, was auf dem von ihnen ausgewählten Teller lag. Interessanterweise waren sie wieder genauso schlecht wie am Anfang. Die Steigerung der Leistung in den anderen Bedingungen hatte also nichts mit Lernen zu tun, sondern mit den besonderen Bedingungen, die es ihnen erlaubten, über die Mengen nachzudenken, statt einfach zuzugreifen.

Eines meiner Lieblingsexperimente zum Thema Essen und Mathematik wurde von Sally Boysen durchgeführt. Ich hörte das erste Mal auf einer Konferenz in Bali von dieser Studie. Affenforscher halten ihre große internationale Konferenz jedes zweite Mal in einem Land ab, in dem auch Affen leben. So setzt sich die Gemeinde der Affenforscher dann in Richtung Antananarivo, Kampala oder Cancún in Bewegung. In Bali also – meiner ersten internationalen Konferenz, auf der ich auch selbst einen Vortrag hielt – saß ich in einem der abgedunkelten Konferenzsäle und starrte fasziniert auf Sally Boysen, eine groß gewachsene, selbstbewusst auftretende Frau, die ein auffallend gemustertes Kleid trug. In dem von ihr vorgestellten Experiment ging es darum, ob Schimpansen lernen können, auf die *kleinere* Menge Futter zu zeigen, um die größere Menge zu bekommen. Um die Angelegenheit für die Schimpansen noch etwas dringlicher zu gestalten, wurde die Menge, auf die sie gedeutet hatten, jeweils einem anderen Schimpansen gegeben, während sie die andere Menge erhielten. Sally berichtete, dass die Tiere auch nach vielen Dutzenden von Versuchen nicht dem Drang widerstehen konnten, nach der größeren Menge zu greifen. Und es war noch schlimmer: Sobald sie ihre Wahl getroffen hatten und mal wieder fälschlich auf die größere Menge gezeigt hatten, fingen sie an zu schreien und sich aufzuregen, bevor das Futter überhaupt dem anderen gegeben wurde. Sie erkannten ihren Fehler, aber sie waren nicht in der Lage, ihr Verhalten zu ändern. Das änderte sich allerdings schlagartig, als sie mit Symbolen statt mit Futter getestet wurden. Sie lernten sofort, auf die »2« zu zeigen statt auf die »8« und sich so die größere Belohnung zu sichern. Auch in diesem Experiment war die Trennung von Reiz und Belohnung entscheidend, um den Affen den »kognitiven Spielraum« zu ermöglichen, sich richtig zu entscheiden.[35]

Raum

Neben dem Verständnis von Mengen geht es auch darum, zu klären, inwiefern die Tiere räumliche Veränderungen verfolgen können, und ob sie verstehen, dass Dinge, die nicht mehr zu sehen sind, dennoch existieren – ob sie also ein Verständnis von Objektpermanenz haben. Einmal sah ich, wie meine Schwester Jenny mit ihrem Hengst Carlo auf der Weide Verstecken spielte. Sie war unter das Wasserfass gekrochen und rief ihn dann. Carlo galoppierte auf der Weide umher, erst schaute er im Unterstand nach, dann hinter der Futterraufe. Zum Schluss trabte er mit erhobenem Schweif zum Wasserfass und beugte seinen langen Hals, um unter das Fass zu gucken. Wie sollte dieses Verhalten zu erklären sein, ohne Carlo ein Verständnis für Objektpermanenz zuzugestehen? Aber solche anekdotischen Beobachtungen müssen natürlich durch entsprechende Experimente ergänzt werden.

Die Untersuchung der Objektpermanenz war eine der vielen Aufgaben, die Menschenaffen und Kindern im Rahmen einer groß angelegten vergleichenden Studie gestellt wurden. Esther Herrmann und Kollegen aus der Abteilung von Michael Tomasello am Max-Planck-Institut für evolutionäre Anthropologie in Leipzig testeten mehr als hundert Kinder, über hundert Schimpansen und mehr als dreißig Orang-Utans. Die Menschenaffen lebten in einem umzäunten Schutzgebiet; sie waren von Wilderern und in privaten Haushalten konfisziert worden. Damit waren sie an den Kontakt mit Menschen gewöhnt. Mit den Kindern, die etwa zweieinhalb Jahre alt waren, und den Menschenaffen wurden weitgehend identische Experimente durchgeführt, um die Ergebnisse möglichst vergleichbar zu machen.[36] In unseren Studien mit den Anubispavianen und Javaneraffen am DPZ verwendeten wir exakt das gleiche Versuchsprotokoll, um die Unterschiede zwischen unseren beiden Arten, den Menschenaffen und den Kindern, zu beleuchten.

In der Studie von Esther Herrmann und Kollegen zeigte sich, dass Schimpansen und Kinder ähnlich abschnitten, wenn es um Objektpermanenz, Mengen, Größen und bestimmte kausale Zusammenhänge ging – und zwar ähnlich schlecht. Bei den meisten Aufgaben dümpelte bei allen drei Arten die Leistung bei 60 % oder 70 % richtiger Antworten. Das ist zwar in vielen Fällen besser als zufällig, aber man würde auch nicht daraus schließen, dass die Aufgaben »kinderleicht« seien, noch nicht einmal für die Kinder. Unsere Paviane und Javaneraffen schnitten in den Tests auch nicht schlechter ab als die Menschenaffen und die Kinder. Zumindest für diese Aufgaben scheint es keinen Zusammenhang zwischen den Ergebnissen in den Tests und der Gehirngröße zu geben.[37]

Manchmal wundere ich mich schon, wie schwer sich die Affen

mit bestimmten Aufgaben tun. Das wirft die Frage auf, ob es nicht an der Art liegt, wie wir diese Experimente durchführen, am »Setting« oder an den seltsamen Arrangements, dass die Affen sich in bestimmten Experimenten so oft vertun. Da die Kleinkinder nicht viel besser sind, kann das allenfalls nur ein Teil der Erklärung sein. Die Kinder werden nämlich in einer Art Spielzimmer getestet. Wir haben es hier aber mit einem grundsätzlichen Problem zu tun. Sind die Experimente so gestaltet, dass sie sich möglichst nah an der Lebensrealität der Affen orientieren, lässt sich Lernen durch Erfahrung als Erklärung nie ausschließen. Werden die Tiere dagegen mit völlig unbekannten und abstrakten Problemen konfrontiert, bleibt unklar, ob sie nur deshalb scheitern, weil alles so fremd für sie ist. Wer sich das erste Mal mit Streichholz-Knobelversuchen beschäftigt hat, kennt das Problem. Erst sitzt man ratlos vor den Hölzchen, aber nachdem man einige Rätsel geknackt hat, erkennt man sofort, welches Streichholz umgelegt werden muss, um aus einer Vier eine Fünf zu machen.

Verlassen wir nun das Feld der experimentellen Psychologie und wenden uns der eher ökologisch orientierten Kognitionsforschung zu. Eine der zentralen Fragen ist hier, wie sich Tiere in ihrem Lebensraum orientieren. Wie finden Affen zum Beispiel zu ihren Futterplätzen? Planen sie ihre Routen? Und haben sie möglicherweise so etwas wie eine »kognitive Karte« ihres Streifgebietes im Kopf? Bei der Freilandforschung sind wir zunächst darauf angewiesen, uns die zu Grunde liegenden mentalen Prozesse aufgrund von Beobachtungen zu erschließen. Manchmal haben wir aber auch Glück und können gewissermaßen »natürliche Experimente« nutzen, wie plötzliche ökologische Veränderungen oder Begegnungen mit anderen Gruppen. Und dann gibt es noch die hohe Kunst des Feldexperimentes, bei dem wir die Affen auf die eine oder andere Weise versuchen zu täuschen, sei es dadurch, dass wir Laute vorspielen, Attrappen präsentieren oder Futter ausstreuen.

Affen sind vielleicht nicht das beste Modell, um räumliche Kognition zu analysieren; es ist nicht immer einfach, ihnen zu folgen und zu überblicken, wer gerade wo ist. Ein Großteil dessen, was wir über die Prinzipien der Orientierung und Navigation bei Tieren wissen, wurde daher an ganz anderen Tiergruppen erforscht. Jedem werden sofort die beeindruckenden Leistungen der Zugvögel einfallen, die über Tausende von Kilometern in ihre Winterquartiere im Süden ziehen und später wieder in ihre Brutgebiete im Norden zurückkehren. Forscher können heute die Routen von mit winzigen Sendern ausgestatteten Meeresschildkröten, Seeschwalben und anderen Tieren genauestens verfolgen. Manche Vögel wie die einheimischen Nachtigallen landen nach der Rückkehr aus Westafrika wieder auf dem gleichen Ast im Treptower Park in Berlin wie im Vorjahr. Ein anderes Beispiel sind Honigbienen oder auch Ameisen, die den Sonnenkompass nutzen können, um nach einem Ausflug aus ihrem Stock oder Nest auf direktem Weg wieder nach Hause zu gelangen. In der Regel verfügen Tiere über eine Reihe verschiedener Orientierungsmechanismen, die auf verschiedenen Skalen eingesetzt werden: Magnet-, Sternen- und Sonnenkompass zeigen die Richtung bei weiten Reisen an, während Landmarken genutzt werden, um sich in der näheren Umgebung zu orientieren.[38]

Wie finden sich nun Affen in ihrem Revier zurecht? Rahel Noser und Richard Byrne von der Universität St. Andrews untersuchten das Orientierungsvermögen von Bärenpavianen, die im Blouberg-Naturschutzgebiet in Südafrika leben.[39] Rahel, die später mit unserer Arbeitsgruppe assoziiert war, folgte einer Gruppe von 25 Tieren über knapp anderthalb Jahre, wobei sie mittels GPS die genauen Koordinaten der Tagesmärsche registrierte. In diesem Gebiet lebten zum Zeitpunkt der Untersuchung etwa 450 Tiere in sieben Gruppen, so dass sie auch prüfen konnte, welchen Einfluss die Begegnungen mit anderen Gruppen auf die Wanderrouten hatten. In der Trockenzeit, wenn Nahrung und Wasser knapp waren, liefen die Tiere nach dem Verlassen der Schlaffelsen schnurstracks zu den besten Futterstellen oder den verbliebenen Wasserlöchern. Diese waren von ihren Übernachtungslagern nicht zu sehen; die Tiere konnten also nicht einfach auf ein sichtbares Ziel zulaufen. Erst am Nachmittag, wenn es wieder Richtung Schlaffelsen ging, hielten sich die Tiere in Gegenden auf, wo weniger attraktive Samen und Gräser zu finden waren. In der Regenzeit war ihr Verhalten variabler: Hatten sie die hoch im Kurs stehenden Feigen im Visier, brachen sie morgens früh auf und marschierten zielstrebig zu den weit entfernt im Habitat verteilten Feigenbäumen. An Tagen, an denen sie jedoch eher gleichmäßig verteilte Nahrung aufnahmen, ließen sie sich morgens noch Zeit und machten sich dann gemächlicher auf den Weg. Rahel und ihr Koautor Richard Byrne schlossen daraus, dass die Affen ihre Routen planen und sich zwischen mehreren Zielen entscheiden. Dabei beeinflusste der Wert der Ressource, wie die Route angelegt wurde: Hochwertige Nahrungs- und Wasserquellen steuerten die Affen direkt und zügig an, denn hier mussten sie befürchten, dass andere ihnen zuvorkommen könnten. Noser und Byrne vermuteten, dass die Tiere über eine kognitive Karte verfügen, also eine mentale Repräsentation der räumlichen Beziehungen der Orte in ihrem Gebiet. Wie genau eine kognitive Karte beschaffen ist, darüber haben sich schon viele Forscher die Köpfe heiß geredet. Es ist nicht unbedingt davon auszugehen, dass die Tiere so etwas wie eine Landkarte im Kopf haben, auf die sie mental »von oben« gucken können. Alternativ können sie auch Repräsentationen davon haben, wie die Wege von A nach B und A nach C aussehen, um daraus zu schließen, wie sie von B nach C kommen. Aber ist es angemessen, davon zu sprechen, dass die Tiere ihre Routen planen? Im engeren Sinn beinhaltet Planen eine Vorstellung von der Zukunft – man weiß, dass bestimmte Ereignisse auf einen zukommen werden, und bereitet sich entsprechend vor. Es ist keine einfache Angelegenheit, nichtsprachlichen Wesen zu entlocken, ob sie für die Zukunft planen. Die Wahl der Routen der Bärenpaviane im Blouberg-Naturschutzgebiet jedenfalls lässt auch eine andere Lesart zu, nach der ihre Motivation das aktuelle Verhalten steuert: Die Affen könnten einfach einen Jieper auf Feigen gehabt haben, deshalb sind sie so zügig dorthin marschiert.

Ob die Tiere bei der Festlegung ihrer Route immer nur das nächste Ziel vor Augen haben oder in der Lage sind, die insgesamt kürzeste Route zu wählen, wurde in einem Experiment mit Grünen Meerkatzen erforscht. In einem Gehege hatten die Forscher ein Raster von kleinen Behältern angelegt. Die Affen durften dabei zuschauen, wie Rosinen in vier dieser Behälter versteckt wurden, die eine längliche Raute bildeten. Dann wurde ein Affe zu einem Startpunkt geführt und notiert, ob er jeweils zum nächsten Becher ging oder die Gesamtstrecke minimierte.[40] Es handelte sich also um das »Problem des Handlungsreisenden«, ein klassisches Optimierungsproblem.[41] Die Aufgabe ist, beim Besuch verschiedener Orte diejenige Route zu finden, die die kürzeste Gesamtstrecke ergibt. Dabei kann es auch vorkommen, dass der Handlungsreisende nicht direkt zum nächstgelegenen Ort geht, sondern erst einen weiter entfernten Ort ansteuert, weil auf diese Weise die Gesamtstrecke kürzer wird. Im Experiment mit den Grünen Meerkatzen war die Route so angelegt, dass nach dem Besuch der zweiten Station entweder ein nahe gelegener oder ein etwas weiter entfernter Becher aufgesucht werden konnte; bei der zweiten Wahl war die insgesamt zurückzulegende Strecke kürzer. Und tatsächlich ließen sich die Affen nicht vom nahe liegenden Ziel verlocken, sondern wählten stattdessen die insgesamt kürzeste Strecke. Für die überschaubare Anzahl von vier Stationen hatten die Affen also das Problem des Handlungsreisenden gelöst.

Der Vorteil solcher Studien unter kontrollierten Bedingungen ist, dass der Wert der Ressource vom Experimentator genau festgelegt werden kann. Im Freiland haben wir es dagegen mit begehrten und weniger begehrten Futterquellen zu tun, und das muss bei der Festlegung der ökonomischsten Route berücksichtigt werden. Charles Janson führte ebenfalls Experimente zum Problem des Handlungsreisenden mit frei lebenden Kapuzineraffen in Südamerika durch, aber er konnte die Ergebnisse, die mit den Grünen Meerkatzen erzielt worden waren, nicht bestätigen. Die Kapuzineraffen schienen direkt von Futterquelle zu Futterquelle zu wandern.[42] Dafür könnte es verschiedene Gründe geben; neben artspezifischen Unterschieden in der räumlichen Kognition ist das Navigieren in einem dichten Urwald anspruchsvoller als auf einer experimentell angelegten Freifläche. Vermutlich ist es im Urwald auch schwieriger, Distanzen genau abzuschätzen, und vielleicht ist die direkte Verbindung nicht immer die schnellste. Es könnte aber auch sein, dass die Affen einfach Gewohnheitstiere sind, die ihren täglichen Routinen folgen.

Elena Cunningham und Charles Janson untersuchten die Wegestrecken südamerikanischer Weißkopfsakis. Diese Affen bewohnen ein relativ kleines Habitat auf einer Insel, die knapp 13 Hektar groß ist. Die einzelnen Strecken waren meist nicht länger als 60 Meter, so dass die Forscher sehr genau die Wege protokollieren konnten. Außerdem war jeder Baum und Strauch im Gebiet bekannt. Die Sakis legten viel weitere Strecken zurück, als theoretisch zu erwarten wäre, wenn jede einzelne Futterquelle unabhängig von ihrer Qualität berücksichtigt wurde. Stattdessen optimierten sie die Route im Hinblick auf hochwertige Ressourcen, nämlich Wasserquellen und Bäume, die gerade sehr viele Früchte trugen. Offensichtlich hatten die Sakis sehr genaue Vorstellungen davon, welche Bäume gerade Früchte trugen und welche Wasserstellen gefüllt waren.[43]

Die Untersuchung zum Orientierungsverhalten von Affen wirft die Frage auf, woher sie eigentlich jeweils wissen, wann es was wo zu holen gibt. Eine einfache Erklärung wäre, dass sie eben ab und an die Bäume in ihrem Streifgebiet überprüfen. Aber sie können auch indirekte Hinweise nutzen. Japanmakaken zum Beispiel lieben Kakis, die im Spätherbst reif und damit erst genießbar werden. In einem Experiment streute Charly Menzel im

Frühjahr Kakis im Streifgebiet der Tiere aus, die er im Supermarkt gekauft hatte. Als die Makaken die Früchte gefunden hatten, suchten sie ihre Kakibäume auf. Offensichtlich wussten sie, wo die Früchte normalerweise zu finden waren.[44]

Auch die Bärenpaviane in Botswana scheinen Hinweise auf Nahrungsquellen interpretieren zu können, selbst wenn diese sehr selten sind. In der Nacht nach dem ersten großen Wolkenbruch zu Beginn der Regenzeit im südlichen Afrika schwärmen die Termiten aus ihren Bauten zu ihrem Hochzeitsflug aus. Da sie vom Licht angezogen werden, bemerkten auch wir Forscher in unserem Camp diese kollektive Hochzeitsnacht sofort. Überall schwirrten sie umher. Sobald sich ein Männchen und ein Weibchen finden, führen sie eine Art Hochzeitstanz auf, brechen ihre Flügel ab und vergraben sich so schnell sie können im Boden, um nicht Vögeln oder anderen Fressfeinden zum Opfer zu fallen. Am nächsten Morgen liegen überall die zarten Flügel herum, die leise unter den Schuhsohlen knistern. Das Schauspiel des Hochzeitsflugs vollzieht sich einmal pro Jahr. Die Paviane wussten sehr genau, was die herumliegenden Flügel bedeuteten, denn am Morgen nach besagter Nacht strebten sie direkt auf eine große Sandfläche zu, die sie sonst nie aufsuchten, und fingen an, mit den Fingern kleine Löcher in den Boden zu bohren, wo sie dann auf die Termiten stießen. Die proteinreichen Insekten sind ein ausgesprochener Leckerbissen für die Tiere.

Aber wie verändern sich die Routen der Paviane, wenn sie auf unerwartete Hindernisse stoßen, wie zum Beispiel auf eine andere Gruppe von Pavianen? Die von Rahel Noser untersuchten Paviane in Südafrika ließen sich sowohl hinsichtlich der Wegstrecke als auch der Marschgeschwindigkeit von anderen Gruppen beeinflussen: Wenn sie auf andere Tiere trafen, liefen sie nicht mehr so zielstrebig auf das zuvor anvisierte Ziel zu. Dabei spielten die Sichtbedingungen eine große Rolle. In Gebieten, in denen es klare Landmarken zur Orientierung gab, waren die Effekte nicht so groß wie in unübersichtlichem Gebiet. In einem Fall zogen es die

Affen sogar vor, einfach eine Stunde sitzen zu bleiben, bis die andere Gruppe abgezogen war.[45] Die Affen im Blouberg-Naturschutzgebiet ebenso wie die in Botswana folgten relativ klar vorhersehbaren Routinen. In Blouberg liefen die Tiere in der Trockenzeit von ihren Schlaffelsen an knapp drei Viertel der Beobachtungstage zu einem Gebiet, das etwa vier Kilometer nordwestlich von ihren Schlaffelsen lag und in dem viele Beeren zu finden waren. An den meisten übrigen Tagen ging es zu einem anderen Gebiet mit Früchte tragenden Bäumen. In Botswana war es etwas variabler; anders als Rahel habe ich dafür keine valide Datenbasis, aber mein Eindruck war, dass die Tiere jeweils zwei bis drei Wochen lang in etwa derselben Route folgten. Sie schliefen in dieser Zeit in denselben Bäumen und schlugen im Laufe des Tages einen mehr oder weniger großen Kreis durch ihr Revier. Dann wechselten sie entweder die Bäume, die Route oder beides. Im Senegal haben wir nun die Gelegenheit, uns diese Sache genauer anzugucken, da wir die Tiere mit GPS-Sendern ausgestattet haben und andere Faktoren wie die Temperatur, die Verfügbarkeit von Nahrung und Überschwemmungen mit einbeziehen können.

Zeit

Affen haben ebenso wie viele andere Tiere ein gutes Zeitgefühl. Aber haben sie auch ein Verständnis von Zeit? Eine Vorstellung davon, dass Ereignisse sukzessive aufeinander folgen, und dass – wenn alles gut geht – die Sonne morgen wieder aufgehen wird? Schwer zu sagen. Sicherlich haben viele Tiere ein ausgezeichnetes Gedächtnis, und wie bei vielen anderen Arten wird die Gedächtnisspur der Affen zu länger zurückliegenden Ereignissen schwächer sein als die Erinnerung daran, wer einen am Vortag verjagt, geärgert oder bedroht hat. Kontrovers wird dagegen diskutiert, ob die Tiere in der Lage sind, sich auf eine »mentale Zeitreise« zu begeben.[46] Diese setzt ein »episodisches Gedächtnis« voraus, also die Fähigkeit, sich an frühere Begebenheiten und die damalige Motivationslage sowie daraus folgende Entscheidungen zu erinnern. In der einfachsten Variante umfasst das episodische Gedächtnis, sich daran zu erinnern, »was wo wann« war.[47]

Nicky Clayton und Tony Dickinson, die unter anderem für ihre Forschung zur Intelligenz von Buschhähern berühmt sind, führten hier eine Reihe von Experimenten durch. Buschhäher gehören zur Familie der als besonders intelligent geltenden Rabenvögel. In einer dieser Studien boten Clayton und Dickinson den Vögeln zwei Sorten von Futter an: Wachsmaden und Erdnüsse. Geben die Versuchsleiter ihnen Futter, stillen diese Vögel zunächst ihren Hunger und verstecken dann den Rest. In den Experimenten wurden ihnen dafür mit Sand gefüllte Eiswürfelbehälter angeboten. Außerdem hatten die Vögel bereits gelernt, dass Wachsmaden nach drei Tagen verdorben waren, während die Erdnüsse genießbar blieben. In der ersten Bedingung wurde den Vögeln die Gelegenheit gegeben, Erdnüsse in einem von zwei markierten Eiswürfelbehältern zu verstecken; der andere war abgedeckt. Nach 120 Stunden wurden die Tiere wieder in den Käfig gesetzt. Nun konnten sie Wachsmaden im anderen Behälter verstecken; diesmal war der erste abgedeckt. Nach vier Stunden hatten die Buschhäher schließlich die Wahl. In der zweiten Bedingung war es umgekehrt: Erst durften sie Wachsmaden verstecken, mussten anschließend 120 Stunden warten, dann wurden Erdnüsse versteckt, und nach weiteren vier Stunden hatten sie die Wahl. Wenn die Tiere verstehen, wo sie zu welchem Zeitpunkt was versteckt hatten, dann müssten sie sich in der ersten Bedingung, so die Annahme, für den Behälter mit den Wachsmaden entscheiden und in der zweiten für den, der die Erdnüsse enthielt, denn die Wachsmaden waren zu diesem Zeitpunkt bereits verdorben. Und so war es dann auch. Waren erst vier Stunden seit dem Verstecken der Maden vergangen, inspizierten alle Vögel erst einmal den Behälter mit den Maden. Waren es hingegen 124 Stunden, präferierten sie die Erdnüsse. Um auszuschließen, dass dies daran liegt, dass Würmer schneller »vergessen« werden, gab es noch eine Kontrollbedingung, in der andere Buschhäher lernten, dass Maden nicht verrotten – bei ihnen wurden einfach frische Maden nachgefüllt, bevor die Tiere wieder an die Behälter durften. Hier entschieden sich die Tiere auch nach 124 Stunden für den Behälter mit den Maden.[48] »Wie lange etwas her ist«, »wo etwas versteckt war« und »welches Futter es war«, das schienen die Buschhäher zu verstehen.

Eine andere Frage ist, ob Tiere auch für die Zukunft vorsorgen. Damit meine ich nicht das Horten von Nahrungsvorräten für den Winter; dies lässt sich als Abrufen eines angeborenen Programms erklären, das etwa durch die kürzer werdende Tageslänge gesteuert wird. Hier geht es stattdessen um die Frage, ob Tiere sich aufgrund spezifischer Informationen darauf einstellen, was am Folgetag passieren wird, etwa wie jemand, der morgens, wenn er aus dem Haus geht, einen Regenschirm einsteckt, weil er im Wetterbericht am Vorabend gehört hat, dass es am Nachmittag regnen soll. Eine solche kurzfristige Anpassung anhand kontextueller Information lässt sich nicht durch angeborene Programme erklären, sondern wäre ein guter Beleg für die Verarbeitung aktueller Information und, noch entscheidender, für die Fähigkeit, dabei Erwartungen zu berücksichtigen.

In der Regel wird die Verhaltenssteuerung von Tieren so erklärt, dass sie in Abhängigkeit von ihrem jeweiligen Zustand verschiedenen Zielen einen unterschiedlich hohen Wert zuschreiben.[49] Wenn sie durstig sind, wird Wasser einen hohen Wert bekommen, Salz dagegen einen geringeren. Je höher der Wert ist, desto stärker wirkt er auf das Verhalten des Tieres. Wenn Wasser einen hohen Wert hat, steigert dies die Motivation, Wasser zu suchen. In diesem Modell werden aber nicht der sich zukünftig wandelnde Zustand des Tieres und der damit fluktuierende Wert der Ressource berücksichtigt.

Um zu testen, ob die Tiere berücksichtigen können, dass sie am nächsten Tag hungrig sein werden, wurden Buschhäher in einem großen Käfig mit drei Kompartimenten gehalten, in denen auch die Gelegenheit bestand, Futter zu verstecken. Abends bekamen sie gemahlene Nüsse, das heißt, sie konnten etwas essen, aber nichts verstecken. Dann wurden sie an sechs aufeinander folgenden Tagen entweder in das linke oder rechte Kompartiment gesperrt. In dem einen gab es morgens immer etwas zu essen, in dem anderen nichts. Am siebten Abend gab es abends überraschend Essen, das die Tiere auch verstecken konnten. Sollten sie sich gemerkt haben, dass sie in dem einen Käfig morgens leer ausgingen, dann sollten sie das Futter bevorzugt dort verstecken. Und genau das taten sie auch, obwohl sie zum Zeitpunkt des Versteckens nicht hungrig waren. In einem zweiten Experiment lernten die Vögel, dass es morgens in einem Kompartiment immer Erdnüsse gab und in dem anderen immer Hundefutter. Boten die Forscher ihnen abends Erdnüsse oder Hundefutter an, so versteckten sie das Futter selektiv so, dass ihnen am nächsten Morgen beide Futtersorten zur Verfügung stehen würden.[50] Die Buschhäher sind die Tiere, auf die bislang am ehesten die Annahme zutrifft, dass sie sich auf so etwas wie eine mentale Zeitreise begeben.

Menschenaffen scheinen ebenfalls in begrenztem Umfang für die Zukunft vorsorgen zu können – obwohl »vorsorgen« hier in manchen Fällen etwas euphemistisch formuliert wäre. Im Zoo von Stockholm lebt der Schimpanse Santino, der außerhalb der Besuchszeiten seine Zeit damit verbrachte, Steine in seinem Gehege zu sammeln und auf einem Haufen aufzuschichten. Wenn der Zoo öffnete und sich neugierige Besucher auf der gegenüberliegenden Seite des Wassergrabens einfanden, fing er an, die Steine auf die Besucher zu schleudern. Als die Steine irgendwann aufgebraucht waren, brach er Stücke des verrottenden Betons aus seiner Anlage und zielte auf die Besuchergruppen. Einen Skeptiker mag so etwas vielleicht nicht überzeugen, aber zu einigem Ruhm hat es Santino auf diese Weise jedenfalls gebracht.

Um die Planungsfähigkeit von Menschenaffen näher zu beleuchten, führten Josep Call und Nick Mulcahy vom Max-Planck-Institut für evolutionäre Anthropologie in Leipzig eine experimentelle Studie an Orang-Utans und Bonobos durch. Sie brachten den Tieren bei, mit verschiedenen Werkzeugen eine Apparatur zu bedienen, um an Futter zu gelangen. Dann wurden die Tiere in einen Testraum gebracht, in dem sich zwei Werkzeuge befanden, mit denen sie den Apparat bedienen konnten, sowie sechs Dinge, die nicht dafür zu gebrauchen waren. Allerdings war der Zugang zum Apparat selbst versperrt. Nach fünf Minuten wurden die Tiere in einen Warteraum gelockt und alle übrigen Werkzeuge aus dem Testraum entfernt. Nach einer Stunde durften sie wieder zurück in den Testraum, wo sie jetzt freien Zugang zum Apparat hatten. Es kam also für die Tiere darauf an, ein passendes Werkzeug mit in den Warteraum zu nehmen und es später wieder mitzubringen, um damit den Apparat bedienen zu können. In 70 % der Versuche nahmen sie ein oder mehrere Werkzeuge mit in den Warteraum – davon war knapp die Hälfte brauchbar. Und wenn sie wieder zurück in den Testraum durften, brachten sie in etwa drei Viertel der Fälle ein brauchbares Werkzeug mit, was deutlich über einer zufälligen Auswahl liegt.[51] Sie schienen zumindest eine rudimentäre Vorstellungen von zukünftigen Ereignissen zu haben und waren in der Lage, sich entsprechend darauf vorzubereiten.

Am schönsten wäre es natürlich, wenn wir die Versuchsapparaturen einfach im Freiland aufbauen könnten. Aber leider interessieren sich die Tiere nicht wirklich für solche Tests, sie haben Wichtigeres zu tun. Klaus Zuberbühler von der Universität St. Andrews besuchte uns damals in Botswana, als wir dort die Bärenpaviane erforschten. Er wollte in einer Pilotstudie testen, ob er mit den frei lebenden Pavianen Versuche zu deren Verständnis von kausalen Zusammenhängen machen könne. Er hatte dazu den »Fallen-Versuch« nachgebaut, bei dem ein Futterstück in einer durchsichtigen Röhre platziert wird.[52] In der Mitte der Röhre befindet sich eine kleine Falle. Der Affe müsste nun ein Stöckchen zur Hand nehmen, um das Futter aus der Röhre herauszuschieben, darf aber das Futter nicht in die falsche Richtung bewegen, weil es sonst in der Falle landet. Wir zogen also mit dieser Apparatur zu den Pavianen, Klaus stellte alles auf und setzte eine Marula-Frucht in die Röhre. Keiner der Affen schien davon Kenntnis zu nehmen. Schließlich näherte sich eines der jüngeren Männchen an, befingerte die Röhre und stocherte sogar mit dem Stöckchen darin herum. Doch bald wandte es sich wieder ab – warum Zeit mit der Apparatur vergeuden, wo sowieso überall Marula-Früchte herumlagen und es außerdem Dringlicheres zu tun hatte, wie etwa nach Löwen Ausschau zu halten und den Anschluss an die Gruppe nicht zu verlieren. Mit anderen Worten: Im Freiland ist die Motivationslage meist eine andere, und die Tiere lassen sich in der Regel nicht auf solche Experimente ein. Deswegen müssen im Freiland Versuche gemacht werden, die sich stärker an der Lebensrealität der Affen orientieren.

Zusammenfassend lässt sich festhalten, dass die Affen einen guten Alltagsverstand besitzen, der es ihnen ermöglicht, all das zu meistern, was zum Überleben nötig ist. Sie wissen, wie sie von A nach B kommen, können hinreichend genau Mengen und Größen unterscheiden und haben ein gutes Zeitgefühl. Es fällt ihnen hingegen schwer, abstrakte Konzepte zu begreifen oder in ihren Schlussfolgerungen indirekte Evidenz zu nutzen. Aber vielleicht bezieht sich dies nur auf die unbelebte Umwelt? Wenn die Entwicklung eines großen Gehirns wirklich eine Antwort auf die Herausforderungen des Lebens in einer komplexen Gesellschaft ist, dann könnte es ja auch sein, dass ihre wahren Qualitäten im sozialen Bereich zu finden sind: In der Fähigkeit, von anderen zu lernen, sich in andere hineinzuversetzen und die Beziehungen zwischen Dritten zu verstehen.

Soziale Intelligenz

Kultur bei Tieren?

Soziales Lernen ist von besonderem Interesse, da es die Grundlage für die Entwicklung lokaler Traditionen und auch der Kultur des Menschen ist. Die Initialzündung des Themas »Kultur bei Tieren« war die Entdeckung des Kartoffelwaschens bei Japanmakaken. Satsue Mito, eine junge Frau, die angestellt worden war, um Japanmakaken auf der Insel Koshima an die Präsenz von Beobachtern zu gewöhnen, hatte am Strand Süßkartoffeln verteilt. Sie wollte damit die Affen anlocken. Mito beobachtete, wie ein junges Affenweibchen mit einer Süßkartoffel ins Wasser watete, sie dort reinigte und wiederholt während des Essens ins Wasser tunkte. Anscheinend hatte es auch Gefallen am salzigen Geschmack gefunden. Diese Verhaltensweise breitete sich langsam in der Gruppe aus. Nach zwei Jahren waren es vier Tiere, die ihre Süßkartoffeln vor dem Verzehr im Wasser wuschen, und nach einem weiteren Jahr waren es insgesamt elf der 30 Japanmakaken, die diese Technik anwandten.

Ende der fünfziger Jahre wurde bei den gleichen Affen auch das Weizenwaschen beobachtet. Hier war es dasselbe Weibchen, das als Erstes im Sand ausgestreuten Weizen ins Wasser warf, wodurch der Sand absank und der Weizen oben abgeschöpft und gegessen werden konnte. Auch diese Technik breitete sich langsam in der Population aus, wobei Tiere, die häufig miteinander interagierten, früher mit dem Weizenwaschen begannen. Die japanischen Forscher beschrieben das Kartoffelwaschen als eine einfache Form »kulturellen Verhaltens« und damit als wichtige Vorstufe für die Evolution menschlicher Kultur. Vielleicht ist es kein Zufall, dass »kulturelles Verhalten« zuerst von japanischen Forschern beschrieben wurde. Die japanische Primatologie – insbesondere die Kiotoer Schule um Kinji Imanishi – war von Anbeginn darauf ausgerichtet, langfristige Prozesse in ihren Überlegungen zu berücksichtigen.[53]

Weiteren Auftrieb erhielt das Thema »Kultur« auf der vierten internationalen Primatologenkonferenz in Nairobi 1971, auf der ein Symposium zum Thema »Precultural Primate Behaviour« abgehalten wurde. Jane Goodall, die ihre Studien 1960 an wilden Schimpansen in Gombe in Tansania aufgenommen hatte, hielt dort einen Vortrag mit dem Titel »Cultural Elements in a Chimpanzee Community«.[54] Den Grundstein des Revivals dieses Themas legte Bill McGrew 1992 mit seinem Buch *Chimpanzee Material Culture*, in dem er die Unterschiede im Werkzeuggebrauch von Schimpansen in verschiedenen Regionen dokumentierte.[55] Westafrikanische Schimpansen zum Beispiel knacken Nüsse, indem sie Steine als Hammer und andere Steine oder Wurzeln als Amboss benutzen. Ostafrikanische Schimpansen tun dies nicht, obwohl die gleichen Nussbäume auch in ihrem Gebiet vorkommen. Auch das Angeln nach Ameisen oder Termiten unterscheidet sich in verschiedenen Gebieten. Dabei führen die Tiere auf unterschiedliche Weise kleine Stöckchen oder Äste in die Bauten dieser Insekten ein, warten, bis einige Tierchen auf den Ast gekrabbelt sind, und nehmen die Beute dann zu sich. Dabei ziehen die Schimpansen des Taï-Nationalparks in der Elfenbeinküste die kurzen Stöckchen direkt durch den Mund, wogegen sie in Tansania längere Stöcke benutzen und die Ameisen erst mit der Hand abstreifen und dann zum Mund führen. Früher galten Menschen als die einzige Spezies, die Werkzeuge nutzt oder anfertigt. Inzwischen ist deutlich, dass eine ganze Reihe von Arten eine einfache Form des Werkzeuggebrauchs beherrscht. Und wer sich einmal Filme angeschaut hat, in denen Schimpansen mit Ästen fast wie mit Spaten nach Insekten graben, der wird sich köstlich amüsieren und erstaunt feststellen, wie ähnlich die Affen uns dabei sind.

Einige Jahre nach McGrews Publikation brachte Andrew Whiten von der Universität St. Andrews verschiedene Feldforscher zusammen, die über viele Jahre Schimpansen aus sieben verschiedenen Populationen im Freiland beobachtet hatten. Sie verglichen ihre Aufzeichnungen und stellten fest, dass jede der beobachteten Populationen besondere Verhaltensspezifika besaß.[56] Insgesamt dokumentierte die Gruppe um Whiten 39 verschiedene Verhaltensweisen, die nur in einigen oder ausschließlich in einer einzelnen Population beobachtet wurden und die nicht auf Unterschiede in den ökologischen Bedingungen oder der genetischen Ausstattung der Tiere zurückzuführen waren.

Aber nicht nur Schimpansen und Japanmakaken wird kulturelles Verhalten zugeschrieben. In den vergangenen Jahren wurde bei Orang-Utans eine ähnliche Variationsbreite im Verhalten berichtet.[57] Auch hier gibt es Variationen zwischen verschiedenen Populationen von Orang-Utans, die laut den Autoren weder auf genetische noch umweltbedingte Faktoren zurückgeführt werden können. Kapuzineraffen in verschiedenen Regionen weisen ebenfalls lokale Variationen im Verhalten auf. Susan Perry und Kollegen beobachteten, wie bestimmte Verhaltensweisen von Individuen in eine Gruppe eingeführt wurden, sich eine bestimmte Weile hielten, und schließlich nicht mehr praktiziert wurden.[58] Perry und Kollegen bevorzugen dabei allerdings den Begriff »Traditionen« gegenüber dem der »Kultur«, den sie als wenig hilfreich für das Verständnis der Weitergabe flexiblen Verhaltens ansehen.

Werkzeuggebrauch an und für sich ist allerdings nicht auf Menschenaffen beschränkt. Neukaledonische Krähen beispielsweise fertigen Werkzeuge aus Blättern an.[59] Der Werkzeuggebrauch der Krähen galt als ein Ergebnis kumulativer kultureller Evolution. Darunter ist ein schrittweiser Prozess zu verstehen, wobei eine Entwicklung jeweils auf der vorher erreichten Stufe aufbaut. Eine Forschergruppe um Alex Kacelnik zeigte, wie intelligent die neukaledonischen Krähen durchaus komplexe Probleme lösen können. Eine weibliche Krähe namens Betty war in der Lage, aus einem geraden Stück Draht einen Haken zu biegen, um damit einen versenkten Futtertrog zu angeln. Um den Einfluss des Lernens zu klären, zogen Kacelnik und Kollegen vier neukaledonische Krähen mit der Hand auf. Zwei von ihnen wurde die Handhabung von Stöckchen vorgeführt, während die anderen beiden zwar die entsprechenden Materialien in ihrem Käfig vorfanden, ihnen aber nichts damit demonstriert wurde. Die Fähigkeit, Stöckchen zum Futtererwerb zu nutzen, entwickelte sich bei beiden Untergruppen gleichzeitig. Soziales Lernen war also keine notwendige Voraussetzung für den Erwerb dieser Fähigkeit.[60] Genauere Untersuchungen der Werkzeuganfertigung stellten aber die Vermutung in Frage, es handele sich um kumulative kulturelle Evolution. Vielmehr handelt es sich einfach um regionale Unterschiede.[61]

Aber warum ist kumulative kulturelle Evolution im Tierreich so selten? Als einen Schlüssel sehen Robert Boyd und Peter J. Richerson, ebenso wie Michael Tomasello, die Theorie des Geistes.[62] Die Lernenden müssen in der Lage sein zu verstehen, dass andere Individuen unterschiedliche Wissenszustände oder Ziele haben als sie selber. Nur dann können sie das Verhalten anderer Individuen auch in Bezug zu ihren eigenen Zielen setzen und auf diese Weise das Verhalten anderer Tiere als Aktionen interpretieren, die für sie selber nützlich wären. Die Theorie des Geistes hat sich zunächst als vorteilhaft erwiesen, um das Verhalten anderer Individuen besser vorhersagen zu können. Sobald sie einmal entwickelt war, konnte sich Lernen durch Beobachtung, Imitation und schließlich auch Unterrichtung in einer Population durchsetzen. Bei den Menschen sind also Fähigkeiten hinzugekommen, welche die kulturelle Evolution in dramatischem Ausmaß von der biologischen Evolution abgekoppelt haben, so dass bei uns die technologische Entwicklung in einem ganz anderen Tempo verläuft. Die Theorie des Geistes stellt also eine notwendige Voraussetzung für eine kumulative kulturelle Evolution dar. Ist sie aber auch eine hinreichende Voraussetzung? Ich werde darauf im Abschnitt zur Evolution der Sprache zurückkommen.

Als Frage bleibt, ob der Begriff »Kultur bei Tieren« wirklich ein hilfreicher ist. Oder verstellt er eher den Blick aufs Wesentliche? Manche Biologen winken bei Debatten um Begriffe gleich müde ab. Ich nicht. Warum mir der Umgang mit Begriffen wichtig ist, lässt sich am Thema »Kultur« gut zeigen. Die meisten Evolutionsbiologen, die sich die Mühe machen, Kultur zu definieren, verweisen zunächst auf Tylors 1871 vorgelegte Auslegung, nach der die menschliche Kultur »das komplexe Ganze [ist], das Wissen, Glauben, Kunst, Moral, Gesetze, Gebräuche und andere Fähigkeiten und Gewohnheiten umfasst, das Menschen in Gesellschaft hervorgebracht haben«.[63] Allerdings bemängelten schon manche Forscher sehr früh, dass diese Definition für Ethologen wenig brauchbar sei, da sie Tiere automatisch ausschließen würde. Bereits 1953 hatte Kinji Imanishi deswegen vorgeschlagen, als kulturelles Verhalten *alle* flexiblen Verhaltensweisen zu bezeichnen, die sozial übertragen werden.[64] Ähnlich äußerte sich Hans Kummer, der Doyen der Pavianforschung und einer der Pioniere der Primatologie. Kummer schrieb: »Falls sich eine [...] soziale Modifikation in der Population ausbreitet, und sich diese Verhaltensvariante über mehrere Generationen hält, dann haben wir ›Kultur‹ im weiteren Sinne, in dem ein Tierforscher diesen Begriff verwenden kann.«[65] Der Begriff »Kultur« musste also umdefiniert werden, um auf das Verhalten von Tieren überhaupt anwendbar zu sein. Für die genannten Verhaltensforscher lässt sich demnach Kultur diagnostizieren, wenn Unterschiede im Verhalten zwischen verschiedenen Populationen beobachtet werden, die erstens nicht auf ökologische oder genetische Unterschiede zurückzuführen sind – was kein einfaches Unterfangen ist – und die zweitens durch soziales Lernen tradiert werden.

Wie will man aber die Evolution menschlicher Kultur verstehen, wenn der Kulturbegriff ein ganz anderer ist? Ebenso sinnlos wird es, darüber zu spekulieren, ob Tiere *auch* Kultur hätten. Diese begriffliche Trägheit trägt wenig dazu bei, die an sich interessanten Fragen nach Ursachen und Konsequenzen von Verhaltensvariationen zu verstehen. Entsprechend würde ich mir wünschen, dass wir die Folgen sozialen Lernens als das bezeichnen, was sie sind: Folgen sozialen Lernens. Sozialem Lernen ist immanent, dass Kopierfehler oder individuelle Varianten weitergegeben werden und es sukzessive zu geographischen Variationen kommt. Dieser Effekt ist unvermeidlich. Natürlich ist es auch möglich, jedwede Verhaltensvariation als Kultur zu bezeichnen. Dann bräuchten wir allerdings für das, was gemeinhin menschliche Kultur genannt wird, einen neuen Begriff. Wenig überraschend wurde menschliches kulturelles Verhalten bereits als »super cultural« bezeichnet.[66] Ich ziehe es vor, erst einmal mit dem Begriff »lokaler Traditionen« zu operieren und die Aufmerksamkeit auf die einzelnen Komponenten zu richten, die kulturelle Unterschiede im Verhalten hervorbringen.

Formen des Sozialen Lernens

Welche Lernformen liegen der Entwicklung lokaler Traditionen bei Tieren zu Grunde? Beobachtungen an jungen Schimpansen zur Individualentwicklung des Nüsseknackens ergaben, dass die Jungtiere zwar ein erhebliches Interesse an der Tätigkeit ihrer Mütter hatten, sie aber die genaue Technik selber durch Versuch und Irrtum lernen mussten.[67] Sie richteten also ihre Aufmerksamkeit auf Hammer, Amboss und Nuss, waren aber nicht in der Lage, allein durch Beobachtung die richtige Technik zu erwerben. Die Aneignung des Werkzeuggebrauchs ist also eher ein gutes Beispiel dafür, wie die Tiere durch Erfahrung etwas über die *physikalischen* Eigenschaften verschiedener Gegenstände lernen und welches Verständnis sie von Ursache und Wirkung haben.

Viele Studien haben sich der Frage gewidmet, ob die Tiere verstehen, dass ein menschlicher Experimentator ihnen einen Hinweis geben will. In solchen Aufgaben stehen beispielsweise zwei Behälter zur Wahl, beide sehen gleich aus, und der Experimentator zeigt nun mit der Hand auf einen der beiden Behälter, nämlich den, unter dem sich die Belohnung befindet. Dabei gibt es verschiedene Formen des Zeigens: Die Hand kann nah oder weiter vom Behälter entfernt sein, der Experimentator kann die Behälter anschauen oder nicht. Egal in welcher Bedingung: Die Affen sind in der Regel überhaupt nicht in der Lage, solche Hinweise zu nutzen.[68] Kinder oder Hunde dagegen haben damit überhaupt kein Problem. Nun ist es eine Sache, nicht verstehen zu können, dass ein anderer einen informieren will. Eine andere ist es, noch nicht einmal den Zusammenhang »wo Hand – da Futter« herstellen zu können. Vielleicht wurden die Experimentatoren als Konkurrenten wahrgenommen?

Um dieser Sache auf den Grund zu gehen, führte Vanessa Schmitt aus unserer Abteilung Experimente durch, in denen sie sich hinter einem Vorhang versteckte und auf den richtigen Behälter deutete. Plötzlich hatten die Tiere kein Problem, den Hinweis zu nutzen. Diese einfache Form der Inferenz war also doch möglich. Im Laufe des Experiments lernten sie, was das Zeigen bedeutete, und konnten danach auch das Zeigen richtig interpretieren, wenn Vanessa wieder vor dem Vorhang stand.[69] Diese Studie zeigt sehr schön, dass wir mit manchen Schlussfolgerungen zu artspezifischen Unterschieden vorsichtig sein müssen. Kinder und Hunde hatten vermutlich schon hunderte, wenn nicht tausende Mal gesehen, wie irgendjemand irgendwohin zeigte, wogegen die Zeigegeste für Affen eher fremd war. Die individuelle Erfahrungsgeschichte muss also immer mit berücksichtigt werden.

Gelernt werden kann im sozialen Kontext etwas über die Art und Weise einer Handlung, das zu Grunde liegende Ziel oder über beides.[70] Wenn ein Tier beispielsweise beobachtet, wie ein anderes Tier einen Bolzen an einer Kiste manipuliert und sich diese daraufhin öffnet, lernt auch das beobachtende Tier, die Aktivität »Manipulation« mit dem Resultat in Verbindung zu bringen. Beim Kopieren einer Handlung geht es dagegen um die Art und Weise, wie eine Handlung durchgeführt wird. Als Imitation im engeren Sinn gilt lediglich solches Verhalten, bei dem sowohl das Ziel als auch die Mittel erfasst wurden. Um beim Beispiel der Kiste zu bleiben: Hier müsste der Beobachter verstehen, dass es das Anliegen des anderen ist, die Kiste zu öffnen. Und er müsste sich auch an die Vorgehensweise des Akteurs halten.[71]

Wir haben zum Imitationslernen sowohl mit den Anubispavianen am DPZ als auch mit den Berberaffen in Rocamadour einige Versuche unternommen. Dabei haben wir uns eines experimentellen Ansatzes bedient, der ursprünglich von Andrew Whiten entwickelt worden war – wir benutzten eine »künstliche Frucht«.[72] Dabei handelte es sich um eine von der Betriebstechnik des DPZ kunstvoll zusammengebaute Plexiglaskiste. Diese ließ sich zumindest planmäßig auf zwei verschiedene Weisen öffnen. Der Affe konnte entweder auf einen dicken schwarzen Knopf drücken oder an einem Hebel drehen, damit der Deckel aufsprang und er an die im Inneren platzierte Erdnuss kam. Eigentlich wollten wir herausfinden, ob die Tiere genau darauf achten, welchen der beiden Mechanismen wir wählten, wenn wir ihnen die Funktionsweise der Kiste vorführten. Einige Tiere bekamen also zu sehen, wie die Versuchsleiterin Laura Almeling auf den Knopf drückte, und andere, wie sie den Hebel bediente. Dann wurde die Kiste an den Käfig geschoben und Laura notierte, welchen Mechanismus die Tiere nutzten. Tatsächlich verwendeten einige den Knopf und andere den Hebel, aber das hatte nichts damit zu tun, was sie zuvor gesehen hatten. Wir wollten uns aber nicht so schnell entmutigen lassen. Also nahm Laura die Kiste mit nach Rocamadour zu den Berberaffen, als wir dort ein Praktikum mit Studierenden durchführten. Laura suchte sich Affen, die etwas abseits saßen, holte sich eine Nuss aus ihrer Jackentasche und legte sie in die Kiste. Anschließend zeigte sie dem Affen eine der beiden Methoden, die Kiste zu öffnen. Was dann passierte, sagte uns viel darüber, was Affen wirklich bewegt. Zum einen hatten umgehend alle verstanden, dass es sich hier um eine Futterquelle handelte, und zwar eine hochwertige. In der ersten Reihe saßen gleich die dicksten Männchen. Das ranghöchste Tier thronte direkt davor und begann, an der Kiste herumzufingern. Dann biss es hinein. Irgendwann kippte es die Kiste um, und als sie auf die Seite fiel, auf welcher der Knopf angebracht war, löste dies den Öffnungsmechanismus aus. Nachdem Laura die nächste Nuss in die Kiste gelegt hatte, ging alles blitzschnell: Kiste umkippen, Deckel auf und die Nuss gegrabscht. Dieser Affe hatte also durch Versuch und Irrtum gelernt, wie er die Kiste öffnen konnte. Was Laura ihm zuvor gezeigt hatte, war ihm dagegen gleichgültig. Als wir den Versuch an einem anderen Tag wiederholten, setzte sich erneut ein dickes Männchen davor. Es hatte zwar keine Ahnung, wie es die Kiste öffnen sollte, aber bewachte sie aufmerksam. Sobald sich ein anderes Tier näherte, wurde es umgehend vertrieben. An die Nuss kam der Bewacher trotzdem nicht.

Der selektive Druck, genau auf das Vorgehen von anderen zu achten, ist bei Affen nicht besonders ausgeprägt. Bei uns Menschen ist die getreue Imitation dagegen anscheinend von intrinsischem Wert – unter anderem trägt sie zur Identifikation mit der Gruppe bei. Tatsächlich gibt es bei Menschen einen hohen Konformitätsdruck, der sogar von kleinen Kindern weitergegeben

Abb. 21: Berberaffe mit künstlicher Frucht.

wird. Normativität und regelkonformes Verhalten werden auch dann befördert, wenn sie primär keine funktionale Bedeutung besitzen.[73]

Eine wichtige Form, wie Menschen erworbenes Wissen weitergeben, stellt der Unterricht dar. Unterrichten beruht auf der Annahme, dass der Schüler einen anderen Kenntnisstand hat als der Lehrer; der Unterricht verändert sich daher mit der Entwicklung des Schülers. In Frage stand, ob auch Affen so etwas wie pädagogisches Verhalten an den Tag legen. Soweit ich weiß, gibt es keine überzeugende Evidenz dafür. Eine Schimpansenmutter würde sich nicht neben ihr Kind setzen und es dabei korrigieren, wie es den Stock zu halten hat, wenn es auf die Nuss schlägt, und sie würde auch keine Hinweise geben, welcher Amboss am besten geeignet ist.

Trotzdem gibt es immer wieder Publikationen, die vom Unterrichten bei Tieren sprechen. Diese Autoren beziehen sich auf einen einflussreichen Artikel, in dem »Unterrichten« folgendermaßen definiert wurde. Demnach kann das Verhalten eines Individuums

Abb. 22: Wie geht die Kiste auf?

A als Unterricht verstanden werden, wenn A sein Verhalten nur in der Gegenwart eines unerfahrenen (naiven) Beobachters B modifiziert und dabei für A Kosten entstehen oder zumindest keine direkten Vorteile zu erwarten sind. Das Verhalten von A ermutigt oder bestraft B, ermöglicht es B, bestimmte Erfahrungen zu machen, oder stellt ein Beispiel für B dar. Aufgrund dieser Erfahrung lernt B etwas früher in seinem Leben, rascher oder effizienter, als es das ohne diese Erfahrung tun würde.[74] Diese sehr weite Definition geht nicht davon aus, dass ein Wesen ein anderes direkt instruiert oder korrigiert. Von Bedeutung sind nur die funktionalen Aspekte. Das ist vollkommen akzeptabel, solange man sich nicht dazu hinreißen lässt, von der funktionalen Ebene auf die psychologische Ebene zu schließen und zum Beispiel Aussagen über die Evolution des pädagogischen Verhaltens beim Menschen zu machen.

Eines der bekanntesten Beispiele für »Unterricht« bei Tieren liefert eine Studie an Erdmännchen.[75] Erdmännchen pflegen eine kooperative Jungenaufzucht. Das dominante Paar zeugt den Nachwuchs, der dann von den Helfern gefüttert und bewacht wird. Nachdem die Jungtiere ihre Höhle verlassen haben, ziehen sie mit den Helfern auf Futtersuche. Wenn die kleinen Erdmännchen noch sehr unerfahren sind, tötet der Helfer gefährliche Beute wie zum Beispiel Skorpione, bevor er sie an die Jungtiere verfüttert. Später wird der Schwierigkeitsgrad für das Jungtier erhöht, zum Beispiel wird der Skorpion immobilisiert, bevor das Jungtier ihn bekommt. So lernen die kleinen Erdmännchen langsam, wie sie mit gefährlicher Beute umzugehen haben. Das genannte Verhalten erfüllt alle der oben dargelegten Kriterien: Die Helfer modifizieren ihr Verhalten, sie tragen dabei gewisse Kosten, da sie den Skorpion erst töten müssen, und die Jungtiere lernen mit Skorpionen umzugehen. Aber diese Befunde sagen nichts über die psychologischen Mechanismen aus – der Helfer muss nicht wissen, ob das Jungtier etwas von dem Gezeigten versteht. Weitere Experimente deuten vielmehr darauf hin, dass die »Anpassung« des Fütterns angeboren ist: Spielen die Forscher den

Helfern nämlich die Bettellaute von sehr kleinen Jungtieren vor, während die fast ausgewachsenen Jungtiere vor ihnen sitzen, töten sie die Skorpione erneut.[76] Wir haben es also eher mit der Wirkung von spezifischen »Auslösern« oder »Schlüsselreizen« zu tun als mit der Einsicht der erwachsenen Erdmännchen, dass die Kinder, um es salopp zu sagen, erst in der zweiten Klasse sind und ihnen das Lesen noch schwerfällt. Zudem gewöhnen fast alle Raubtiere ihre Kinder schrittweise an die Jagd, indem sie zunächst immobilisierte Beute anschleppen, damit der Nachwuchs lernen kann, wie er eine Maus oder eine Antilope töten muss. Erst dann werden langsam die Anforderungen gesteigert.

Eine ebenso wichtige Rolle wie der Unterricht spielt in menschlichen Gesellschaften die Bestrafung. Das beschränkt sich nicht nur auf den Kontext des Unterrichtens, sondern ist mit dem menschlichen Drang zur Konformität verbunden. Die Bestrafung abweichenden Verhaltens oder von Betrügern gilt spieltheoretisch als wichtige Voraussetzung für die Stabilisierung kooperativen Verhaltens. Gäbe es in Gesellschaften keine Möglichkeit, Regelverletzungen zu ahnden, würden diese rasch zusammenbrechen und jeder nur noch auf seinen eigenen kurzfristigen Vorteil achten.[77] Interessant ist, dass wir bei Tieren weder Kooperation in einem Ausmaß finden wie bei Menschen noch Bestrafung. Wie berichtet, schlagen Tiere durchaus zurück, aber da sie offenbar kein Bewusstsein von allgemein gültigen Verhaltensnormen haben, muss auch keine Regelverletzung geahndet werden.

Zusammenfassend lässt sich festhalten, dass verschiedene Formen des sozialen Lernens im Tierreich offensichtlich weit verbreitet sind. Unstrittig ist ebenso, dass soziales Lernen eine Voraussetzung dafür ist, erworbenes Verhalten an andere weiterzugeben. Daraus entstehende Variationen zwischen Populationen führen aber deswegen nicht gleich zu einer Anhäufung von Wissen oder einer Weiterentwicklung verschiedener Techniken, wie sie für die menschliche Kultur kennzeichnend sind.[78]

Blickfolgeverhalten

Bislang haben wir gesehen, dass Affen sich dorthin orientieren, wo andere sind, und dass sie sich besonders dafür interessieren, womit sich andere beschäftigen. Aber sind sie auch in der Lage, subtilere Reize zu nutzen, wie etwa die Blickrichtung eines anderen? Menschen folgen regelmäßig den Blicken von anderen. Ein berühmtes Beispiel findet sich im Roman *Pünktchen und Anton* von Erich Kästner. Pünktchen will nach Hause, als sich ihr Gottfried Klepperbein, der Portiersjunge, in den Weg stellt und droht, sie zu verraten. Pünktchen wendet ihren Blick nach oben, Gottfried Klepperbein schaut unwillkürlich hinterher, und sie nutzt seine kurze Unaufmerksamkeit, um an ihm vorbeizusausen.

In der Entwicklungspsychologie und den kognitiven Neurowissenschaften ist das Blickfolgeverhalten ein wichtiges Thema, da es als Vorstufe für eine ganze Reihe soziokognitiver Fähigkeiten gilt, zu denen die geteilte Aufmerksamkeit, Perspektivübernahme oder auch die Zuschreibung von mentalen Zuständen zu anderen zählen. Als geteilte Aufmerksamkeit wird die Fähigkeit bezeichnet, zu erfassen, wohin eine andere Person guckt, und sich dann durch wechselseitiges Blicken auf den Gegenstand des Interesses sowie den Partner zu vergewissern, dass beide Parteien sich des gemeinsamen Interesses gewahr werden. »Wir meinen dasselbe« ist die Botschaft, die sich hinter der geteilten Aufmerksamkeit verbirgt.[79] In der Entwicklungspsychologie gilt das Interesse der Frage, wann das Blickfolgeverhalten bei Kindern eigentlich einsetzt; in den kognitiven Neurowissenschaften wird gefragt, welche Faktoren das Blickfolgen moduliert – zum Beispiel, wenn der andere gar nichts sieht.[80]

Affen schauen – wie auch Ziegen oder Wölfe[81] – den Blicken anderer hinterher. Sie überschreiten dabei auch die Artengrenze, da sie bereitwillig den Blicken menschlicher Experimentatoren folgen. Eine der frühen Studien wurde von Pier Luigi Ferrari an

Schweinsaffen durchgeführt. Er setzte sich vor die Tiere und glotzte an die Decke. Die Affen starrten hinterher. Wenn er den Kopf in den Nacken legte, folgten sie seinem Blick in etwa zwei Dritteln der Fälle; richtete er nur seine Augen zur Decke, war es etwas seltener.[82] Ähnliche Ergebnisse erzielte Juliane Bräuer, die das Blickfolgeverhalten der Menschenaffen im Leipziger Zoo untersuchte.[83] In diesen Experimenten guckten die Affen nicht nur ebenfalls an die Decke, sondern sie schauten wieder zu Juliane zurück, da sie dort oben nichts finden konnten. Als sie sahen, wie sie immer noch nach oben starrte, schauten sie meist ein weiteres Mal hinterher. Auch unsere Paviane und Javaneraffen verhalten sich ähnlich, wobei die Javaneraffen hier viel reaktiver als die Paviane waren.[84] Es handelt sich beim Blickfolgen aber nicht um einen reinen Automatismus. Erstens lernen die Tiere irgendwann, dass das ständige Nach-oben-Schauen der Experimentatoren völlig grundlos zu sein scheint, und reagieren dann nur noch selten. Zweitens kann das Blickfolgeverhalten auch durch andere Einflussfaktoren moduliert werden. So verstärken bestimmte Gesichtsausdrücke des Experimentators die Häufigkeit des Blickfolgens.[85]

Diese Art von experimentellen Studien sagen allerdings wenig darüber aus, wie bedeutsam das Blickfolgen unter natürlichen Bedingungen ist, das heißt, wie häufig die Tiere eigentlich ihren Artgenossen hinterherschauen, wenn es auch noch tausend andere Dinge gibt, die gerade von Belang sein könnten. Um dieser Frage nachzugehen, untersuchte Anke Gutmann in ihrer Diplomarbeit das Blickfolgeverhalten bei den Berberaffen in Rocamadour. Diese Studie führten wir zusammen mit Christoph Teufel von der Universität Cambridge durch.

Es zeigte sich eine ganz klare altersabhängige Entwicklung des Blickfolgeverhaltens. Die jüngsten Berberaffen schauten nie hinterher; im Alter von drei bis vier Monaten gab es erste Anzeichen des Blickfolgens, und im Alter von einem Jahr sahen die jungen Berberaffen genauso oft dem Blick eines Artgenossen hinterher wie die Erwachsenen, nämlich in zwei Dritteln aller Fälle. Besonders spannend war der Einfluss des Gesichtsausdrucks. Vor allem bei den jüngeren Tieren hatte dieser einen enorm verstärkenden Einfluss auf die Wahrscheinlichkeit, dass sie dem Blick folgen würden, wobei es sogar Unterschiede zwischen verschiedenen Gesichtsausdrücken gab. Besonders wirksam waren solche, die etwas mit sozialen Interaktionen zu tun hatten, wie etwa Drohen, Angstgrinsen und das so genannte Kommentargesicht, das die Tiere aufsetzen, wenn sie Interaktionen zwischen Dritten beobachten, wie zum Beispiel einen Streit, aber auch das Begrüßen und Beschmatzen eines Babys.[86]

Blickfolgen ist also für die Tiere gerade unter natürlichen Bedingungen von Belang, und es wird ebenso wie im Freiland durch Mimik verstärkt. Dabei gibt es einen bemerkenswerten Unterschied zwischen Affen und Menschenkindern: Säuglinge schauen eher länger auf das Gesicht des Menschen, wenn dieser einen bestimmten Gesichtsausdruck aufsetzt, als dass sie dem Blick folgen, während Affen häufiger direkt hinterherblicken.[87] Am Blickfolgeverhalten lässt sich gut nachvollziehen, wie verschiedene Steuerungs- und Kontrollmechanismen ineinandergreifen. Zunächst gibt es eine angeborene Disposition, den Blicken anderer zu folgen, die allerdings erst reifen muss. Und dann wird diese Disposition gefestigt, weil die Tiere lernen, dass es dort, wo ein anderer hinschaut, auch etwas Interessantes zu sehen gibt.

Abb. 23: Verschiedene Gesichtsausdrücke bei Berberaffen. Von links nach rechts: Drohen, submissives Grinsen, freundliches Schmatzen.

Auch wenn das Blickfolgeverhalten fein moduliert ist, heißt dies nicht automatisch, dass die Affen ein Verständnis für den mentalen Zustand des Gegenübers hätten. Es reicht, davon auszugehen, dass Blicke einen potenten Reiz darstellen und die Tiere einfach das Verhalten ihrer Gruppenmitglieder nutzen, um selbst Informationen zu sammeln. Blickfolgeverhalten mag eine notwendige Voraussetzung für die Fähigkeit zur Perspektivübernahme zu sein; es ist aber kein hinreichender Nachweis dafür. Um das zu überprüfen, müssen schon etwas ausgeklügeltere Experimente her.

Soziales Wissen

Affen leben in der Regel in Gesellschaften, die durch viele verschiedene Arten von Beziehungen gekennzeichnet sind. Neben Verwandtschaftsbeziehungen gibt es Freundschaften, Rangverhältnisse und zeitweise auch feste Paare. Nun sind die sozialen Interaktionen, auf denen diese Beziehungen basieren, anders als die mentalen Zustände der Tiere gut zu erfassen. Sie bieten daher auch für die Tiere die Basis, zwischen verschiedenen Arten von Beziehungen zu unterscheiden. Aber tun sie das auch?

Voraussetzung für das Verständnis von Beziehungen zwischen Dritten ist zunächst die Erkennung der einzelnen Individuen. Eine Reihe von Studien ging der Frage nach, ob sich Tiere gegenseitig an der Stimme erkennen. So überprüfte Kurt Hammerschmidt zum Beispiel in seiner Dissertation, ob Berberaffenmütter die Stimme ihres Nachwuchses vom Geschrei anderer Kinder unterscheiden können. In den Experimenten spielte Kurt einer Mutter entweder die Laute ihres eigenen oder die eines anderen Kindes vor und filmte dann ihre Reaktion. Die Mütter schauten häufiger und länger in Richtung des Lautsprechers, wenn von dort die Laute ihres Nachwuchses zu hören waren.[88] Die Blickdauer gilt in der Verhaltensforschung an Tieren ebenso wie in der Entwicklungspsychologie als ein gängiges Maß für das Interesse, aber auch den Grad der Überraschung.

In einer späteren Studie drehte ich den Spieß um und testete, ab welchem Alter die Kinder ihre Mütter an der Stimme erkennen. Dazu spielte ich entweder eine kurze Schreisequenz der Mutter vor oder aber solche von anderen Weibchen aus der gleichen sozialen Gruppe. Zunächst prüfte ich, wie einjährige Berberaffen auf das Playback reagierten: Die Tiere schauten länger, wenn sie die Schreie ihrer Mutter gehört hatten. In einigen Fällen marschierte das Einjährige sogar in Richtung des Lautsprechers. Bei den meisten Affenarten hätten wir als Forscher Schwierigkeiten, die Erkennung der mütterlichen Stimme experimentell zu überprüfen, da die Jungen permanent bei ihrer Mutter sind. Bei den Berberaffen bietet das ausgeprägte Betreuungsverhalten der Männchen eine Möglichkeit, die Babys zu erwischen, wenn sie sich nicht in der Nähe ihrer Mütter aufhalten, ohne dass wir in die Gruppe eingreifen müssten. Wir brauchten nur genügend Geduld mitzubringen und auf den Moment zu warten, bis sich endlich ein Männchen ein Kind geschnappt hatte und mit ihm davongezogen war. Vier Wochen alte Kinder reagierten kaum auf das Playback – ganz unabhängig davon, welche Laute sie hörten. Im Alter von zehn Wochen dagegen schauten sie lange in Richtung des Lautsprechers, wenn die Schreie ihrer Mutter ertönten; ansonsten blickten sie nur kurz. Eine Annäherung an den Lautsprecher war jedoch in der Regel nicht möglich; dafür sorgten die Männchen mit ihrem Fußangelgriff.[89] Bei anderen Arten entwickelt sich die Erkennung der Mutter an der Stimme übrigens schon viel früher: Bei zu den Ohrenrobben gehörenden Seebären etwa reagieren die Kinder schon innerhalb der ersten Lebenswoche stärker auf die Rufe der Mutter, noch bevor diese auf ihren ersten Fischzug geht. Bei diesen in großen Kolonien lebenden Tieren finden sich Mutter und Kind nämlich durch lautes Rufen wieder, und die Fähigkeit der Stimmerkennung ist daher von hohem Überlebenswert.[90] Bei den Affen sorgt die Mutter ganz von selbst dafür, den Kontakt aufrechtzuerhalten oder wiederherzustellen – das Kind kann sich mit der Entwicklung einer differenzierten Reaktion auf die Stimme der Mutter also etwas mehr Zeit lassen.

Playbackexperimente sind übrigens etwas für Leute, die eine leicht masochistische Ader haben. Ich kenne wenige Situationen, die mich so sehr anstrengen wie die Durchführung solcher Versuche. Grundsätzlich folgen sie Murphys Gesetz: »If anything can go wrong, it will.« Wir stapfen morgens schwer bepackt los, finden aber das gesuchte Tier nicht. Wenn wir es dann endlich entdecken, befindet es sich in falscher Gesellschaft, weil genau das Tier, dessen Laute wir eigentlich vorspielen möchten, daneben sitzt. Nach vielen Stunden ergibt sich dann endlich eine Gelegenheit – ich schicke meinen Assistenten los, den Lautsprecher zu verstecken und alles in Position zu bringen, schalte die Videokamera an, sage mein Sprüchlein auf (»heute ist der ..., es ist 14:22; das ist Experiment Nummer 37, und vor mir sitzt Weibchen B352 ...«) und gebe dem Assistenten das Zeichen, den Laut abzuspielen. Mein Puls steigt, die Kamera wackelt ein wenig ... und nichts passiert. Das Tier steht auf und trollt sich. Kalter Schweiß tritt mir auf die Stirn – was ist nun wieder schiefgegangen? Bei genauer Inspektion stellt sich heraus, dass das Kabel vom Abspielgerät zum Lautsprecher rausgerissen ist. Oder ein anderes Tier fängt gerade in dem Moment an zu schreien, in dem der Laut des Playbackexperiments ertönt. Oder das Fokustier wird von einem hochrangigen Tier weggedroht, nachdem ich gerade das Zeichen zum Abspielen gegeben habe. Zähneknirschend müssen wir dann nach der nächsten Gelegenheit suchen. Bei einer Serie von Experimenten in Botswana musste ich zwei volle Tage veranschlagen, um einen einzigen Test im Kasten zu haben. Und während meiner Dissertation stand ich manches Mal am Abgrund der Schlucht, die sich am Rande des Affenparks entlangzieht, und war kurz davor, die gesamte Ausrüstung dort runterzuschmeißen. Ich vermutete irgendwann, dass die Affen ein Experiment mit mir durchführten, um meine Belastungsfähigkeit auf die Probe zu stellen.

Die Erkennung der Verwandten anhand der Stimme beschränkt sich nicht nur auf Mutter und Kind. Ebenfalls mit Hilfe von Playbackexperimenten konnte Drew Rendall zeigen, dass Rhesusaffen länger in Richtung eines Lautsprechers gucken, wenn von dort die Laute von Schwestern oder Cousinen vorgespielt wurden.[91] Die Tiere unterschieden nicht nur Verwandte von Nichtverwandten, sondern auch einzelne Familienmitglieder voneinander. Dabei gab es auch eine Korrelation zwischen der Dauer der Blickreaktion und dem Verwandtschaftsgrad: Je enger die Tiere miteinander verwandt waren und je häufiger sie interagierten, desto länger guckten die getesteten Tiere in Richtung des Lautsprechers.

Auf der Fähigkeit zur Individualerkennung beruhte auch eine Studie von Ryne Palombit, einem Kollegen, der Jahre vor mir in Botswana gearbeitet hatte. Wie erwähnt, tun sich Pavianweibchen nach der Geburt ihres Kindes mit einem Männchen zusammen, das meist der Vater des Kindes ist. Palombit untersuchte die Reaktion der männlichen Freunde auf das Playback der Schreie von Weibchen.[92] In den Experimenten gab es drei verschiedene Bedingungen. In der ersten hörten die Männchen eine Serie von Schreien ihrer Freundin. In der zweiten Bedingung spielte Ryne denselben Männchen die Schreie eines anderen Weibchens vor, mit dem sie nicht befreundet waren, und in der dritten Bedingung präsentierte er die Schreie der weiblichen Freundin einem anderen Männchen. Damit sollte überprüft werden, ob es die Qualität der Schreie an sich war, die die Reaktion beeinflusste. Die Ergebnisse waren klar: In allen Fällen reagierten die Männchen am stärksten, wenn sie die Schreie ihrer eigenen Freundin gehört hatten. In einem Fall kam das Männchen sogar laut rufend angerannt und war dann ganz irritiert, als es hinter dem Busch, in dem der Lautsprecher versteckt war, nur den Feldassistenten Mokupi vorfand.

Alle diese Experimente belegen, dass die Tiere andere anhand der Stimme (und vermutlich auch des Aussehens) erkennen. Diese Erkennung ist die Grundlage für die ausdifferenzierten Beziehungen, die die Tiere mit anderen pflegen – und eigentlich ist das auch wenig überraschend. Was aber wissen die Tiere über die Beziehungen zwischen Dritten?

Die Evidenz für das Wissen über Beziehungen zwischen Dritten beruht auf Beobachtungen und Experimenten. Wie erwähnt, zeigten Analysen des Verhaltens nach Konflikten, dass zuvor angegriffene Tiere bevorzugt gegen Verwandte des vorherigen Angreifers vorgingen. In manchen Fällen war es sogar ein Familienmitglied des zuvor angegriffenen Tieres, das sich an einem Verwandten des Angreifers schadlos hielt.[93] Die Tiere scheinen also genau zu wissen, wer zu wem gehört.

Wie weit das Verständnis für Beziehungen zwischen Dritten geht, zeigte sich eher zufällig im Verlauf eines Experiments, dessen Thema eigentlich die Erkennung des eigenen Kindes an der Stimme war. Mehreren weiblichen Grünen Meerkatzen, die zusammensaßen, spielten Robert Seyfarth und Dorothy Cheney die Schreie eines Kindes vor, das zu einem der Weibchen gehörte. Erwartungsgemäß schaute die Mutter in Richtung des Lautsprechers, wie die genaue Betrachtung der Filme ergab. Überraschenderweise blickten die anderen Weibchen aber ihrerseits die Mutter an, als ob sie verstanden hätten, dass diese Schreie von dem Kind kamen, das zu jenem Weibchen gehörte.[94]

Die Erkennung von Verwandtschaftsbeziehungen zwischen Dritten wurde nicht nur mittels Playback-Experimenten im Freiland getestet, sondern auch anhand von Fotos mit Tieren im Zoo. Verena Dasser, die damals in Zürich mit Javaneraffen arbeitete, hatte zwei der Weibchen – Rini und Riche – trainiert, an Experimenten teilzunehmen. Riche wurde in einer »simultanen Matching-to-Sample«-Aufgabe trainiert. Hier geht es darum herauszufinden, welcher Beispielreiz zu einem bestimmten Zielreiz – dem »Sample« – passt: zum Beispiel beim Muster »Gabel«, das Messer auszuwählen und nicht den gleichzeitig angebotenen Knopf. In den Experimenten wurden allerdings Fotos verschiedener Gruppenmitglieder verwendet. Rini dagegen musste eine »simultane Diskriminierungsaufgabe« bewältigen, bei der jeweils Paare von verwandten oder nichtverwandten Affen gezeigt wurden. In der Trainingsphase lernten die beiden Weibchen, dass die Auswahl eines bestimmten Mutter-Tochter-Paares belohnt wurde. Dann begann die entscheidende Transferphase, in der jetzt andere Paare, die vorher noch nicht gezeigt worden waren, zur Auswahl standen – jedes dieser neuen Paare wurde ein einziges Mal gezeigt, wobei die Mutter-Kind-Paare sehr unterschiedlich waren: Manche bestanden aus Mutter mit Neugeborenem; andere aus Mutter mit ihrem erwachsenen Sohn. Beide Weibchen lagen fast immer richtig. Offensichtlich hatten sie verstanden, dass sie die gezeigten Tiere anhand der Art der Beziehung zuordnen sollten – sie hatten ein »Konzept« der Beziehung entwickelt.[95]

Eher zufällig kamen wir zu einer Studie, die sich mit der Erkennung der eigenen Gruppenmitglieder anhand von Fotos beschäftigt. Wir waren auf einem Feldpraktikum in Rocamadour. Damit die Teilnehmer die Affen auch individuell identifizieren können, haben wir immer kleine Alben mit Fotos der Affen aus den drei Gruppen im Park dabei. Eines Tages hatte eine Gruppe von drei Studentinnen ihr Buch mit den Fotos auf einer der Besucherbänke liegen lassen. Ein junger Affe sprang auf die Bank und fing an, eingehend die Fotos seiner Kumpane zu studieren. Die drei Studentinnen beobachteten dies und fragten mich, ob die Affen sich wohl auf den Fotos erkennen könnten. Ich sagte, dass ich mir dies gut vorstellen könne, und erzählte von der Studie von Verena Dasser – und dass sie es doch einfach selbst überprüfen sollten. Die drei entwickelten ein einfaches, aber überzeugendes Design. Sie fotografierten verschiedene Gruppenmitglieder aus zwei verschiedenen Gruppen. Dann setzte sich eine der Experimentatorinnen auf eine Besucherbank. Vor sich hatte sie ein Klemmbrett aufgebaut, auf dem ein Foto des Gesichts eines Tieres angebracht war. Die Experimentatorin wusste selbst nicht, welches Foto sich gerade auf dem Klemmbrett befand, das zunächst durch eine Pappe abgedeckt war. Die beiden anderen Studentinnen lockten dann jeweils ein Tier aus der Gruppe mit Hilfe von etwas Popcorn an.

Sobald sich ein Affe auf der Besucherbank niedergelassen hatte, entfernte die Versuchsleiterin den Sichtschutz und filmte mit einer Videokamera das Verhalten des Affen. Es ist absolut köstlich, sich die Reaktionen der Affen auf den Videos anzugucken.[96] Viele Tiere waren erst einmal überrascht, bei manchen blieb es bei einem eher skeptischen Blick aus dem Augenwinkel, andere näherten sich neugierig an. Manche der jüngeren Tiere starrten sekundenlang auf das Foto, berührten es vorsichtig, und einige schmatzten das Tier auf dem Foto auch freundlich an. Die genaue Auswertung der Blickdauer ergab, dass die jüngeren Tiere grundsätzlich viel länger guckten als die älteren. Dabei unterschieden sie jedoch nicht zwischen eigenen und fremden Gruppenmitgliedern. Bei den erwachsenen Tieren sah das anders aus: Sie schauten fast doppelt so lange auf das Foto, wenn dort ein unbekanntes Tier gezeigt wurde, im Vergleich zu Versuchen, in denen ein Tier

Abb. 24: Ein junger Berberaffe schaut auf ein Foto eines Gruppenmitglieds.

der eigenen Gruppe zu sehen war. Die älteren Tiere unterschieden also zwischen bekannten und unbekannten Gesichtern – bei einer Gruppengröße von etwa 50 Tieren ist das ganz beachtlich.

Die bislang vorgestellten Studien beschäftigen sich jedoch alle mit der Kategorisierung von Beziehungen hinsichtlich *eines* Faktors, wie Verwandtschaft oder Gruppenzugehörigkeit. Der Frage, ob die Tiere auch Beziehungen anhand von *zwei* verschiedenen Merkmalen vergleichen können, gingen Thore Bergmann und Kollegen nach. Thore und seine Frau Jacintha Beehner leiteten Jahre nach mir das Baboon Camp im Okavangodelta. Sie interessierten sich vor allem für den Zusammenhang zwischen Hormonen und Verhalten, aber daneben führten sie ein ziemlich geniales Experiment zum sozialen Wissen durch.[97] Zur Erinnerung: Die Bärenpaviane leben in einer matrilinear organisierten Gesellschaft, wobei es zwischen und innerhalb der verschiedenen Matrilinien eine strikte Ranghierarchie gibt. In den Experimenten von Bergmann und Kollegen wurde nicht einfach ein Schrei vorgespielt und die Reaktion betrachtet, sondern es wurde eine ganze Interaktion zwischen zwei Tieren simuliert. Eine Sequenz bestand jeweils aus Drohlauten eines Weibchens und Schreien eines anderen Weibchens. Letztere signalisieren, dass dieses Weibchen angegriffen wurde. In der kritischen experimentellen Bedingung wurde ein Streit vorgespielt, den es eigentlich gar nicht geben dürfte: Erst hörten die Tiere das Drohen eines niedrigrangigen Weibchens und dann die Schreie eines höherrangigen Weibchens. Skandal! Von diesen »Rangwechseln« gab es zwei verschiedene Varianten: die erste simulierte einen Rangwechsel zwischen zwei Matrilinien; die zweite einen innerhalb derselben Matrilinie. Dazu gab es Kontrollbedingungen, in denen die Verhältnisse ganz normal waren: Hier drohte ein höherrangiges Weibchen gegen eine niedrigrangiges, entweder aus derselben oder aus verschiedenen Matrilinien. Die getesteten Tiere reagierten vor allem dann, wenn ein Streit die Ranghierarchie verletzte, aber nur, wenn er zwischen zwei Matrilinien auftrat. Rangwechsel innerhalb einer Matrilinie hingegen interessierten sie nicht besonders. Und ebenso wenig kümmerten sie sich um einen Streit, der den normalen Verhältnissen entsprach. Mit anderen Worten, die Verletzung der Rangbeziehung an und für sich ist noch nicht bedeutend. Sie wird es erst, wenn die Konflikte die Familiengrenzen überschreiten – dann sind sie auch für andere Gruppenmitglieder von Belang.[98]

Verwandtschafts- und Rangbeziehungen unter Weibchen sind in Gesellschaften wie denen der Bärenpaviane sehr langfristig angelegt. Die anderen Gruppenmitglieder haben oft schon hunderte, wenn nicht tausende von Interaktionen beobachtet, anhand derer sie die Qualität der Beziehung einordnen können. Die einfachste Erklärung ist daher, dass sie über Monate und Jahre hinweg einfach gelernt haben, wer zu wem gehört und wie in der Regel eine Auseinandersetzung ausgeht. Dass die Tiere aber auch kurzfristige Beziehungen erfassen und ihr Verhalten entsprechend darauf einstellen können, zeigt ein hinreißendes Experiment, das von Catherine Crockford und Roman Wittig ersonnen wurde, die ebenfalls zur großen Forschergemeinde des Baboon Camps gehören. Sie überprüften, ob die Tiere auch verfolgten, welches Männchen gerade mit welchem sexuell rezeptiven Weibchen in einer Konsortbeziehung steht. In diesen Situationen lässt das Männchen sein Weibchen keinen Moment aus den Augen. Diese Konsortbeziehungen enden relativ abrupt, sobald die Sexualschwellung zusammenfällt und die fruchtbaren Tage vorbei sind. Cathy und Roman entwickelten nun ein Szenario, in dem unbeteiligten Männchen von einer Seite das Grunzen des männlichen Konsortpartners vorgespielt wurde und von der anderen Seite kurz darauf der laute Paarungsruf des dazugehörigen Weibchens.[99] Damit simulierten sie eine Trennung des Konsortpaares – für die anderen Männchen eine höchst interessante Information; es konnte ja nun für sie die Möglichkeit bestehen, noch zum Zuge zu kommen. In einem der Videos ist zu sehen, wie das Männchen Roy (alias Royal) auf einer Schwemmfläche hockt, erst kurz den Kopf nach links wendet, als das Grunzen des Männchens ertönt, dann überrascht nach rechts blickt, als dort das Stöhnen des Weibchens zu hören ist. Und dann setzen sich die kleinen Rädchen in seinem Kopf ganz, ganz langsam in Bewegung; er guckt wieder nach links, dann nach rechts, wieder nach links, zögert, schaut noch einmal und schlendert dann langsam in Richtung des »Weibchens«. Insgesamt standen zwei Drittel der getesteten Männchen auf und wanderten in Richtung des Lautsprechers. Nicht bei allen dauerte es so lange wie bei Roy, bis sie versuchten, der Sache auf den Grund zu gehen. Dieses Experiment zeigte sehr schön, dass die Paviane auch kurzfristige Veränderungen im Beziehungsstatus ihrer Gruppenmitglieder verfolgen.

Lange Zeit wurde diskutiert, anhand welcher Merkmale die Tiere Beziehungen kategorisieren. Dabei standen sich zwei verschiedene Überlegungen gegenüber. Eine Erklärung für die Bildung der Kategorie »Verwandtschaft« war, dass die Tiere verfolgen und registrieren, wer wie häufig mit wem zu sehen ist. Entscheidend wären hier also die räumliche Nähe und die Häufigkeit der Interaktion. Die andere Erklärung fokussierte hingegen die *Qualität* der Interaktion. Demnach würden die Tiere Verwandte daran erkennen, *wie* sie miteinander umgehen, und nicht allein daran, wie häufig. Einfach überprüfen lassen sich diese Hypothesen nicht, da Mitglieder derselben Familie in der Regel beides tun: Sie agieren häufiger miteinander, und sie machen das zumeist auf eine besonders nette Art und Weise (zumindest bei Affen). Insgesamt gesehen gibt es gute Evidenz dafür, dass Affen wissen, wer zu wem gehört. Dabei erkennen sie Gruppenmitglieder sowohl an der Stimme als auch am Aussehen; zudem können sie diese beiden Modalitäten miteinander verknüpfen. Im Fach »Soziales Wissen« bekommen sie alle eine glatte Eins.

Theorie des Geistes

»Ein Individuum hat eine Theorie des Geistes, wenn es sich selbst und anderen mentale Zustände zuschreibt«, notierten David Premack und John Woodruff in ihrem wegweisenden Artikel »Does the Chimpanzee Have a Theory of Mind?«.[100] Basierend auf ihrer eigenen Forschung an der Schimpansin Sarah warfen sie in ihrem Beitrag die Frage auf, ob nicht nur Menschen, sondern auch Tiere sich selbst oder anderen Wissen, Glauben, Überzeugungen oder Intentionen zuschreiben. In den vergangenen Jahrzehnten entfaltete sich zu diesem Thema ein höchst produktives Forschungsfeld. Dabei entwickelte sich der Bereich, der sich mit der Frage der Zuschreibung von mentalen Zuständen zu anderen beschäftigt, relativ unabhängig von jenem, der der Frage nach der Überwachung des eigenen Wissens, also der Metakognition, nachging. Unter dem Begriff »Theorie des Geistes« werden verschiedene Formen der Zuschreibung von mentalen Zuständen zusammengefasst, die möglicherweise auf unterschiedlichen kognitiven Prozessen beruhen. So hat es sich bewährt, die Zuschreibung von »Intentionen« von der Zuschreibung von »Wissen« zu trennen, und diese wiederum von der Zuschreibung von »Glauben«.

Intentionen

In einer der bekanntesten Studien zur Zuschreibung von Intentionen saßen Menschenaffen einem Experimentator gegenüber, der sie durch Löcher in einer Plexiglasscheibe mit Weintrauben füttern sollte. Hier gab es verschiedene Trios von experimentellen Bedingungen, bei denen der Experimentator sich entweder ungeschickt anstellte oder unwillig war, das Futter zu überreichen. In der dritten Bedingung war es technisch nicht möglich, das Futter zu übergeben, weil zum Beispiel eine Barriere aufgebaut wurde.

Gemessen wurde, wie oft die Affen protestierten, indem sie gegen die Scheibe schlugen, und wann sie weggingen. Stellte sich der Experimentator einfach blöd an, so blieben sie meist geduldig sitzen, wogegen sie gegen die Scheibe hämmerten oder weggingen, wenn der Experimentator das Futter immer wieder wegzog. War der Experimentator abgelenkt, klopften die Tiere ebenfalls gegen die Scheibe. Es gab also nicht nur Protest, sondern die Affen bemühten sich auch, die Aufmerksamkeit des Experimentators auf sich zu lenken.[101]

Lässt sich daraus schließen, dass die Affen dem Experimentator unterschiedliche Absichten zugeschrieben haben? Schwer zu sagen. Grundsätzlich problematisch bleibt bei diesem Experiment, dass bei aller Bemühung, die Handbewegungen des Experimentators oberflächlich ähnlich zu halten, ja doch ein gewisser Unterschied im Verhalten bestand. Daher bleibt ungeklärt, ob die Tiere letztlich nicht einfach gelernt hatten, dass ein Experimentator, dem immer wieder das Futter aus der Hand fällt, es ihnen am Ende doch geben wird, während dies wohl nicht der Fall sein wird, wenn er es immer wieder wegzieht. Mit anderen Worten, die Fähigkeit, das Verhalten zu unterscheiden und bestimmte Zusammenhänge im Verhalten gelernt zu haben, könnte das Ergebnis ebenso erklären wie die Zuschreibung von Intention. Solange Intentionen am Verhalten festgemacht werden, bleibt die sparsamste Erklärung die einfache Verhaltensinterpretation. Funktional gesehen ist es im Übrigen egal, ob die Tiere wirklich Intentionen zuschreiben oder einfach nur das Verhalten auslesen. In beiden Fällen ist es ihnen möglich, die richtigen Schlüsse zu ziehen. Die Last liegt eher bei der Forscherin, die sauber trennen muss zwischen einer psychologischen und einer funktionalen Betrachtungsweise. Auf einer funktionalen Ebene können wir getrost festhalten, dass die Affen ein wie auch immer geartetes Verständnis von den Absichten anderer Affen oder von Experimentatoren haben.

Meine Intuition ist aber, dass sich zumindest Altweltaffen und

Menschen deutlich in ihrer Disposition unterscheiden, Absichten als Konstrukt zur Erklärung von beobachtetem Verhalten zu verwenden. Ein Beispiel: Als ich ganz frisch in Botswana angekommen und mit Dorothy unterwegs war, um die Affen und die Gegend kennen zu lernen, standen wir etwas erhöht am Rande einer der »Inseln«, die während der Flut im Okavangodelta nicht überschwemmt werden. Wir blickten über eine der großen Schwemmflächen und beobachteten, wie die Affen locker verteilt in Richtung des Flusses zogen. Auf der Schwemmfläche stand auch ein einzelnes Riedbockweibchen, das mit gesenkten Hörnern gegen die Affen vorging. Dorothy und mir war sofort klar, was los war: Das Riedbockweibchen hatte ihr Kitz im Gras versteckt und versuchte, die Paviane zu vertreiben. Die Affen hingegen schienen diesen Schluss nicht zu ziehen. Sie liefen auf der Suche nach Wurzeln mal hierhin und mal dorthin, bis schließlich eher zufällig eines der Männchen das Kitz im Gras fand. Fleisch ist für die Paviane eine Delikatesse, aber anders als Raubtiere töten die Paviane ihre Beute nicht, bevor sie sie essen. Das Männchen biss in das Kitz, das sofort erbärmlich blökte. Jetzt kam Bewegung in die Gruppe. Alle rannten in Richtung des schreienden Tieres, in der Hoffnung, ein Stück von dem Leckerbissen abzubekommen. Den Zusammenhang zwischen dem Geschrei und Futter hatten sie offensichtlich gelernt.

Menschen hingegen haben eine fast krankhafte Neigung, Absichten zu unterstellen. »Der Computer will mich ärgern«, ist eine moderne Variante davon; »die Götter sind zornig und schleudern deswegen Blitze vom Himmel« eine etwas ältere. Absichten zu erkennen oder zu unterstellen ist eine zutiefst menschliche Eigenart. Möglicherweise fällt es uns deshalb so schwer, uns vorzustellen, andere Wesen könnten ohne sie auskommen.

Sehen und Wissen

Eine basale Frage bei der Zuschreibung von Wissen ist, ob Tiere verstehen, dass Sehen gleichbedeutend mit Informationsaufnahme ist. Eine ganze Reihe von Studien ging diesem Zusammenhang nach. Eine klassische Untersuchung machte sich das Bettelverhalten von Schimpansen zu Nutze. Die Tiere wurden in einen Versuchsraum gelassen, in dem hinter Gittern oder hinter einer Scheibe zwei Experimentatoren saßen – der eine schaute ganz normal nach vorne, der andere hatte einen Eimer auf dem Kopf, eine Binde über den Augen oder saß mit dem Rücken zum Tier gewandt. Die Frage war, ob die Schimpansen sich vorwiegend vor den Experimentator setzten, der sie auch sehen konnte. Während eine Studie ergab, dass die Tiere den Aufmerksamkeitszustand des Experimentators nicht berücksichtigten,[102] kamen andere Labore zu abweichenden Ergebnissen. Sie fanden, dass die Tiere darauf achteten, ob der Experimentator nach vorne oder nach hinten gedreht war.[103] Zudem setzten Gorillas sehr selektiv Signale verschiedener Modalität ein, je nachdem, wie es um den Aufmerksamkeitszustand des Empfängers bestellt war.[104] Auch Berberaffen verwenden visuelle Gesten häufiger, wenn das andere Tier schaut, und taktile oder akustische Signale eher, wenn der Partner abgewandt ist.[105] Aber hier hebt der Spielverderber mahnend den Zeigefinger und fragt, ob dies nicht auch durch Lernen erklärt werden könnte.

Vielleicht setzt die Fähigkeit zur Perspektivübernahme eher in kompetitiven Situationen ein als in kooperativen Settings? Eine entscheidende Wende kam mit der Entwicklung von Paradigmen, in denen die Tiere um eine Belohnung konkurrierten – entweder mit einem Artgenossen oder einem menschlichen Experimentator. In solchen Situationen zeigten die Tiere auf einmal ein viel besseres Verständnis dafür, was andere sehen und damit wissen können. Brian Hare, der inzwischen an der Duke University in den USA lehrt, ließ dazu jeweils zwei Schimpansen gegeneinander antreten, einen niedrigrangigen »Spieler« und einen ranghohen »Gegner«. Die beiden Tiere wurden in zwei verschiedenen Räumen gehalten, zwischen denen ein dritter Raum – der Testraum – lag. Die Räume waren jeweils durch Schiebetüren voneinander getrennt. Im Testraum wurde nun Futter platziert. In der ersten Bedingung konnten beide das Futter sehen; in der zweiten gab es eine Barriere, so dass der Spieler beide Futterstücke sehen konnte, der Gegner aber nur eines, da das andere Futterstück aus seiner Perspektive hinter der Barriere versteckt war. In dieser Bedingung sollte der Spieler direkt zum Futter vor der Barriere gehen, was er auch tat. Eine alternative Erklärung für das beobachtete Verhalten könnte aber sein, dass der Spieler anhand der Blicke und Intentionsbewegungen des Gegners abschätzen konnte, wohin sich dieser wenden würde, und diesen Ort einfach vermied. Um diese Möglichkeit auszuschließen, führten Hare und Kollegen eine weitere Kontrollbedingung ein, in der der Spieler einen kleinen Vorsprung bekam. Auch hier wandten sich die Spieler dem Futter zu, das der Gegner nicht sehen konnte. Die Autoren der Studie sahen dies als Beleg dafür, dass die Schimpansen tatsächlich verfolgen, was der andere sehen kann.[106] Die Experimente gelten trotz mancher Kritik[107] zu Recht als wegweisend und haben inzwischen zu Folgestudien auch an anderen Arten geführt. Dabei ergab sich für Weißbüscheläffchen, dass diese vornehmlich Futter vermeiden, auf das andere gerade schauen. Die visuelle Orientierung scheint so etwas wie »Besitztum« anzuzeigen. Auch Kapuzineraffen schienen nicht in Betracht zu ziehen, was andere wussten, sondern sich vor allem an den Intentionsbewegungen des Gegenübers zu orientieren.[108]

Um der Kritik zu begegnen, die Spieler könnten sich daran orientieren, wie der Gegner sich verhält oder in vorherigen Versuchen verhalten hat, entwickelten Juliane Kaminski und Kollegen ein abgewandeltes Paradigma, bei dem der Spieler bzw. der Gegner ihre Wahl treffen mussten, ohne den jeweils anderen zu sehen – sie wussten nur, dass auf der anderen Seite ein Konkurrent lauerte.[109] In dieser Studie wurde wieder »Hütchen« gespielt, und die beiden Tiere hatten abwechselnd die Wahl. Die Affen saßen sich dabei an einer Art Tisch gegenüber, aber waren durch Barrieren getrennt. Auf dem Tisch befand sich eine Schiene, so dass ein Brett mit drei umgedrehten Bechern zwischen den Tieren hin und her geschoben werden konnte. Außerdem konnten Blenden heruntergezogen werden, damit sie nicht sehen konnten, was der jeweils andere gerade machte. Das Experiment begann damit, dass beide sahen, wie unter einem von drei Bechern etwas zu essen versteckt wurde – dies war die bekannte Belohnung. Dann zog Juliane Kaminski, die Versuchsleiterin, die Blende des Gegenspielers herab und versteckte unter einem der beiden verbliebenen Becher eine weitere Belohnung. Jetzt gab es zwei verschiedene Vorgehensweisen: Entweder durfte der »Spieler« zuerst wählen oder der »Gegner«. Drei wichtige Elemente dieses zugegebenermaßen komplexen Experimentes waren, dass erstens jeder Schimpanse immer nur einmal wählen durfte, bevor die Becher wieder

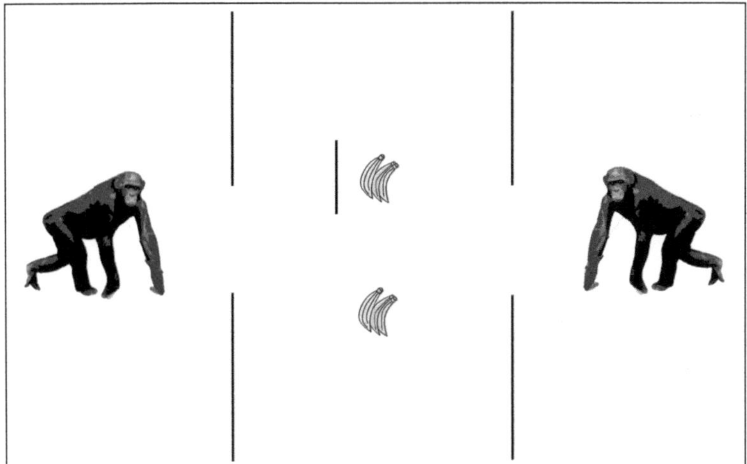

Abb. 25: Aufbau des Experimentes zum Zusammenhang zwischen Sehen und Wissen. Der Gegner (links) konnte nur eine Futterquelle sehen; der niedrigrangige Spieler (rechts) beide.

zum anderen geschoben wurden; zweitens, der andere die Wahl nicht sehen konnte, und drittens insgesamt drei Mal gewählt werden konnte. Der Spieler sollte zuerst zur bekannten Belohnung greifen, wenn er in Betracht zieht, dass der Gegner ebenfalls weiß, wo mit Sicherheit Essen zu finden ist. Umgekehrt sollte der Spieler zur unbekannten Belohnung greifen, wenn der Gegner zuerst wählen konnte, denn der sollte sich die bekannte Belohnung gesichert haben. Durften die Spieler zuerst wählen, entschieden sie sich allerdings genauso häufig für die bekannte wie für die unbekannte Belohnung. Sie schienen sich also keine Gedanken darüber zu machen, was als Nächstes oder Übernächstes passieren würde. Wenn sie dagegen als Zweites die Wahl hatten, dann griffen sie etwas seltener zum Becher mit der bekannten Belohnung. Auch den ebenfalls in diesem Experiment getesteten Menschen fiel es leichter, sich hinterher zu überlegen, was der andere wohl gemacht hatte, als sich vorher auszumalen, was er wahrscheinlich nehmen würde.[110]

Die Darstellung dieses Experiments in einem Seminar oder Vortrag eignet sich sehr schön für eine Interaktion mit den Zu-

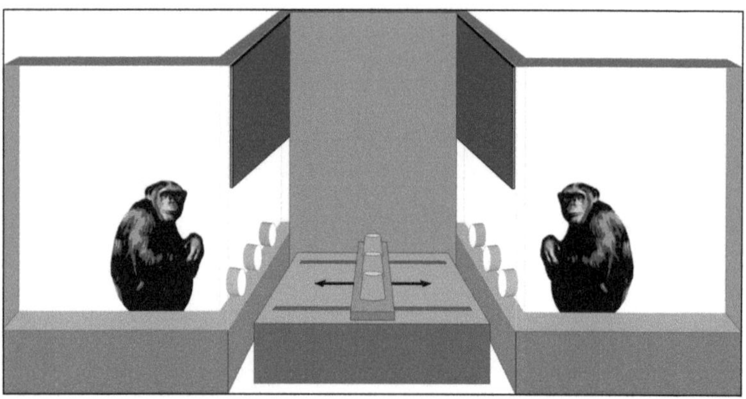

Abb. 26: Experimentelles Design in der Studie von Juliane Kaminski. Die Eimer in der Mitte konnten hin und her geschoben werden. Durch die Sichtblenden konnten die Schimpansen nicht sehen, wie sich der andere entschied.

hörern. Einmal hielt ich auf Einladung des Literaturwissenschaftlers Hans Ulrich Gumbrecht einen Vortrag am Humanities Center der Stanford University und kam dort auch auf dieses Experiment zu sprechen. Ich ließ die Zuhörer im Geist gegen Sepp, wie Gumbrecht von Freunden genannt wird, antreten. Auch die Seminarteilnehmer brauchten länger, um sich zu überlegen, was der vermeintliche Gegenspieler Sepp wohl als Nächstes machen würde, im Vergleich zur Bedingung, wo sie sich überlegen mussten, was er gerade getan hatte. Aber vielleicht mussten sie auch nur so lange überlegen, weil sie vermuteten, dass Sepp schon wieder eine viel intelligentere Gegenstrategie ersonnen hatte. Für die Schimpansen bleibt jedenfalls festzuhalten, dass sie sich in begrenztem Maß danach richten können, was ein anderer gesehen hat – und damit weiß.[111]

Glauben

Als klassischer Test des Verständnisses (fälschlicher) Annahmen von anderen hat sich der aus der Entwicklungspsychologie stammende *false belief task* etabliert, der auf den von Heinz Wimmer und Josef Perner entwickelten »Maxi-Test« zurückgeht,[112] der in der angelsächsischen Literatur auch als »Sally-Anne-Test« bekannt wurde. Bei diesem Test wird einem Kind die Puppe »Maxi« gezeigt. Das Kind erfährt, dass Maxi seine Schokolade in eine Schachtel legt. Daraufhin verlässt Maxi den Raum, und eine zweite Puppe (Maxis Mutter) kommt dazu. Maxis Mutter nimmt die Schokolade und verstaut sie an einem anderen Ort, zum Beispiel im Schrank. Nachdem die Mutter den Raum verlassen hat, kehrt Maxi zurück. Das Kind bekommt nun zwei Fragen gestellt: erstens, ob es sich daran erinnert, wo Maxi die Schokolade versteckt hat (also in der Schachtel), und zweitens, wo Maxi nach seiner Schokolade suchen wird. Während fast alle Kinder die erste Frage richtig beantworten können, sagen nur etwa knapp die Hälfte der drei bis vier Jahre alten Kinder, dass Maxi auch in der

Schachtel nachschauen wird – also an dem Ort, von dem er glaubt, dass dort die Schokolade sei. Die anderen Kinder sagen, Maxi werde dort nachgucken, wo die Schokolade wirklich ist, nämlich im Schrank. Im Alter von fünf Jahren beantworten dagegen fast alle Kinder auch die zweite Frage richtig. Diese Ergebnisse deuten darauf hin, dass sich die Fähigkeit, den Wissenszustand von anderen richtig einzuschätzen, erst zwischen vier und fünf Jahren entwickelt.[113] Es kann aber auch sein, dass das »Versagen« der Kinder eher ein Ausdruck fehlender linguistischer Kompetenz ist als ein Mangel an Verständnis für das Problem. Möglicherweise nämlich wird die Frage falsch verstanden. So fanden zwei andere Forscher heraus, dass ein Drittel aller drei bis vier Jahre alten Kinder die Frage »Wo wird Maxi nach der Schokolade suchen?« richtig beantworteten, während 71 % richtiglagen, wenn sie danach gefragt wurden, »wo er zuerst suchen würde«.[114] Für unterschiedliche Geschwindigkeiten bei der Entwicklung der linguistischen und soziokognitiven Fähigkeiten spricht die Beobachtung, dass Dreijährige in einem abgewandelten Versuch auf den richtigen Ort schauen, aber den falschen angeben. Im Maxi-Test würden sie also auf die Schachtel gucken, aber den Schrank nennen.[115] Es sind weitere Tests nötig, um den Beitrag der sprachlichen Entwicklung und der spezifischen Testbedingungen genauer eingrenzen zu können.

Wie ist es nun um die Zuschreibung von Glauben bei Tieren bestellt? Eine große Herausforderung ist hier grundsätzlich die Entwicklung von Paradigmen, die ohne verbale Instruktion oder Abfrage auskommen. Eine nonverbale Variante des *false belief tasks* wurde von Josep Call und Michael Tomasello entwickelt. Als Teil einer Serie von Suchspielen wurde dabei von einem Experimentator – dem Verstecker – eine Belohnung in einer von zwei identischen Kisten versteckt. Ein anderer Experimentator – der Kommunikator – beobachtete das Verstecken und versah die Kiste, die die Belohnung enthielt, mit einer Markierung. Im Fall der Kinder war es ein leicht entfernbarer Aufkleber, bei den Affen ein kleiner Holzklotz. In den entscheidenden Versuchen sah der Kommunikator, wie die Belohnung versteckt wurde, und verließ den Raum. In Abwesenheit des Kommunikators vertauschte der Verstecker die beiden Kisten. Daraufhin kehrte der Kommunikator zurück und klebte den Aufkleber auf die nun falsche Kiste oder legte das Klötzchen darauf. Im Test wurde den Kindern bzw. den Affen die Gelegenheit gegeben, nach dem Futter zu suchen. Während alle der vier bis fünf Jahre alten Kinder zur richtigen nicht markierten Kiste griffen, tat dies keiner der Affen.[116] Die Tiere scheinen also nicht zu verstehen, dass der Kenntnisstand eines anderen von der Realität abweichen kann.

In einer anderen nonverbalen Variante des *false belief tasks* verhielten sich dagegen bereits 15 Monate alte Babys so, als ob sie einer dritten Person falschen Glauben zuschreiben würden. In diesem Experiment sahen die Babys, wie ein Experimentator ein Spielzeug in einem von zwei Behältern versteckte. In verschiedenen experimentellen Bedingungen wurde der Aufenthaltsort des Spielzeugs verändert, wobei manchmal Kind und Experimentator den Ortswechsel verfolgen konnten, und manchmal nur das Kind. Auf diese Weise wurden verschiedene *true belief-* und *false belief-* Situationen erzeugt. Gemessen wurde dann die Blickdauer der Babys in den verschiedenen Bedingungen. Die Kinder blickten länger auf die experimentelle Szene, wenn der Experimentator in den Behälter fasste, in dem die Belohnung tatsächlich war, obwohl er nicht gesehen hatte, wie das Spielzeug darin versteckt wurde.[117] Er hätte es eigentlich in dem anderen Behälter vermuten müssen. Die Babys hatten anscheinend eine implizite Erwartung bezüglich des Verhaltens des Experimentators. Bemerkenswert ist, dass die Kinder nicht auf dieses Wissen zugreifen und danach handeln konnten.

Insgesamt spricht wenig dafür, dass die im *false belief task* getesteten Schimpansen verstehen, was ein anderer glaubt. Diese Unterscheidung zwischen der Realität und dem, was ein anderer nur annimmt, scheint die mentalen Kapazitäten der Affen zu übersteigen. Aber wir können festhalten, dass die Affen zumindest auf funktionaler Ebene »Absicht« erkennen und berücksichtigen und dass sie halbwegs verstehen, was andere sehen und wissen können.

Metakognition

Neben der Zuschreibung von Intentionen, Wissen oder Glauben zu anderen ist aber auch von Interesse, ob die Tiere selber verstehen, auf welchem Informationsstand sie sind. Diese Fähigkeit der Introspektion und der Beurteilung des eigenen Kenntnisstandes zählt zu den so genannten metakognitiven Fähigkeiten. Sie sind unter anderem eine Voraussetzung dafür, abschätzen zu können, ob genügend Informationen vorliegen, um eine Entscheidung treffen zu können.[118]

Die frühe Forschung zur Metakognition beim Menschen beschäftigte sich vornehmlich mit dem Metagedächtnis – der Beurteilung, ob man sich an etwas erinnern kann oder nicht, sowie mit verschiedenen Strategien, gelerntes Wissen abzurufen. Ein Beispiel wäre, dass ein Sprachschüler seine Vokabelkarten zu einem gegebenen Zeitpunkt nicht noch einmal zur Hand nehmen muss, weil er sich sicher ist, alle Verben zu kennen. Aber verfügen auch Tiere über metakognitive Fähigkeiten, zumindest in rudimentärer Form? Die meisten Studien verwenden zur Beantwortung dieser Frage Wahrnehmungsexperimente, wobei sie dem Tier die Chance geben, den Test anzunehmen oder abzulehnen. Die Logik ist folgende: Wenn das Tier merkt, dass die Aufgabe schwierig ist, und unsicher wird, sollte es häufiger den Test abbrechen, als wenn die Aufgabe einfach und das Tier sicher ist, die Antwort zu kennen.[119] Ein wichtiger Aspekt dieser Experimente ist die differentielle Belohnung: Wird die eigentliche Aufgabe richtig gelöst, winkt eine attraktive Belohnung; wenn das Tier falschliegt, gibt es nichts. Der Abbruch des Tests führt dagegen zu einer garantierten, aber weit weniger begehrten Belohnung – ähnlich wie in der Sendung »Wer wird Millionär?«.

In einer Studie wurden zwei Rhesusaffen, Abel und Baker, trainiert, visuelle Reize zu unterscheiden. Die Aufgaben waren unterschiedlich schwierig. Zusätzlich gab es die Möglichkeit, das Experiment abzubrechen und sich ein trockenes Futterpellet zu sichern. Je schwieriger die Aufgabe war, desto häufiger brachen die Tiere den Versuch ab. Die Versuchsleiter schlossen daraus, dass die Tiere wussten, wenn sie unsicher wurden.[120]

Eine andere Studie beschäftigte sich mit der Frage, ob Affen wissen, woran sie sich erinnern. Zwei Rhesusaffen wurde zunächst auf einem Bildschirm ein Muster A angeboten, und nach einer Verzögerungszeit eine Auswahl von vier Mustern A, B, C, D. Entschied sich der Affe für A, erhielt er eine große Belohnung. Vor der Präsentation der Auswahl wurde jedoch ein Zwischenschritt eingeschaltet, bei dem die Tiere die Möglichkeit hatten, zu entscheiden, ob sie den Test zu Ende bringen oder abbrechen wollten. Dadurch sollte abgefragt werden, ob sie sich zu diesem Zeitpunkt noch an das Muster erinnerten. Wenn sie das »Weiter«-Symbol berührten, wurden die vier Testmuster auch angeboten; beim Berühren des Symbols, das für den Abbruch stand, erhielten sie eine kleine Belohnung. In zwei von drei Experimenten hatten die Tiere die Möglichkeit zum Abbruch, im restlichen Drittel wurden sie gezwungen, die Auswahl zwischen den Mustern A, B, C und D zu treffen. Die Fehlerquote sollte in erzwungenen Versuchen signifikant höher sein als in freiwillig gewählten, da die Tiere nur dann an dem Versuch teilnehmen sollten, wenn sie meinten, sich an das Testmuster zu erinnern. Dies wurde durch die Ergebnisse bestätigt. Zudem gab es einen deutlichen Effekt der Verzögerungszeit: Je länger die Zeitspanne zwischen der Präsentation des Musters und der Frage war, ob der Affe den Test annehmen wolle, desto häufiger brachen die Affen den Versuch ab.[121]

Lisa Son, Nate Kornell und Herbert Terrace untersuchten, ob es auch möglich ist, die Entschiedenheit zu quantifizieren, mit der ein Affe seine Wahl trifft. Sie trainierten dazu ebenfalls zwei Rhesusaffen, Ebbinghaus und Lashley, in einem relativ komplexen experimentellen Ablauf. Zunächst wurde den Affen eine eher einfache Diskriminierungsaufgabe beigebracht. Im nächsten Schritt lernten die Tiere, dass sie zunächst Punkte sammeln mussten, die bei einem gewissen Punktestand in materielle Belohnung in Form von Futter umgewandelt wurden. Der jeweilige Punktestand wurde durch einen mit Kugeln gefüllten Zylinder auf dem Bildschirm dargestellt. Bei einer korrekten Wahl fielen weitere Kugeln in den Zylinder. Als Nächstes wurden die Tiere damit konfrontiert, dass ihnen auch wieder Punkte abgezogen werden konnten, wenn sie eine falsche Wahl getätigt hatten. Als die Affen die erste Sitzung dieser Art hinter sich gebracht hatten, saßen sie entgeistert vor dem Monitor und waren völlig frustriert. Im nächsten Schritt wurden die beiden Tiere mit der Möglichkeit des Wetteinsatzes vertraut gemacht. Dazu wurden zwei Symbole präsentiert. Die Auswahl des einen Symbols hatte zur Folge, dass die Tiere bei richtiger Antwort Punkte gewannen, bei falscher Antwort aber Punkte verloren. Wurde das andere Symbol gewählt, gewannen die Tiere in jedem Fall einen Punkt. In diesen Tests lagen die Affen oft richtig. Mehr noch, sie wagten einen hohen Einsatz, wenn sie anschließend richtiglagen, und wählten den niedrigen Einsatz, wenn sie danebenlagen.[122]

Die beiden hier beschriebenen Studien beschäftigten sich mit der Beurteilung des eigenen Wissens. Erfassen die Affen aber auch, wie gut sie etwas bereits gelernt haben? In hierzu konzipierten Tests mussten zwei Rhesusaffen jeweils vier Bilder in einer vorgegebenen Reihenfolge berühren. Normalerweise mussten die Tiere diese Reihenfolge durch Versuch und Irrtum lernen. Wenn sie also das Bild A zufällig zuerst berührten, bekamen sie ein kurzes positives Feedback; tippten sie jedoch zuerst auf C, erfolgte eine kurze Pause. Eine Belohnung erhielten sie erst, wenn sie eine ganze Sequenz korrekt erfasst hatten. Dabei konnten sich die Tiere einen »Tipp« geben lassen. Allerdings musste ein solcher Hinweis auch bezahlt werden, denn nur für selbständig gelöste Sequenzen gab es eine leckere Belohnung, während nach der Anforderung eines Hinweises lediglich ein Pellet Trockenfutter zu erwarten war. Beide Tiere ließen sich mit zunehmender Treffsicherheit immer seltener einen Hinweis geben, und zum Schluss verzichteten sie ganz darauf. Sie wussten, dass sie die richtige Reihenfolge kannten. Rhesusaffen scheinen also in der Lage zu sein, ihren eigenen Wissensstand zu beurteilen.[123]

Eine interessante Frage bleibt, inwiefern Metakognition und die Zuschreibung von mentalen Zuständen auf andere zusammenhängen. Muss man erst selbst Einblick in seine eigenen Gedanken bekommen, um zu verstehen, dass andere auch eine eigene Gedankenwelt haben? Oder ist es umgekehrt so, dass man seine eigene Gedankenwelt als solche erst erkennt, wenn man sie auch anderen zuschreiben kann? Würde es sich bei den beschriebenen metakognitiven Prozessen von Affen tatsächlich um eine Zuschreibung von Wissen zu sich selbst handeln, so scheint sich dies phylogenetisch vor der Fähigkeit entwickelt zu haben, anderen eigenes Wissen zuzuschreiben. Somit könnte Metakognition eine Vorstufe für die Entwicklung einer Theorie des Geistes sein. Andererseits soll sich bei Kindern im Vorschulalter eine Vorstellung von den mentalen Zuständen anderer vor ihren eigenen metakognitiven Fähigkeiten entwickeln.[124] Der Philosoph Peter Carruthers vertritt die Ansicht, dass wir bei der Metakognition die Fähigkeit zum Gedankenlesen bei anderen auf uns selbst anwenden, wobei wir uns seiner Ansicht nach bei der Interpretation unseres eigenen Verhaltens genauso vertun können wie bei der Interpretation des Verhaltens von anderen.[125] Bei den Experimenten mit den Kindern kommt zusätzlich das Sprachproblem hinzu – wann entwickelt sich die Fähigkeit, die Reflektion seiner eigenen Gedanken auch auszudrücken? Dass bei verbalen Tests nicht nur das Denkvermögen getestet wird, sondern auch die Fähigkeit, Erkanntes entsprechend verbal zu äußern, ist ein vieldiskutiertes Problem in der Entwicklungspsychologie. Die Entwicklung weiterer nonverbaler Paradigmen zur Erforschung der

Zuschreibung von mentalen Zuständen zu anderen und zu sich selbst sollte hier einen Vergleich verschiedener Arten oder Altersstufen erleichtern.

Die Studien zur Metakognition weisen schließlich auf einen Aspekt hin, der zunehmend in den Blick der Kognitionsforschung gerät, nämlich auf den Unterschied zwischen implizitem und explizitem Wissen. Mit implizitem Wissen ist gemeint, dass wir über Informationen verfügen und diese unser Verhalten beeinflussen, ohne dass wir uns dessen bewusst werden oder willkürlich danach handeln könnten. Auf das explizite Wissen können wir dagegen aktiv zugreifen. So können wir beispielsweise versuchen, uns daran zu erinnern, wie die von Orson Welles dargestellte Figur im großartigen Thriller *Der dritte Mann* hieß (einfach: Harry Lime), und wie der Name des im nämlichen Film von Joseph Cotten dargestellten Verfassers von Westernromanen lautete (schon schwieriger: Holly Martins). Zum explizit verfügbaren Wissen gehört neben dem semantischen Gedächtnis, das Fakten und Daten umfasst, auch das episodische Gedächtnis, in das biografisch Erlebtes ähnlich wie ein Film in einem zeitlich-räumlichen Zusammenhang abgelegt wird. Wir können solche Gedächtnisinhalte aktiv in unseren »Arbeitsspeicher« laden, Vergleiche anstellen, Regelmäßigkeiten erkennen und auf den Resultaten aufbauend unsere Handlungen und Entscheidungen planen. Allerdings gelingt es nicht immer, auf Gedächtnisinhalte zuzugreifen. Wir wissen zwar, dass wir es wissen, oder zumindest mal gewusst haben, aber plötzlich will uns der Name des schielenden Löwen aus der Serie *Daktari* einfach nicht mehr einfallen.[126] Andererseits nehmen wir viel mehr Informationen auf, als wir meinen. Diese beeinflussen unsere Wahrnehmung und unser Verhalten, ohne dass wir uns dessen gewahr werden: eine Einsicht, die nicht zuletzt die Werbeindustrie auszunutzen versteht.

Evolution der Intelligenz

Die Übersicht über die soziale Intelligenz von Affen hat verschiedene Einsichten zu Tage gefördert. Erstens spielt soziales Lernen eine große Rolle. Dabei fällt die ganze Arbeit dem Lernenden zu, der sich am Verhalten von anderen orientiert. Die Evidenz für die absichtsvolle Weitervermittlung von Wissen fällt dagegen höchst mager aus. Zudem können Menschenaffen und auch Paviane verschiedene Intentionen unterscheiden, wobei nicht klar ist, ob sie dabei einfach gelernt haben, was üblicherweise die Folgen bestimmter Handlungen sind. Darüber hinaus gibt es Evidenz dafür, dass zumindest Menschenaffen eine ungefähre Vorstellung davon haben, was andere wissen – aber nicht, was sie nur glauben. Die Tiere scheinen also nicht zu verstehen, dass die Annahmen eines anderen von ihrer Realität abweichen können. In der Gesamtschau spricht vieles dafür, dass Affen eher Verhaltensbeobachter als Gedankenleser sind. Ich vermute, sie verbringen wenig Zeit damit, sich mit den Absichten, Wünschen und Planungen anderer Tiere auseinanderzusetzen. Wichtiger ist ihnen, was andere Tiere tatsächlich tun und welche Vorhersagen sie aus den beobachtbaren Handlungen anderer Tiere für zukünftige Aktionen generieren können. Dabei nutzen sie auch subtile Hinweise wie zum Beispiel das Blickverhalten von anderen, um relevante Informationen für sich selbst zu sammeln. Und schließlich haben sie ein exquisites soziales Wissen. Sie erkennen sich gegenseitig individuell, auch in großen Gruppen, wissen, wer zu wem gehört, wer zu wem in welcher Dominanzbeziehung steht, und sie richten ihr eigenes Verhalten danach aus, wie die Interaktionen in der Vergangenheit ausgefallen sind. Insgesamt halten sich die Affen also an die beobachtbare Evidenz und interpretieren diese. Nicht beobachtbare Prozesse, die das Material für einen Großteil des sozialen Räsonierens unserer eigenen Spezies sind, scheinen für die Affen kaum von Belang zu sein.

Einige Kritiker monieren, dass in der Regel »Affen aus dem Waisenhaus« getestet werden. Für sie ist es kein Wunder, dass diese Affen in den Experimenten scheitern. Die Tiere, so der Vorwurf, seien depriviert und verhaltensauffällig und die Ergebnisse daher insgesamt wenig aussagekräftig. Zudem würden die Affen von einer anderen Art getestet, nämlich von Menschen, wogegen die zum Vergleich getesteten Kinder von ihrer eigenen Art untersucht würden, mit ihrer Mutter in der Nähe und insgesamt in einer Spielzimmeratmosphäre.[127] Andererseits zeigt ein genauer Blick auf die Ergebnisse in vielen Tests, dass die Kinder genauso *schlecht* wie die Affen abschneiden. Vieles von dem, was Erwachsenen völlig selbstverständlich erscheint, ist für Kleinkinder ebenso wenig nachvollziehbar wie für einen Schimpansen oder Pavian. Das abstrakte Denken entwickelt sich ontogenetisch offenbar eher langsam. Für problematischer halte ich eigentlich den Vergleich zwischen *erwachsenen* Affen und Menschen*kindern.* Müssten die Affen gegen Teenager oder gar erwachsene Menschen antreten, sähen die Ergebnisse sicher ganz anders aus. Gleichzeitig ist die bessere Leistung der Kinder in den Experimenten zur sozialen Kognition unter Umständen nicht nur Resultat artspezifischer Unterschiede, sondern auch der völlig unterschiedlichen Erfahrung oder Sozialisation, die die Affen (in Gefangenschaft) und die Kinder in Freiheit gemacht haben.

Ich vermute, dass es keine fundamentalen Unterschiede in den kognitiven Operationen gibt, die der sozialen oder physikalischen Intelligenz von Affen zu Grunde liegen; eine Ansicht, mit der ich nicht allein bin.[128] Worin sich die beiden Bereiche vielleicht unterscheiden, ist die motivationale Komponente. Es gibt eben wenig, was für Affen interessanter ist als andere Affen. Insgesamt spricht jedoch vieles dafür, dass die Tiere in beiden Domänen in der Lage sind, Schlüsse aufgrund beobachtbarer Ereignisse zu ziehen. Indirekte Evidenz ist dafür weniger zugänglich. Um diese Hypothese zu testen, müssen wir Experimente entwickeln, die Probleme mit ähnlicher Struktur anbieten, wobei das Experiment einmal in der belebten und einmal in der unbelebten Domäne angesiedelt wird.

Die Frage, wie es zur Evolution größerer Gehirne innerhalb der Ordnung der Primaten gekommen ist, bleibt zu einem gewissen Grad Spekulation. Solide Vergleiche zwischen Arten, gestützt durch abgesicherte Erkenntnisse der Verwandtschaftsverhältnisse und der Ökologie der betreffenden Arten, sind eine essentielle Voraussetzungen für die Klärung dieser Frage.[129] Der überproportionale Ausbau von Gehirnarealen, die der Bildung von Assoziationen dienen, legt den Schluss nahe, dass die zunehmende Möglichkeit, Informationen zu integrieren, einen erheblichen Überlebensvorteil geboten hat. Beim Menschen hat sich zudem die Fähigkeit entwickelt, diese Bereiche für mentale Simulationen zu nutzen. Wir müssen uns nicht auf die Interpretation der zur Verfügung stehenden Evidenz beschränken, sondern können ganze Szenarien durchspielen und mögliche Folgen bedenken. Dies kann in der physikalischen Welt genauso von Vorteil sein wie in der sozialen. Zudem haben sich beim Menschen besonders diejenigen Areale stark entwickelt, die für die Kontrolle und Steuerung von Verhalten bedeutsam sind. Wir haben also in der Regel ein bisschen Zeit, die Folgen unseres Tuns zu bedenken, und müssen unseren Impulsen nicht immer sofort nachgeben. Wie dünn diese Decke der »exekutiven Kontrolle« ist, zeigt sich nicht nur daran, wie spät sie in der Ontogenese entsteht und wie schnell sie bei Demenzerkrankungen wieder zusammenbricht, sondern auch in ganz banalen Situationen, in denen man vergeblich versucht, den Griff in die Chipstüte zu unterdrücken.[130]

TEIL 3
KOMMUNIKATION

Was ist Kommunikation?

Ich stehe im Affenpark von Rocamadour und beobachte mein Fokustier, einen dreijährigen jungen Berberaffen, den ich besonders gern mag. Er hat ein hübsches Gesicht, und ich kann ihn wegen seiner rötlichen Fellfarbe gut von den anderen Halbwüchsigen unterscheiden. Aus dem Augenwinkel sehe ich, wie mal wieder ein mir bestens bekanntes Weibchen ankommt, ein zweijähriges Biest, das mir seit einigen Tagen das Leben schwer macht. Sie setzt sich ein paar Meter von mir entfernt auf den Boden und fängt an zu kreischen. Sofort kommen ihre Mutter und ihre Schwester angerauscht und fauchen mich an. Ihre Schwester wagt es sogar, mich am Bein zu packen. Ich lasse meinen Blick in die Ferne schweifen und tue so, als ob mich das alles gar nichts anginge. Irgendwann wenden sich die beiden von mir ab. Das kleine Biest keckert noch etwas vor sich hin. Etwas weiter entfernt sitzt das Alpha-Weibchen der Gruppe und zeigt sich von der ganzen Szenerie vollkommen unbeeindruckt. Wer hat hier mit wem kommuniziert? Die Zweijährige mit mir? Sie mit ihrem Clan? Ihr Clan mit mir? Alle mit dem Alpha-Weibchen?

Wie wird Kommunikation überhaupt definiert? Gerade der Umgang mit Begriffen, von denen wir ein intuitives Alltagsverständnis haben, ist in der Wissenschaft häufig delikat. Obwohl wir uns in der Verhaltensbiologie schon immer mit der Kommunikation von Tieren beschäftigt haben, ist die Debatte über die Definition von Kommunikation noch lange nicht abgeschlossen. In vielen einschlägigen Fachbüchern wird Kommunikation als »Informationsübertragung zwischen Sender und Empfänger« definiert.[1] Einige Kritiker bezweifeln jedoch, dass diese Beschreibung haltbar ist; schließlich sei es nicht im Interesse des Senders, den Empfänger zu *informieren*, sondern ihn zu *manipulieren*. Es sei überflüssig, ja falsch, von Information zu sprechen.[2] Ich vertrete dagegen die Ansicht, dass wir ohne diesen Begriff nicht auskommen, wenn wir Kommunikation verstehen wollen.[3] Ohne das Konstrukt »Information« wird es schwierig, die andere Hälfte der Gleichung zu verstehen, nämlich den Empfänger. Und für den geht es darum, Informationen zu gewinnen und der Nachricht Bedeutung zuzuweisen.[4] Ich will mich hier nicht in den Irrgärten dieser akademischen Debatten verlieren, aber ein paar Sätze zur Begriffsklärung scheinen mir durchaus angebracht zu sein.

Sender und Empfänger

Ein Basismodell von Kommunikation lehnt sich stark an die *Telegrafen-Metapher* an: Es gibt einen Sender, der Signale aussendet und damit Nachrichten überträgt, und einen Empfänger, der die Signale aufnimmt und verarbeitet. In vielen Fällen werden Signale von mehreren Empfängern aufgenommen – im Falle des kreischenden Affenmädchens zumindest von mir, ihren Verwandten, dem Alpha-Weibchen und anderen Mitgliedern der Gruppe. Aber auch Reviernachbarn »hören mit«, weswegen auch von »Kommunikationsnetzwerken« gesprochen wird.[5] Es kann also einen oder mehrere Adressaten geben, aber auch Empfänger, an die das Signal gar nicht gerichtet ist, für die es aber dennoch einen Informationswert besitzt. Schließlich kann es noch unbeteiligte Dritte geben, die das Signal ebenfalls empfangen, für die es aber bedeutungslos ist. Der Amselmann, der auf einer Antenne sitzt und sein Lied pfeift, richtet seinen Gesang an andere Amseln; ein Vogelfreund wird aber ebenfalls bemerken, dass da eine Amsel voller Inbrunst singt, wogegen den meisten Stadtbewohnern in all dem urbanen Lärm der Gesang völlig entgehen wird.

Als Kommunikation im eigentlichen Sinn gelten die Fälle, bei denen das Signalverhalten evolviert ist, um Empfänger zu beeinflussen, und bei denen die Reaktionen der Empfänger ebenfalls evolviert sind und ihrerseits das Signalverhalten des Senders beeinflussen.[6] Was aber sind Signale?

Signale und Anzeichen

Klassische Signale sind zum Beispiel der rote Brustfleck eines männlichen Rotkehlchens, die Sexuallockstoffe von Motten oder das Geschrei von Affenbabys. Signalmuster lassen sich von so genannten Gebrauchsmustern unterscheiden, wie zum Beispiel Laufen oder Fressen. Signale unterscheiden sich zudem von den so genannten Anzeichen. Als ein Beispiel für ein Anzeichen könnte man das Erröten nennen, bei dem es in Folge einer physiologischen Reaktion zu einer Erweiterung der Blutgefäße kommt. Oder ist es doch eher ein Signal, das der Befriedung in Konfliktsituationen dient? Die Untersuchungen hierüber sind noch nicht abgeschlossen, obwohl sich schon Darwin mit der Frage des Errötens beschäftigt hatte.[7] Die Grenzen zwischen Anzeichen und Signalen sind oft fließend. Ein anderes Beispiel: Ich kann mich räuspern, weil ich gerade eine Erkältung bekomme – in diesem Fall wäre es ein Anzeichen. Ich kann das Räuspern aber auch ganz gezielt einsetzen, um beispielsweise eine Gesprächsrunde zur Aufmerksamkeit zu bringen – dann ist das Räuspern ein Signal. Auch das Gähnen kann sowohl Anzeichen als auch ein Signal sein. Das gilt bei Affen nicht weniger als bei Menschen. Männliche Affen können gähnen, weil sie müde oder angespannt sind, aber auch, um ihre beeindruckenden Gebisse zu präsentieren. Genauso kann ein Stoffwechselprodukt im Laufe der Evolution einen Signalcharakter annehmen. Die Entfernung von kleinen Hautschuppen aus dem Fell eines anderen mit dem Mund wurde bei Affen im Laufe der Evolution zum Schmatzen ritualisiert. Viele eindeutige Signale zeichnen sich durch Stereotypisierung und Übertreibung aus; dies ist ein Weg, sicherzustellen, dass die Nachricht auch richtig verstanden wird.

Signale werden den Sinnesmodalitäten entsprechend in verschiedenen »Kanälen« übertragen: Sie können sichtbar sein, fühlbar oder hörbar, aber auch elektrischer oder chemischer Natur. Welche Modalität für eine Art besonders wichtig ist, hängt in der Regel von der Lebensweise ab. Fische können elektrische Signale aussenden, während sich Insekten mit Hilfe von chemischen Botenstoffen verständigen. Bei Affen ist die visuelle und akustische Kommunikation von großer Bedeutung. Aber auch der Geruch spielt eine Rolle, vor allem im Paarungskontext.[8]

Information

Wie steht es nun um die Information? Der aus der Nachrichtentechnik übernommene Informationsbegriff, der Mitte des 20. Jahrhunderts von Claude Shannon entwickelt worden war, bezog sich auf die Nachrichtenübermittlung in technischen Systemen. Shannon interessierte sich vor allem für die statistischen Eigenschaften von Nachrichten, wie etwa für die Häufigkeit bestimmter Zeichen.[9] Der Inhalt der Nachricht, die mögliche Bedeutung, war nicht Bestandteil seiner Überlegungen, weshalb dieser Ansatz für die Analyse biologischer Kommunikation nur bedingt brauchbar ist. Für die Zwecke der Analyse kommunikativer Interaktionen ist jedoch seine Annahme sehr wertvoll, dass Information eine *Verringerung der Unsicherheit* bedeutet.

Grundsätzlich sind Tiere einem starken selektiven Druck ausgesetzt, beurteilen zu können, was als Nächstes passiert. Signale stellen dabei eine der wichtigsten Quellen für die Einschätzung zukünftigen Verhaltens anderer Tiere dar. Der prädiktive Wert (von Brian Skyrms auch als Informationswert bezeichnet)[10] eines Signals ergibt sich daraus, wie eng der Zusammenhang zwischen Signal und dem »Zustand der Welt« ist, auf den sich das Signal bezieht. Das kann die Aggressionsbereitschaft eines Tieres sein oder seine Fruchtbarkeit.

Ein Beispiel: Bei vielen Altweltaffen entwickeln die Weibchen imposante Sexualschwellungen, die ihre maximale Größe mehr oder weniger zum Zeitpunkt des Eisprungs erreichen. Würde diese maximale Schwellung immer genau zum Zeitpunkt der Ovulation erreicht, wäre der Informationswert 1. Wenn das dagegen nur in der Hälfte der Fälle so ist, würde sich der Informationswert entsprechend reduzieren.[11] Der Informations*inhalt* wird durch den »Zustand der Welt« definiert: Schwellung bedeutet (wahrscheinlich) Fruchtbarkeit. Mit anderen Worten: Sobald wir einmal festgestellt haben, worauf sich ein Signal bezieht, können wir auch die Bedeutung unterbringen.

Funktion von Lauten

Aus einer evolutionär-ökologischen Perspektive kann man fragen, welchen »Überlebenswert« ein Signal hat, das heißt, in welcher Weise es zur inklusiven Fitness beiträgt. Eine primäre Funktion von akustischen Signalen bei sozial lebenden Tieren ist die Aufrechterhaltung des Kontaktes sowie die individuelle Regulierung der Distanz zwischen den Tieren. Das gilt auch für Affen. So spielt die Lautgebung bei vielen Arten eine zentrale Rolle, um den Kontakt zwischen Mutter und Kind, aber auch den der ganzen Gruppe zu erhalten, in Auseinandersetzungen zwischen Individuen und bei der Partnerwahl. Der manipulative Aspekt des Signalisierens liegt hier häufig auf der Hand: Ein Kind schreit, um Zugang zur mütterlichen Brust zu bekommen; ein Männchen versucht, seine Rivalen von seiner Kampfkraft zu überzeugen. Aber wie kann sich die Mutter darauf verlassen, dass das Kind wirklich in Not ist, wenn es schreit, und

Abb. 27: Sexualschwellung eines Bärenpavianweibchens.

wieso sollten Männchen mittels ihrer Laute nicht einfach nur »angeben«, besonders groß und gefährlich zu sein, um ihre Zuhörer zu täuschen? Die evolutiven Mechanismen, die zu dieser Form der »Ehrlichkeit« geführt haben, sind ein zentrales Thema im Verständnis der Evolution von Signalverhalten. Mit Ehrlichkeit ist hier nicht die Ehrlichkeit im moralischen Sinn gemeint, sondern schlicht die Frage, ob Signale zumindest in der Regel zuverlässige Anzeiger des wahren Zustands eines Tieres sind – sei es, was seinen Hunger angeht oder seine Kampfkraft.

Vor dem Hintergrund der Evolutionstheorie ist eine Kernfrage, unter welchen Bedingungen ein bestimmtes Verhalten eine so genannte »evolutionsstabile Strategie« darstellt.[12] Evolutionsstabile Strategie zeichnen sich dadurch aus, dass sie unter gegebenen Bedingungen nicht durch eine andere Strategie (mit einem günstigeren Kosten-Nutzen-Verhältnis) ersetzt werden können. Ändern sich jedoch die Bedingungen und damit die Kosten und Nutzen, kann sich eine andere Strategie als erfolgreicher erweisen. In vielen Fällen kommen auch gemischte Strategien vor. Die Analyse von Verhalten aus dieser Perspektive ist durch die Spieltheorie geprägt, die uns Werkzeuge an die Hand gibt, um die Stabilität bestimmter Strategien zu überprüfen. Sie wurde ursprünglich entwickelt, um das rationale Verhalten in Konfliktsituationen zu analysieren; sie kann aber auch auf kommunikative Interaktionen angewandt werden.[13]

Wie eine kommunikative Interaktion ausfällt und welche selektiven Drücke auf Kommunikation wirken, hat viel mit den Interessenlagen von Sender und Empfänger zu tun – für die Sender steht im Vordergrund, das Verhalten von anderen zu ihrem eigenen Vorteil zu beeinflussen. Für die Empfänger geht es dagegen darum, die Sender zu durchschauen und herauszufinden, wie sich ihre eigenen Interessen zu denen des Senders verhalten.

Kommunikation in Konflikten

Da physische Auseinandersetzungen mit hohen Kosten sowohl für den Gewinner als auch für den Verlierer verbunden sein können, sollten Rivalen anhand von so genannten Displaysignalen gegenseitig ihren tatsächlichen Zustand abschätzen, bevor sie Kampfhandlungen beginnen.[14] Dabei ergibt sich die Möglichkeit, den Rivalen über die eigene tatsächliche Kampfkraft in die Irre zu führen, das heißt, zu »bluffen«. Mit einem Bluff könnte ein Tier einen Kampf nicht nur vermeiden, sondern eine Auseinandersetzung für sich entscheiden, obwohl es schwächer ist als sein Gegner. Aus diesem Grund liegt ein starker Druck auf den Empfängern von Displaysignalen, zuverlässige Anzeiger der Kampfkraft von unzuverlässigen zu unterscheiden bzw. solche Signale zu ignorieren, die keine Aussage über den tatsächlichen Zustand des Rivalen erlauben.

Der wichtigste Mechanismus, um den Zusammenhang zwischen dem wahren Zustand des Senders und dem Signal zu stabilisieren, ist, wenn Empfänger nur auf »teure« Signale achten. Teure Signale können sich nur Tiere in gutem Zustand leisten. Im Fall der elaborierten Ornamente und Schwanzfedern männlicher Vögel könnten sie sogar einen Überlebensnachteil darstellen, weil Vögel mit langen Schwanzfedern schlechter fliehen können. Deswegen werden solche Signale auch als »Handicap-Signale« bezeichnet.[15] Diese Annahme geht auf Amoz Zahavi zurück. Er wurde lange dafür belächelt, bis es dem Theoretiker Alan Grafen gelang, Zahavis Überlegungen mit mathematischen Modellen theoretisch zu untermauern.[16] Die Tiere achten gewissermaßen darauf, ob sich ein anderes Tier seine »Rolex« auch leisten kann – es sei denn, sie wissen, dass viele gefälschte Exemplare in Umlauf sind. In solchen Fällen werden sie nach anderen Anhaltspunkten für die »Kaufkraft« des anderen suchen.

Theoretischen Überlegungen zufolge sollte das Signalisieren

zwischen Rivalen mit disparater Kampfkraft rasch beendet werden, da sich der schwächere Gegner nach kurzer Zeit zurückzieht. Dagegen sollten Interaktionen zwischen Individuen mit ähnlicher Kampfkraft länger anhalten und eher dazu tendieren, zu eskalieren, insbesondere, wenn der Wert der Ressource für beide ähnlich ist.[17] Die männlichen Bärenpaviane in Botswana liefern ein eindrucksvolles Beispiel, um diese Überlegungen zu überprüfen. Ich arbeitete dazu mit Dawn Kitchen zusammen, an die ich Baboon Camp übergab, als meine Zeit dort nach anderthalb Jahren vorbei war. Ich hatte in dieser Zeit zusammen mit Kurt sehr viele Lautaufnahmen von den erwachsenen Männchen gesammelt, so dass wir den Zusammenhang zwischen Kampfkraft und akustischen Eigenschaften überprüfen konnten. Dawn ergänzte diese Lautaufnahmen durch gezielte Verhaltensbeobachtungen, die uns Aufschluss über den Einsatz und die Häufigkeit der Rufe gaben und uns zeigten, inwiefern diese Rufe etwas über das Konfliktverhalten sagen.[18]

Als Displaylaute setzen adulte Bärenpaviane weithin hörbare zweisilbige Vokalisationen ein, die lautmalerisch als *wahoos* bezeichnet werden. Je nach Windbedingung tragen diese Rufe bis zu einen Kilometer weit. *Wahoos* bestehen aus einem explosiven lauten Bell-Laut, dem *wa*, und einer leiseren zweiten *hoo*-Silbe. Die *wahoos* kommen vornehmlich in drei Situationen vor: als Morgenchorus, wenn die Männchen Weibchen jagen und wenn sie sich gegenseitig abschätzen. Warum die Männchen in den frühen Morgenstunden in diese Ruforgien ausbrechen, wissen wir nicht. Möglicherweise hat es etwas mit dem Territorialverhalten zu tun. Jedenfalls ist es ziemlich unheimlich, noch im Halbdunkel unter den Schlafbäumen der Tiere zu stehen, ihre Laute aufzunehmen und sich die ganze Zeit zu überlegen, ob gleich ein Raubtier aus dem Gebüsch springt – was die Affen wiederum nicht sonderlich gestört hätte, denn die saßen ja noch auf ihren Bäumen. In der Regel werden die *wahoos* als lang anhaltende Serien vorgetragen.

Bevor ein Männchen in eine ordentliche *wahoo*-Sequenz ausbricht, pumpt es sich mit kehligen Lauten, den so genannten *roar grunts*, regelrecht auf. Dann rennen zwei oder drei Männchen laut rufend hintereinander her, oft um Bäume herum, manchmal auch den Baum hoch und wieder runter, und rufen die ganze Zeit: »Wahoo! Wahoo! Wahoo!«

Eine genaue Analyse der Rufstruktur zeigte einen engen Zusammenhang zwischen bestimmten Rufcharakteristika und der Kampfkraft des Männchens. Ranghohe Männchen produzierten vor allem lautere und längere zweite Silben als niedrigrangige Tiere. Mit Beginn der Pubertät wurde die zweite Silbe merklich lauter und länger, bis die Tiere ihre Höchstform gefunden hatten. Außerdem wurde die zweite Silbe binnen weniger Monate wieder schwächer, wenn ein Tier im Rang gefallen war. Bei alten und gebrechlichen Männchen hörten sich die Rufe wieder an wie bei einem heranwachsenden Tier.[19] Aber nicht nur in der akustischen Struktur, sondern auch im Einsatz unterschieden sich ranghohe und niedrigrangige Tiere: Ranghohe Tiere hatten eine höhere Rufrate, ihre Rufserien waren länger, und sie produzierten insgesamt häufiger solche Displays als niedrigrangige Tiere. Je ähnlicher der Rang der Tiere war, desto wahrscheinlicher war es, dass sie ihre Auseinandersetzung nicht mittels dieser Signale beilegen konnten, sondern anfingen zu kämpfen. Niedrigrangige Tiere be-

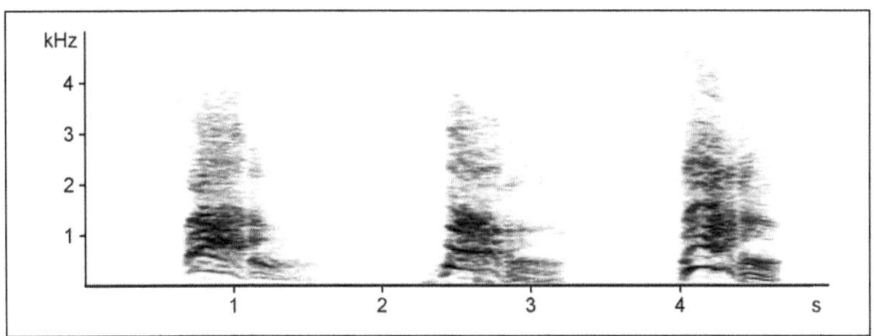

Abb. 28: Spektrogramme von *Wahoo*-Rufen männlicher Bärenpaviane. Spektrogramme sind für Bioakustiker so etwas wie die Notenschrift für Musiker. Sie zeigen die Energieverteilung im Frequenzspektrum über dem Verlauf der Zeit an. Die Spektrogramme zeigen die zweisilbige Struktur der Rufe.

teiligten sich dagegen selten an solchen Auseinandersetzungen.[20] Insofern lieferten die Bärenpaviane eine schöne Bestätigung für die Vorannahmen, die wir aus der Spieltheorie abgeleitet hatten. Ganz ähnliche Verhältnisse finden wir übrigens auch in unseren Breiten, nämlich bei Hirschen.[21]

Paarungslaute

Ein anderes Beispiel für die Frage »ehrlichen Signalisierens« ist das Anzeigen der fruchtbaren Phase bei Weibchen. Es gibt eine ganze Reihe von Studien, die sich damit beschäftigt haben, ob die Sexualschwellungen von Primaten oder auch ihre Paarungsrufe möglicherweise Informationen über den Eisprung liefern. Ob dies überhaupt zum Vorteil des Weibchens ist, hängt sehr stark von seiner Reproduktionsstrategie ab. Manche setzen auf starke Männchen – in solchen Fällen kann es durchaus im Interesse des Weibchens sein, das Männchen wissen zu lassen, wann es besonders sorgfältig auf sein Weibchen aufpassen muss. In anderen Fällen ist es dagegen gar nicht im Interesse des Weibchens, den Zeitpunkt des Eisprungs zu verraten. Die Berberaffenweibchen zum Beispiel setzen eindeutig auf Vaterschaftsverschleierung. So überrascht es nicht, dass ihre Laute zwar im Verlauf des weiblichen Zyklus leicht variierten, dabei aber keine eindeutige Veränderung erfuhren, die Rückschlüsse auf die fertile Phase erlauben würde.[22] Eine detaillierte Analyse ergab, dass die Sexualhormone zwar das Auftreten der Rufe in der Paarungszeit kontrollierten, die akustischen Veränderungen aber die rapiden Veränderungen der Sexualhormone um den Zeitpunkt des Eisprungs nicht abbildeten. Zudem machten sich die die physiologischen Veränderungen immer erst ein paar Tage später bemerkbar, so dass es insgesamt nicht möglich war, anhand der Rufqualität auf die Ovulation zu schließen.[23]

Etwas überraschend fanden wir eine Korrelation zwischen der akustischen Struktur der Rufe und dem Paarungserfolg. Wenn das

Männchen tatsächlich ejakuliert hatte, waren die Rufe der Weibchen länger und hatten eine andere Frequenzcharakteristik – und zwar schon vor der Ejakulation, was uns zu der Spekulation veranlasste, dass die Weibchen mit ihrem Rufen Einfluss auf den Paarungserfolg des Männchens nehmen.[24] In jedem Fall gibt die Rufcharakteristik des Weibchens den anderen Tieren einen Hinweis auf den Verlauf der Paarung. Für die Männchen ist das durchaus von Belang, da sie ihre Konkurrenz vor allem auf der Ebene der Spermien austragen. Wenn ein Weibchen gerade besamt wurde, ist es im Interesse der anderen Männchen, auch die eigenen Spermien ins Rennen zu schicken. Aus einer früheren Studie war bereits bekannt, dass Berberaffenweibchen, deren Rufe aufgenommen und Männchen vorgespielt werden, früher wieder von diesen bestiegen werden als andere Weibchen.[25] Aber waren die Unterschiede zwischen Rufen aus erfolgreichen und erfolglosen Paarungen nun für die Männchen von Belang? Dazu spielte Dana Pfefferle im Rahmen ihrer Doktorarbeit den Männchen die Rufe eines Weibchens vor, die entweder bei einer erfolgreichen oder einer erfolglosen Paarung aufgenommen worden waren. Nach dem Vorspiel eines Rufes aus einer erfolgreichen Paarung schauten die Männchen nicht nur sehr viel länger zum Lautsprecher, sondern verbrachten auch mehr Zeit damit, herumzulaufen und sich in der Nähe von Weibchen aufzuhalten.[26] Die Paarungsrufe haben also eindeutig die Funktion, nicht nur das Verhalten des Männchens zu beeinflussen, mit dem sich das Weibchen gerade paart, sondern sie haben auch Auswirkungen auf die Aktivitäten anderer Männchen in der Gruppe.

Gruppenkoordination

Eine zentrale Funktion von Signalen ist es, die Distanz zu regulieren. »Komm her!« und »Geh weg!« sind zwei der wichtigsten Nachrichten, die sich Tiere übermitteln. Diesen Zusammenhang überprüften wir in einer systematischen Studie des Einsatzes von

Gesten bei Berberaffen. Damit waren alle nichtvokalen Ausdrucksmuster gemeint, also Gesichtsausdrücke, spezifische Körperhaltungen wie das Präsentieren des Hinterteils und auch Handbewegungen. Nana Hesler zeichnete dazu im Rahmen ihrer Diplomarbeit akribisch auf, welche Geste bei dem Empfänger zu welcher Reaktion führte und in welcher Sequenz verschiedene Gesten eingesetzt wurden. Alle Kombinationen beinhalteten entweder die Annäherung oder Entfernung eines Partners.

Manchmal geht es aber weniger spezifisch darum, ob ein bestimmtes anderes Tier kommt oder geht, sondern darum, dass die ganze Gruppe zusammenbleibt. Für große soziale Gruppen spielen Signale daher eine wichtige Rolle in der Koordination von Aktivitäten. Besonders gut ist dies für den gemeinsamen Abmarsch untersucht. Oft ist dabei von »kollektiven Entscheidungen« die Rede. Hier unterscheidet sich der Sprachgebrauch in verschiedenen Disziplinen.[27] Während in der Philosophie Entscheidungen als begründete Handlungen definiert werden und damit eng mit Sprachfähigkeit verknüpft sind, meint man in der Biologie allgemeine Situationen, in denen verschiedene Optionen bestehen und eine davon gewählt wird. Während herkömmliche Entscheidungstheorien das Augenmerk auf einzelne Individuen lenken, spielt bei der Untersuchung kollektiven Verhaltens die Wechselwirkung des Verhaltens verschiedener Individuen eine prominente Rolle, das heißt, inwiefern das Verhalten eines Tieres von dem der anderen in der Gruppe abhängt und wie es selbst deren Verhalten beeinflusst.[28]

Ein Beispiel aus der Welt der Paviane ist der Aufbruch vom Schlafplatz in den frühen Morgenstunden – im Senegal die köstlichste Tageszeit. Ich liebe es besonders, morgens, wenn es noch dunkel ist, vom Camp in Richtung der Schlafbäume zu marschieren und dabei die Morgenkühle auf den Armen zu spüren. Ich weiß, dass es für den Rest des Tages wieder unfassbar heiß sein wird, und wünsche mir dann, einen kleinen Speicher zu haben, mit dem ich diese zarte Erfrischung des Morgens in den Tag hinein bewahren könnte. An den Schlafbäumen angekommen, heißt es erst einmal: warten! Langsam werden in der Dämmerung die ersten Umrisse der Tiere sichtbar, manche fangen an, in den Bäumen umherzuspringen, andere grunzen sich leise an. Irgendwann rutscht das erste Tier den Stamm des Schlafbaumes herunter, dann das zweite, das dritte, bis sich alle Tiere am Fuß der Bäume versammeln. Die Tiere lausen sich, manche laufen zwischen verschiedenen Kleingruppen hin und her, und auf einmal setzt sich die ganze Gruppe in Bewegung. Wie lässt sich ein solcher Aufbruch am besten beschreiben? Welchen Gesetzmäßigkeiten folgt er? Sind es immer dieselben Tiere, die einen Abmarsch initiieren? Dies sind einige der zentralen Fragen bei der Untersuchung kollektiven Verhaltens. Dabei spielen zwei Aspekte eine besonders wichtige Rolle – zum einen, wie viel Information den einzelnen Individuen zur Verfügung steht, und zum anderen, ob die Mitglieder einer Gruppe sich überlagernde oder divergierende Interessen verfolgen.[29] Dabei müssen jeweils die ökologischen sowie physiologischen Randbedingungen berücksichtigt werden, etwa, wie das Futter im Habitat verteilt ist und ob die Tiere längere Zeit kein Wasser getrunken haben.

Entsprechend der großen Vielfalt der sozialen Organisation von Primaten verläuft auch die Entscheidungsfindung sehr unterschiedlich. Wer als Pärchen eng zusammenlebt, hat es einfacher als Tiere, die sich hauptsächlich in einer großen und komplexen Gruppe bewegen. In despotischen Gruppen läuft die Gruppenkoordination anders ab als in egalitären Gesellschaften. Und schließlich ergeben sich aus dem Leben in *Fission-Fusion*-Gruppen noch ganz andere Anforderungen. Hier geht es nicht nur darum, ob die Tiere loslaufen oder nicht, sondern auch, mit wem sie unterwegs sein möchten.

Paviane liefern auch hier ein sehr gut geeignetes Modellsystem, um die Interaktion zwischen sozialer Organisation, Signalverhalten und Gruppenkoordination zu untersuchen, und entsprechend gibt es viele Studien zur Initiierung von Gruppenbewegungen an verschiedenen Pavianarten. Wenn man mitten in einer Gruppe von Bärenpavianen steht, die durch langsam anschwellendes Grunzen ihre Bereitschaft zum Abmarsch signalisieren, erhält der Begriff »Abstimmung« eine ganz neue Bedeutung.

Als klassisch gelten die Studien an Mantelpavianen, die von einem der Pioniere der Primatenforschung, dem Schweizer Hans Kummer, in den 1960er und 1970er Jahren durchgeführt wurden. In den frühen Morgenstunden müssen sich die Banden vor dem Verlassen ihrer Schlafplätze entscheiden, in welche Richtung die Reise am Tage gehen soll. Dieser Abstimmungsprozess kann ziemlich viel Zeit in Anspruch nehmen und wurde als »Verhandlung« charakterisiert. Hans Kummer unterschied dabei zwischen Initiatoren und Entscheidern – beide in der Regel erwachsene Männchen. Die Initiatoren laufen üblicherweise in eine bestimmte Richtung, kommen zurück und »benachrichtigen« ein anderes Männchen. Dieses Benachrichtigen kann aus einer komplexen Sequenz verschiedener Verhaltensmuster bestehen, wobei sich ein Männchen bis auf Armlänge an ein anderes annähert, sich dann umdreht, sein Hinterteil präsentiert und über die Schulter zum anderen Männchen blickt. Dieser berührt manchmal den Penis des anderen. In einer eher abgeschwächten Form besteht das Benachrichtigen nur aus einem kurzen Blick über die Schulter, gefolgt von einer übertriebenen Kopfdrehung. Die präferierte Richtung zeigen die Initiatoren durch ihre Bewegung an oder auch durch ein starres sägebockartiges Stehen, wobei sie sich ebenfalls in die gewünschte Richtung orientieren. Oft werden solche Abstimmungsprozesse durch Vokalisationen begleitet. Ist der Entscheider nicht einverstanden, kann er dies durch ein ostentatives Hinsetzen und Auf-den-Boden-Starren anzeigen. Folgt der Entscheider jedoch, dann erhöht sich die Wahrscheinlichkeit, dass die ganze Gruppe in die vorgeschlagene Richtung laufen wird. Andernfalls kann ein neuer Initiator sein Glück versuchen und in eine andere Richtung marschieren[30].

Bei Bärenpavianen sind diese Verhandlungsprozesse weniger

stark ritualisiert. Der Blick über die Schulter spielt aber auch hier eine wichtige Rolle – manche Initiatoren laufen los, blicken zurück, bleiben dann wieder stehen und schauen in eine bestimmte Richtung. Die Geschwindigkeit, mit der sie sich selbst auf den Weg machen, gilt dabei als Indikator für ihre Motivation, in diese bestimmte Richtung gehen zu wollen.[31]

Wenn sich eine Gruppe von Pavianen einmal in Bewegung gesetzt hat, dann sind häufig bestimmte Bell-Laute zu hören, und zwar dann, wenn die Tiere den Kontakt zu bestimmten anderen Tieren oder gar zur ganzen Gruppe verloren haben. Da oft mehrere Tiere gleichzeitig rufen, hört sich das für menschliche Beobachter so an, als ob die Tiere auf das Rufen anderer Tiere antworten würden. Genauere Beobachtungen ergaben aber, dass dies nicht der Fall ist. Nur Tiere, die selbst verloren waren, riefen auch. Paviane, die mitten in ihrer Gruppe saßen, blieben jedoch ruhig.[32]

Die hier vorgestellten Studien zur Funktion von Signalen bei der Regulation von Sozialbeziehungen und zur Gruppenkoordination sind Beispiele für ein evolutionär-ökologisches Forschungsprogramm. Der weitaus größere Teil der Forschung zur akustischen Kommunikation von Affen war von einer ganz anderen Frage geprägt: Woher stammt die Sprache?

Evolution der Sprache – die Anfänge

Frühe Theorien

Das Interesse an der Evolution der menschlichen Sprache ist sicherlich der wichtigste »Treibstoff« für die Beschäftigung mit der vokalen und gestischen Kommunikation von Affen. Soweit wir wissen, ist unsere Spezies die einzige, die in vollem Umfang sprachbegabt ist. Wie kam es aber dazu, dass Menschen irgendwann anfingen, zu sprechen oder sich mit Gebärden zu verständigen? Was war das Substrat für die Entwicklung der Sprache? Welche Elemente der Sprachfähigkeit können wir bei unseren nächsten lebenden Verwandten finden? Und welche vielleicht sogar bei Vertretern weiter entfernt verwandter Tiergruppen? Dieser Zweig der Erforschung der Kommunikation von Affen ist ein gutes Beispiel für ein anthropozentrisches Forschungsprogramm. Wir erstellen zunächst einen Kriterienkatalog menschlicher Fähigkeiten und prüfen dann systematisch, welche dieser Eigenschaften in Gänze oder auch teilweise bei Affen zu finden sind – manche vielleicht nur bei Menschenaffen, andere auch bei weiter entfernt verwandten Zweigen.

Schon lange bevor sich Evolutionsbiologen oder Linguisten der Frage des Sprachursprungs annahmen, gab es Könige, Kaiser, Priester und Philosophen, die über die Entstehung der Sprache sinnierten und dabei auch manch grausames Experiment erdachten. Was verschiedene Forscher noch in den 1950er und 1960er Jahren mit Tieren machten, sie nämlich unter weitgehendem Erfahrungsentzug aufzuziehen, trieb der ägyptische König Psammetich I. bereits im 7. Jahrhundert v. Chr. und der Stauferkaiser Friedrich II. im 13. Jahrhundert n. Chr.: allerdings mit Kindern. Um herauszufinden, was denn nun die Ursprache sei, wurden die Kinder aufgezogen, ohne dass mit ihnen gesprochen oder sonst sozial mit ihnen interagiert wurde. Die beiden ägyptischen Jungen gaben nach zwei Jahren einige wenige Laute von sich; die Kinder im Versuch von Friedrich II. starben.[33]

Auch in den Schöpfungsmythen spielt der Sprachursprung eine zentrale Rolle, wie die Geschichte vom Turmbau zu Babel dokumentiert. Mit Beginn der Aufklärung entwickelte sich die Frage nach dem Sprachursprung zu einem zentralen Gegenstand forschender und kritischer Betrachtung. Mit ihm befasste sich etwa Gottfried Wilhelm Leibniz in der 1710 erschienenen ersten Abhandlung der »Kurfürstlich-Brandenburgischen Societät der Wissenschaften«. Diese Sozietät war im Jahre 1700 auf Initiative von Leibniz gegründet worden und ist die Vorgängerin der heutigen Berlin-Brandenburgischen Akademie der Wissenschaften. Auf Initiative des 1746 zum Akademiepräsidenten gewählten Pierre Louis Moreau de Maupertuis wurde die Frage des Sprachursprungs auf die Agenda gesetzt. Einige der wichtigsten Figuren der damaligen Debatte waren Mitglieder der Sozietät bzw. ihrer Nachfolgerin, der Königlich-Preußischen Akademie der Wissenschaften. So war der französische Geistliche und Philosoph Étienne Bonnot de Condillac außerordentliches Mitglied der Akademie. In seinem Aufsatz *Essai sur l'origine des connaissances humaines* von 1746 vermutete er, dass die Menschen anfangs unwillkürlich »Schreie der Leidenschaft« ausgestoßen und diese mit Gesten begleitet hätten, die sie später zunehmend zu kontrollieren lernten und um weitere Ausdrücke vermehrten. Condillac betonte den emotional-kommunikativen Aspekt der ersten menschlichen Äußerungen.[34]

Einen Meilenstein setzte die Königliche Akademie 1769 mit der Preisfrage: »Sind die Menschen, wenn sie ganz auf ihre natürlichen Fähigkeiten angewiesen sind, imstande, die Sprache zu erfinden? Und mit welchen Mitteln gelangen sie aus sich heraus zu dieser Erfindung?« Den Preis verlieh die Akademie 1772 an Johann Gottfried Herder für seine *Abhandlung über den Ursprung der Sprache*.[35] Herder hatte sich ebenso wie Condillac und Rousseau vom Schöpfungsmythos gelöst und Überlegungen angestellt, wie der »besonnene« und erkenntnisdurstige Mensch zunächst die Laute von Tieren als Merkmale zur Wiedererkennung verwendet. Er führte dies am Beispiel des Blökens aus, anhand dessen der Mensch das Schaf erkennt: »Ha! du bist das Blöckende!«[36] Durch die Sprache erschließt sich laut Herder die Welt. Seine Überlegungen muten heute vielleicht etwas seltsam an – er war aber einer der frühen Verfechter der vergleichenden Methode, die in der Rekonstruktion evolutiver Prozesse so zentral ist. »[W]o finge der Weg der Untersuchung sicherer an, als bei Erfahrungen über den Unterschied der Tiere und Menschen?«, schrieb er in seiner Abhandlung.[37]

Es gibt also verschiedene und wiederkehrende Motive, wie die Sprache auf natürliche Weise entstanden sein könnte. Condillac betonte den emotionalen Ausdruck als ursprüngliche Quelle. Für ihn spielten Handzeichen und Gebärden eine wichtige Rolle. Herder dagegen unterstrich den menschlichen Erkenntnisdrang. Inzwischen gibt es einen ganzen Strauß verschiedener Ursprungsszenarien. So gelten die Koordination körperlicher Tätigkeit, die enge Beziehung zwischen Mutter und Kind oder auch die Partnerwerbung als treibende Kräfte bei der Entstehung der Sprache.[38] Der Streit um diese verschiedenen Erklärungsansätze führte im 19. Jahrhundert zu derart ausufernden Debatten, dass sich die linguistische Gesellschaft von Paris 1866 genötigt sah, Einhalt zu gebieten und jedwede weitere Spekulation über das Thema zu verbieten. Damit schaffte sie den Raum für eine veritable linguistische Forschung, denn das Interesse wurde nun auf die Struktur von Sprache gelenkt.

Ein Pionier

Auch wenn sich die akademische Welt für eine Weile von der Frage nach dem Sprachursprung abgewandt hatte, hielt dies einige Unentwegte nicht davon ab, sich weiter mit diesem Thema zu beschäftigen. Ein weitgehend vergessener, aber höchst bemerkenswerter Vertreter war der 1848 geborene selbsternannte Sprachforscher Richard Lynch Garner. Garner war nicht nur ein begeisterter Naturforscher, sondern hatte auch ein Faible für technische Geräte und Spielereien – eine Eigenschaft, die er mit einigen heutigen Kommunikationsforschern teilt.

Garner war vermutlich einer der ersten, der die Lautäußerungen von Affen aufzeichnete. Ende des 19. Jahrhunderts lieh er sich einen der kurz zuvor von Thomas Alva Edison entwickelten Phonographen aus, baute ihn im Zoo im New Yorker Central Park vor den Käfigen der Affen auf und nahm ihre Laute auf.[39] Später spielte er die Laute den Tieren vor, um ihre Reaktionen zu beobachten – er führte also eines der ersten Playbackexperimente durch. Bevor ich von Garner hörte, war ich immer davon ausgegangen, es sei Denys Finch Hatton gewesen, der Großwildjäger, Luftfahrtpionier und Liebhaber Karen Blixens. Zumindest in Sydney Pollacks Verfilmung, die unter dem Titel *Jenseits von Afrika* aus Blixens Leben erzählt, gönnt sich Robert Redford alias Finch Hatton den Spaß, einem Pavian Musik aus einem Grammophon vorzuspielen, das er mit Hilfe einer langen Schnur in Gang setzt. Der Filmpavian springt quiekend davon.

Richard Garner sah ein, dass ihm die Forschung an in Käfigen gehaltenen Affen nur begrenzt Einsichten in die natürliche Kommunikation der Tiere erlauben würde, und so schiffte er sich nach Westafrika ein, um dort in freier Wildbahn Affen zu beobachten – und zu jagen. »Vorsicht ist die Mutter der Porzellankiste«, wird er sich gedacht haben, und so schloss er sich für seine Beobachtungen selbst in einen Käfig ein. Mit seiner Forschung zog Garner nicht nur mediale Aufmerksamkeit, sondern auch Hohn und Spott auf sich. Es erschienen Karikaturen und auch eine beißende Ode mit dem schönen Titel *An ein Gorilla-Mädchen.*

»MAID of Afric, kindly stay,
From my cage I wish to say
Words of thine – not said with ease –
Looking like a cough or sneeze,
Or a cipher telegram
Hxerrg ztti hnnwpflb srth kkqam!*

Goodness knows how one should sound
Words where vowels don't abound;
I should hurt my throat or lungs
If I tried these monkey tongues,
Feeble linguist that I am!
Hxerrg ztti hnnwpflb srth kkqam!
[...]

* these words, in the Gorilla language, are translated by some authorities, ›Oh my eye! Ain't she a stunner, and no mistake?‹ and by others, ›Waiter, bring me a cocoa-nut and mashed bananas‹.«[40]

Elemente der Sprachfähigkeit

Es lohnt sich an diesem Punkt, einen Blick auf die verschiedenen Komponenten zu richten, die Sprachfähigkeit ausmachen. In einem frühen Beitrag listete Charles F. Hockett eine Reihe von *Design Features* von Sprache auf; dieser Katalog diente lange Zeit als Standard, an dem sich die Forscher orientierten, die Sprachfähigkeit aus einer vergleichenden Perspektive betrachteten.[41] Dazu gehören zunächst einige allgemeine Eigenschaften wie zum Beispiel die Bedeutung des auditorischen Feedbacks. Wer einmal beim Telefonieren das selbst gesprochene Wort mit einiger Verzögerung gehört hat, weiß genau, wie sehr dies den Sprachfluss behindern kann. Für die hier thematisierten Belange sind die folgenden Kriterien von besonderer Bedeutung.

Abb. 29: Garner am Käfig.

(1) Semantik: der Bezug zwischen dem gesprochenen Wort und einem Referenten; das kann ein Fass Salz ebenso wie eine Idee oder eine Tätigkeit sein; (2) der arbiträre oder willkürliche Zusammenhang zwischen dem Bezeichnenden und dem Bezeichneten; (3) *Displacement*: die Fähigkeit, über Dinge zu kommunizieren, die schon lange vergangen sind, an einem anderem Ort oder gar in der Zukunft stattfinden; (4) Produktivität, das heißt,

die Möglichkeit, das Sprachsystem auf Basis einer regelhaften Syntax um neue Begriffe und »noch nie Gesagtes« unendlich zu erweitern; und schließlich (5) die traditionelle Weitergabe, die besagt, dass Struktur und Einsatz der Sprache von einer Generation an die nächste weitergegeben werden. Hockett selbst ging davon aus, dass von diesen fünf Kriterien nur die Unabhängigkeit in Zeit und Raum sowie die Produktivität dem Menschen vorbehalten seien, wogegen auch bei Affen bereits semantische und arbiträre Signale zu finden sein sollten. Ob er damit Recht hatte, werden wir später noch sehen.

Die *Ape Language*-Projekte

Sprechtraining für Affen

Bis zu Beginn des 20. Jahrhunderts galt, dass die Laute von Affen wenig mit der menschlichen Sprache gemein haben. Aber vielleicht lag dies nicht an der mangelnden Kompetenz der Affen, sondern an fehlender Erfahrung. Um den Einfluss des sozialen Umfeldes auf die frühe Entwicklung von Affen genauer zu untersuchen, begannen die beiden Psychologen Luella und Winthrop Kellogg im Jahr 1931 ein gewagtes Experiment. Sie nahmen das junge Schimpansenweibchen Gua in ihr Haus auf und erzogen es dort zusammen mit ihrem eigenen Sohn Donald. Gua war damals etwas älter als sieben Monate, Donald war zehn Monate jung. Die Kelloggs beobachteten minutiös, wie sich Kind und Schimpanse entwickelten.[42] Gua wurde genauso behandelt wie Donald: Sie wurde im Kinderwagen umhergefahren, lernte aufs Töpfchen zu gehen und schnitt in vielerlei Hinsicht besser ab als ihr »Stiefbruder« Donald. So konnte sie früher mit einem Löffel essen und aus einem Glas trinken, und – weniger überraschend – auch sehr viel besser klettern. Donald allerdings zeichnete sich dadurch aus, dass er anfing, Gua zu imitieren. Er selbst sprach angeblich kaum, konnte aber Guas Keuch- und Bettellaute perfekt nachahmen. Nach neun Monaten wurde das Experiment abgebrochen. Gua wurde zurück an die Forschungsstation von Robert Yerkes gegeben und die Kelloggs zogen fort. Das Sprechen hatte Gua allerdings nicht gelernt, obwohl sie viele Kommandos verstand und insgesamt sehr gehorsam war.

Die Kelloggs hatten darauf verzichtet, Guas Sprachfähigkeit explizit zu fördern. Deswegen entschlossen sich Cathy und Keith Hayes in den 1950er Jahren, die Schimpansin Vicki in ihr Haus aufzunehmen. Sie wollten prüfen, ob sie durch intensives Training in der Lage wären, das kleine Schimpansenmädchen zum Sprechen zu bringen.[43] Allerdings beschränkte sich Vickis Vokabular auch nach intensivem Üben, bei dem stundenlang Lippen und Hände in die richtige Position gebracht wurden, lediglich auf die Begriffe »mama«, »up« und »cup«, wobei sie die beiden letztgenannten Worte nur mit kehliger Stimme flüstern konnte und ihre Hand zur Hilfe nehmen musste, um das »p« zu produzieren. Vicki verstand zwar eine ganze Menge, hatte aber Schwierigkeiten, Wörter zu verstehen, die in neuen Sätzen verwendet wurden. Auch zu lange Sätze konnte sie nicht verarbeiten. Vor allem aber fehlte ihr die Fähigkeit, gesprochene Sprache zu produzieren. Es galt deswegen fortan als Konsens, dass Schimpansen nicht sprechen können. Aber das heißt ja nicht unbedingt, dass die Tiere nicht in der Lage wären, sich in einer anderen Modalität sprachlich zu verständigen.

Mit den spezifischen anatomischen Voraussetzungen für die Sprachproduktion befasste sich der Linguist Philip Lieberman. Ihn interessierte besonders, ob Neandertaler aufgrund ihrer Anatomie überhaupt in der Lage gewesen wären, unsere moderne Sprache zu sprechen. Laut Lieberman sollen Neandertaler anders als wir modernen Menschen keinen abgesenkten Kehlkopf gehabt haben und deshalb nicht in der Lage gewesen sein, die Fülle verschiedener Vokale hervorzubringen, die wir beherrschen.[44] Andere Gruppen vertreten dagegen die Ansicht, Neandertaler hätten durchaus einen abgesenkten Kehlkopf gehabt. Soweit ich weiß, ist dieser Streit immer noch nicht beigelegt. Inzwischen ist jedoch klar, dass der abgesenkte Kehlkopf allein keine Voraussetzung für Sprachfähigkeit ist. Erstens gibt es auch Sprachen mit einer geringeren Anzahl von Vokalen oder einer weniger raschen Modulation des Sprachflusses. Zweitens haben Tecumseh Fitch, David Reby und andere inzwischen nachgewiesen, dass auch Hirsche oder Tiger abgesenkte Kehlköpfe haben.[45] Der abgesenkte Kehlkopf allein ist also nicht entscheidend.

Symbolsprachen

Auch wenn nichtmenschliche Primaten nicht in der Lage sind, menschliche Laute zu produzieren, könnten sie dennoch über die kognitiven Kapazitäten verfügen, sich in anderen Modalitäten sprachlich zu verständigen. Diese Hypothese stand am Anfang einer Reihe von *Ape Language*-Projekten, die entweder Gebärdensprache oder abstrakte Symbole nutzten, um die Sprachfähigkeit der Tiere auszuloten.[46]

Besondere Berühmtheit erlangten die beiden Schimpansen Washoe und Nim Chimpsky – eine verschmitzte Anspielung auf Noam Chomsky, den einflussreichsten Linguisten des 20. Jahrhunderts. Wie Gua und Vicki wurden auch Washoe und Nim von Menschen aufgezogen, die in der Kommunikation mit ihnen, aber auch untereinander Gebärden einsetzten – also arbiträre Handzeichen und Körperhaltungen, die in willkürlichem Zusammenhang mit dem Bezeichneten standen. Außerdem wurden die Tiere systematisch trainiert, selbst Gebärden einzusetzen. Ihre Hände wurden in die richtige Form gebracht, und wenn sie korrekt gebärdeten, wurden sie dafür belohnt.

Washoe, die bei Beatrix und Allen Gardner lebte, lernte innerhalb von knapp fünf Jahren 132 verschiedene Gebärden. Die meisten würden wir als Aufforderungen oder Bitten verstehen – ihr erstes Wort war »mehr«. Es gab aber auch Kommentare dessen, was sie gerade sah oder erlebte, wobei sie durchaus in der Lage war, einmal gelernte Begriffe auf andere der gleichen Kategorie zu übertragen, also zu generalisieren. Besonders bemerkenswert erschien ihre Fähigkeit, neue Kombinationen zu bilden, z. B. »Hören Essen« für den Essensgong oder »Hören Hund«, nachdem sie das Bellen eines Hundes vernommen hatte. Eine grammatikalische Struktur entwickelte sie dabei nicht.[47]

Nim Chimpsky wurde von Herbert Terrace und Kollegen unterrichtet. Terrace war zunächst voller Enthusiasmus an das Projekt herangegangen, wandelte sich dann aber im Verlauf zu einem ätzenden Kritiker der Sprachprojekte. Nim hatte ähnlich viele Gebärden gelernt wie Washoe; er kombinierte und verwendete Gebärden in verallgemeinernder Form. So benutzte er das Zeichen für Hund bald für alle Hunde, nicht nur für die ihm gezeigten Beispiele. Meistens aber wiederholte er schlichtweg, was sein Trainer gerade vorgemacht hatte. Und auch Nim zeigte keinerlei Anzeichen von Regelhaftigkeit in seiner Kommunikation. Damit sah Terrace Chomskys Vermutung bestätigt, dass syntaktische Fähigkeiten eine Errungenschaft des Menschen seien.[48]

Der begrenzte Wortschatz und die beschränkten kombinatorischen Fähigkeiten der Tiere könnten allerdings auch an generellen Gedächtnisschwächen liegen, fanden jedenfalls Befürworter der Sprachprojekte. Statt auf Gebärden setzten sie daher auf artifizielle Symbolsprachen. Ann und David Premack brachten der Schimpansin Sarah bei, mit Hilfe von kleinen Plastikchips zu kommunizieren, die verschiedene Formen und Farben hatten. Die Premacks wollten herausfinden, ob Sarah in der Lage sei, Sätze zu bilden, wenn sie die einzelnen Elemente vor Augen hatte. Zudem nutzten sie diese Plättchen, um Sarahs Verständnis von Kategorien und Relationen zu verstehen. Zunächst war vorgesehen, Sarah die Symbolsprache allein durch Beobachtungslernen beizubringen, was überhaupt nicht funktionierte. Stattdessen musste sie ebenso wie die anderen Menschenaffen in den Sprachprojekten durch Belohnung motiviert werden. Sie lernte schließlich die Bedeutung von 130 Symbolen, die Objekte, Tätigkeiten und Eigenschaften bezeichneten. Sarah verstand schließlich auch halbwegs komplexe Kombinationen wie »Lege Banane Topf Apfel Teller« – also: Lege die Banane in den Topf und den Apfel auf den Teller. Und sie konnte neuen Gegenständen auch Begriffe für Farben zuordnen.[49] Die Skeptiker jedoch waren nicht wirklich zu überzeugen. Der Lösungsraum war sehr eingeschränkt und das Training umfangreich, so dass unklar blieb, wie viel sie wirklich verstanden hatte. Die einfachste Erklärung war immer noch, dass sich Sarah einfach gemerkt hatte, welche Symbole sie in welcher Reihenfolge legen musste, um eine Belohnung zu bekommen. Wer einmal einen Film gesehen hat, in dem Meerschweinchen oder Hühner einen komplexen Parcours bewältigen, bei dem sie über Wippen laufen und Hindernisse bewältigen müssen, um am Ende ein kleines Stück Karotte oder etwas Nestmaterial zu bekommen, wird diesen Gedanken nicht so abwegig finden. Der Einsatz von Gebärden könnte also auch weitgehend als Resultat von Dressur verstanden werden. Andererseits hat Washoes Kreation »Offen Essen Trinken« für den Kühlschrank durchaus Charme.

Ein großes Problem bei der Beurteilung der Sprachprojekte ist die wissenschaftliche Berichterstattung. Es blieb häufig unklar, wie oft im Untersuchungszeitraum sinnfreie Kombinationen vorkamen; nicht alle Äußerungen wurden systematisch erfasst. So räumten die Mitarbeiter im *Projekt Nim* freimütig ein, überhaupt nicht Buch geführt zu haben. Deshalb bleibt der Zweifel, ob eine viel zitierte originelle Wortschöpfung der Schimpansin Lana wie »Wasser Vogel« für Schwan nicht nur ein Zufallsprodukt war – oder einfach die Folge von zwei unabhängigen Zeichen für »Wasser« (also den Teich, auf dem der Schwan seine Kreise zog) und dann für »Vogel«. Wie sehr die Tiere durch Rückmeldungen des Trainers zu bestimmten Äußerungen hingeführt werden können, zeigt folgendes Beispiel. Lana war trainiert worden, mit Hilfe von Symbolen auf einem Computerbildschirm zu kommunizieren, die sie durch Berühren aktivierte. Diese Art der Kommunikation wurde auch als *Yerkish* bekannt. Lana galt als sehr begabt, und eine ihrer bekanntesten Neuschöpfungen war das Wort »Apfel welcher ist orange« für eine Orange. Eine Betrachtung der Äußerung in ihrem Zusammenhang weckt jedoch Zweifel an ihrer spontanen Kreativität. Hier handelt es sich um einen Auszug aus dem »Dialog« zwischen Lana und ihrem Trainer Tim. Das Fragezeichen zu Beginn signalisiert jeweils, dass es sich um eine Frage handelt.[50]

Tim: ? Was Farbe von diesem.
Lana: Farbe von diesem ist orange.
Tim: Ja.
Lana: Tim geben Tasse welche-ist rot.
Tim: Ja.
Lana: ? Tim geben welche-ist geschlossen.
? Shelley geben.
Tim: Nein Shelley.
Lana: Auge.
Tim geben welche-ist orange.
Tim: Was welche-ist orange.
Lana: ? Tim geben Apfel welcher-ist grün.
Tim: Nein Apfel welcher-ist grün.
Lana: ? Tim geben Apfel welcher-ist orange.
Tim: Ja.

Im Grunde genommen war Lanas Computer eine große Skinnerbox, in der durch das Drücken verschiedener Tasten Belohnungen wie Futter oder Getränke geliefert, Filme abgespielt oder Trainer zum Kitzeln aufgefordert werden konnten. »Bitte Maschine gib Süßigkeit« war eine der am häufigsten verwendeten Aussagen. Auch ein anderer Menschenaffe, nämlich der Bonobo Kanzi, lernte *Yerkish*. Er wurde anfangs nicht explizit trainiert, sondern saß beim Training seiner Mutter dabei und fing eines Tages selbst an, die Symbole zu berühren.[51]

Kanzi spielt eine eminente Rolle in den Arbeiten der US-amerikanischen Sprachforscherin Sue Savage-Rumbaugh. Nachdem sie einige sehr gute Studien zu Kanzis Sprachfähigkeit vorgelegt hat,[52] ist sie inzwischen davon überzeugt, dass Kanzi auch das Sprechen und Klavierspielen erlernt hat. Vor einigen Jahren war ich auf einer internationalen Konferenz von Verhaltensforschern: Savage-Rumbaugh hielt einen der Hauptvorträge. Sie spielte dem vollbesetzten Hörsaal verschiedene Quieklaute des Bonobos vor und verkündete strahlend, dass dies unterschiedliche Wörter seien. Dazu zeigte sie Bilder von Kanzi, der inzwischen wie ein Sumo-Ringer aussieht, da er dauernd mit Schokostückchen und Limonade belohnt wird. Am Ende des Vortrags drängten sich alle durch die Türen und ich hörte, wie sich hinter mir zwei Verhaltensgenetiker darüber unterhielten, dass die Affenforscher offensichtlich den Verstand verloren hätten. Ich konnte es ihnen nicht verdenken.

Die Sprachprojekte zeigten, dass Affen durch Training – also Dressur – dazu gebracht werden können, Symbolsysteme zu verwenden, um an bestimmte Belohnungen zu gelangen. Mit anderen Affen sind solche systematischen Versuchsreihen nicht durchgeführt worden. Es gibt aber außerhalb der Wissenschaft stichhaltige Hinweise darauf, dass zum Beispiel Kapuzineraffen eine ganze Reihe Kommandos verstehen können. Diese Tiere werden in der Betreuung Schwerstbehinderter eingesetzt und systematisch trainiert, bestimmte Gegenstände zu holen oder kleine Handlangerdienste zu verrichten. Das Gleiche gilt für Blindenhunde, die nicht nur Kommandos befolgen, sondern so trainiert werden, dass sie beispielsweise auch in einer völlig neuen Umgebung Sitzgelegenheiten oder bestimmte Gefahrenquellen erkennen. Die Tiere bilden also während des Trainings Konzepte; sie erkennen bestimmte Strukturen, handeln vorausschauend und reagieren adäquat auf verbale oder nichtverbale Kommandos, ohne dass ein sonderliches Gewese darum gemacht werden würde. Wenn ein dicker Bonobo aber in einer Küche sitzt, ein Paket mit Nudeln aufreißt und die Hälfte davon in einen Topf mit Wasser wirft, dann ist das eine

Sensation. Dahinter steckt vermutlich die Überzeugung, die Tiere müssten schon deswegen besonders sein, weil sie uns so nahe stehen.

Auch wenn viele der Sprachprojekte unbestritten einen wissenschaftlichen Wert haben, sind einige dieser Versuche in ethischer Hinsicht äußerst problematisch. Die in menschlicher Obhut aufgezogenen Schimpansen wurden ihren Müttern weggenommen und der Möglichkeit beraubt, mit Artgenossen zu interagieren. In den ersten Lebensjahren waren die Schimpansen noch einigermaßen zu kontrollieren, aber je größer und stärker sie wurden, desto gefährlicher wurden sie auch. Die Betreuer von Nim zum Beispiel wurden regelmäßig gebissen. Als Nim überhaupt nicht mehr zu bändigen war, gaben ihn die Versuchsleiter in ein medizinisches Forschungszentrum. Der Film *Projekt Nim* leuchtet die verschiedenen Facetten eines solchen Projektes gut aus, die in einer Mischung aus Enthusiasmus und Naivität auf Seiten der Forscher sowie Überforderung und Leiden auf Seiten des Tieres bestehen.[53]

Natürliche Kommunikation bei Affen

Parallel zu den Untersuchungen der Intelligenz und Kommunikation von gefangenen Affen, aber einigermaßen unabhängig davon wurde die primatologische Feldforschung vorangetrieben.

Eine der frühesten Studien zur vokalen Kommunikation frei lebender Affen legte Peter Marler in den 1960er Jahren vor.[54] Marler war ein britischer Ethologe, der allerdings die längste Zeit seines Lebens in den USA wirkte, zunächst an der Rockefeller University und dann an der University of California in Davis. Er interessierte sich für das Gesangslernen von Singvögeln ebenso wie für die Kommunikation von Affen. Viele namhafte Tierkommunikationsforscher wurden bei ihm promoviert oder absolvierten ihre Postdoktorate bei ihm; zu ihnen zählen, um nur drei zu nennen, meine beiden Mentoren Robert Seyfarth und Dorothy

Cheney, aber auch Marc Hauser, über den Marler irgendwann sagte, er sei ein Mann in großer Eile.[55] Peter Marler war regelmäßiger Gast im Institut für Verhaltensbiologie der Freien Universität Berlin, wo ich meine Doktorarbeit anfertigte, und ich erinnere mich lebhaft an einen typischen Marler-Auftritt bei einem Symposium. Er war damals schon recht betagt und wirkte an einem Abend etwas müde. Bei einem Vortrag saß er mit geschlossenen Augen da, und wir dachten schon, er sei vielleicht eingenickt. Weit gefehlt. Nachdem der Redner geendet hatte und erwartungsvoll in die Runde blickte, setzte sich Marler auf und brachte mit einer einzigen Frage das ganze Argumentationsgebäude des Vortragenden zum Einsturz.

Ich war einmal bei Marler zuhause eingeladen. Er bewohnt mit seiner Frau ein großzügiges Haus am Rande der kalifornischen Wüste. Alles war in das rötliche Licht der tief stehenden Sonne getaucht und wir sprachen über die Bedeutung von Affenlauten. Zum Abschied blinzelte er mich freundlich an und sagte, dass ich als Schülerin von Robert und Dorothy ja irgendwie seine wissenschaftliche Enkelin sei. Eine schöne Vorstellung. Marler hat das Feld der Bioakustik geprägt wie kein anderer. Zwischen 1950 und 1980 entwickelte er alle wichtigen Konzepte, die heute noch verhandelt werden. Dass inzwischen einiges ganz anders gesehen wird als seinerzeit, versteht sich von selbst. Er war es aber, der alle Kernfragen identifiziert hat. Zumindest reiben sich noch heute die Forscher an seinen Ideen, auch wenn die jüngere Generation sich dessen manchmal vielleicht gar nicht mehr bewusst ist. Marler war es auch, der Robert und Dorothy zu einer der einflussreichsten Studien im Bereich der vokalen Kommunikation von nichtmenschlichen Primaten inspirierte: zur Untersuchung der Alarmrufe der Grünen Meerkatzen.

Alarmrufe

Die Studie, die Robert und Dorothy mit einem Schlag berühmt machte, baute auf Berichten von Tom Struhsaker auf, der im ostafrikanischen Kenia Grüne Meerkatzen beobachtet hatte. Ihm war aufgefallen, dass die Tiere als Reaktion auf verschiedene Raubfeinde auch unterschiedliche Alarmrufe produzieren.[56] Grüne Meerkatzen stehen auf dem Speisezettel einer Reihe verschiedener Raubfeinde ganz oben. Leoparden schleichen sich heimlich an und setzen auf Überraschungsangriffe. Sind sie jedoch einmal entdeckt, brechen sie in der Regel die Attacke ab. Manche Raubvögel kreisen am Himmel und lassen sich im Sturzflug fallen; andere harren im Ansitz aus und stürzen sich dann auf die Beute. Schlangen wie Pythons schließlich setzen darauf, dass ein Beutetier regelrecht über sie stolpert oder nichts ahnend irgendwo in der Nähe herumlungert. Den verschiedenen Jagdstrategien entsprechend haben die Grünen Meerkatzen unterschiedliche Fluchtstrategien entwickelt: Wenn sich ein Leopard oder eine andere Raubkatze nähert, fliehen sie möglichst hoch in den Baum; droht ein Angriff eines Adlers, verstecken sie sich im Gebüsch; und wenn die Affen eine Schlange entdecken, stellen sie sich auf ihre Hinterbeine und versuchen die Schlange zu vertreiben. Dabei geben sie jeweils verschiedene Alarmrufe von sich, die sich auch von menschlichen Beobachtern gut unterscheiden lassen. Wenn andere Gruppenmitglieder, so Struhsakers Beobachtungen, die Alarmrufe hörten, dann wählten auch sie sofort die richtige Strategie. Die drängende Frage war nun, ob die Alarmrufe ausreichend informativ waren, so dass andere Tiere die richtige Fluchtstrategie wählten, oder ob sie einfach nur Aufmerksamkeit provozierten und den Affen dabei halfen, die Raubfeinde zu identifizieren, so dass sie sich dann für die richtige Reaktion entscheiden konnten. Um dies zu prüfen, brauchten die Forscher eine Situation, in der zwar Alarmrufe vorkamen, die Tiere aber keine weiteren Anhaltspunkte dafür hatten, welche Verhaltensweise die adäquate wäre. Und so erdachten Robert, Dorothy und Peter Marler eines der bekanntesten Playbackexperimente mit Affen.

Dazu versteckten Robert und Dorothy ein Tonbandgerät hinter einem Busch, schlossen einen robusten Lautsprecher an und spielten jeweils einen der verschiedenen Alarmrufe vor. Das Verhalten der Tiere nahmen sie mit einer 8-mm-Filmkamera auf. Heute, im Zeitalter der winzigen digitalen Abspiel- und Aufnahmegeräte, kann man sich den technischen Aufwand kaum vorstellen. Die Tonbänder waren mit kleinen Fähnchen markiert, um die Stellen mit den richtigen Alarmrufen zu finden, und der Lautsprecher war ein Meisterwerk schweizerischer Ingenieurskunst, der eigentlich fürs Militär entwickelt worden war. Das Gerät, liebevoll »die Nagra« genannt, hat einen gewissen Kultstatus unter Bioakustikern, obwohl es bleischwer ist. Nagras sind einfach unverwüstlich und haben einen exzellenten Klang. Leider wurde vor einigen Jahren die Produktion eingestellt, was unsere *Community* zutiefst erschütterte. Wir in Göttingen haben noch zwei Nagras in unseren Beständen, die wir hüten wie unsere Augäpfel.

Nachdem Robert und Dorothy also sorgsam den Lautsprecher versteckt und einen Alarmruf vorgespielt hatten, verhielten sich die Grünen Meerkatzen genauso, als ob der entsprechende Raubfeind auch wirklich gesichtet worden wäre. Hörten sie einen »Leoparden-Alarmruf«, flüchteten die meisten in die Bäume, bei einem »Adler-Alarmruf« liefen sie in der Regel ins Gebüsch oder schauten nach oben, während sie sich bei einem »Schlangen-Alarmruf« häufig auf die Hinterbeine stellten und den Boden nach der Schlange absuchten. Die in *Science*[57] veröffentlichte Publikation galt als Sensation. Endlich hatte man auch bei Tieren semantische Kommunikation gefunden. Nicht nur der Mensch hatte die Fähigkeit evolviert, systematisch Signale einzusetzen, um damit Objekte oder Ereignisse in der externen Welt zu bezeichnen. Bis dato war die vorherrschende Meinung, dass die Lautäußerungen von Tieren nichts anderes seien als ein »Ausdruck der Gemüthsbewegungen«, wie Darwin es formuliert hatte.[58] Zudem zeigte die Studie, wie sich die Produktion von Alarmrufen mit dem Alter veränderte. Während die jüngsten Tiere noch »Adler-Alarmrufe« als Reaktion auf alle möglichen Vögel und sogar fallende Blätter gaben, hatten halbwüchsige Tiere gelernt, nur noch beim Erscheinen von Raubvögeln zu rufen. Die erwachsenen Tiere schließlich gaben in der Regel nur dann Alarmrufe von sich, wenn sie einen Kampfadler sichteten, der als größter Feind der Grünen Meerkatzen gilt. Mit anderen Worten, die Lautgebung verriet auch eine Menge darüber, wie die Tiere die Welt kategorisieren.[59]

Während die Autoren in der Originalarbeit konstatierten, dass die Affen sich so verhielten, *als ob* die Laute verschiedene Raubfeinde bezeichneten, wurde daraus in den ersten Presseberichten die Nachricht, die Affen besäßen so etwas wie Vorstufen von Wörtern. Das »als ob« wurde eine Weile geflissentlich ignoriert; zu groß war die Begeisterung, dass die Tiere so etwas wie eine rudimentäre semantische oder »referentielle« Kommunikation hatten. Und so entwickelte sich eine Diskussion darüber, ob es sich bei den Alarmrufen eher um die Bezeichnungen der Raubfeinde handelte oder um Propositionen wie »Renne in den Busch!« oder »Klettere auf den Baum!«. Die Begeisterung über den sensationellen Befund verschaffte unserem Forschungsfeld jede Menge Aufmerksamkeit und damit letztlich auch Fördermittel, um weitere Studien zur vokalen Kommunikation von Affen zu betreiben.

Erst in den 1990er Jahren wendete sich die Forschergemeinde wieder dem »als ob« zu. Langsam dämmerte es den Leuten, dass eine solche »referentielle Kommunikation« bereits diagnostiziert werden kann, wenn zwei Kriterien erfüllt sind. Erstens muss es eine gewisse Spezifität in der Lautgebung geben, und zweitens müssen diese Laute unterschiedliche Reaktionen auslösen. Wenn dies gegeben ist, funktioniert das System so, als ob die Laute auch den Raubfeind bezeichneten – auch wenn sie das vielleicht gar nicht tun, sondern nur spezifische angeborene vokale Reaktionen sind.[60] Seitdem heißt die »referentielle Kommunikation« »funktional referentielle Kommunikation«. Das hindert viele aber nicht daran, gebetsmühlenartig zu wiederholen, man könne aus dem Studium kontextabhängiger Unterschiede bei Primatenlauten Rückschlüsse auf die Evolution der Sprache ziehen.

Aussagekräftiger ist daher die Antwort auf die Frage, ob der Zusammenhang zwischen dem Bezeichnendem und dem Bezeichneten auch willkürlich ist. Könnten die Affen sich theoretisch auch darauf einigen, fortan »Adler-Alarmrufe« als Reaktion auf eine Schlange einzusetzen, und »Leoparden-Alarmrufe« dann, wenn sie etwas Leckeres zu essen gefunden haben? Denn dies ist ja eine der zentralen Eigenschaften der menschlichen Sprache: Wir haben Konventionen, wie wir etwas bezeichnen, und können, wenn wir wollen, das Bett auch Bild nennen.[61] Sofern wir uns alle darauf einigen, gibt es keine Probleme. Um dies zu klären, nahmen die Forscher erstens die Entwicklung der Lautmuster während der Ontogenese in den Blick; zum anderen fragten sie nach Unterschieden zwischen Populationen. Wenn es schon keine Sprache bei Affen gab, dann doch vielleicht unterschiedliche Dialekte?

Entwicklung der Lautgebung

Die individuelle Entwicklung der Lautgebung, also die Ontogenese, war schon in den 1960er Jahren ein Thema für eher neurobiologisch orientierte Verhaltensforscher. Entsprechend kamen die ersten Befunde für Totenkopfaffen aus Laborstudien.[62] Aus diesen frühen Untersuchungen ging bereits hervor, dass die Modifikation während der Individualentwicklung sehr begrenzt ist. Die kleinen Affen können schon innerhalb der ersten Tage und Wochen fast alle Lautmuster produzieren. Zudem müssen sie nicht die Laute ihrer Artgenossen hören, um die artspezifische Lautstruktur produzieren zu können. Gehörlose oder von Menschen aufgezogene Affen unterscheiden sich in der Lautgebung nicht von hörenden oder in Gruppen mit Artgenossen aufgezogenen Tieren. Die wenigen Unterschiede, die es zwischen jungen und erwachsenen Tieren gibt, lassen sich fast vollständig durch drei Faktoren erklären: Reifung, Größenwachstum und Sexualhormone. Mit Reifung sind dabei all diejenigen Prozesse gemeint, die sich erfahrungsunabhängig in einer gewissen Altersstufe entwickeln. Der Einfluss der Reifung bei der Lautgebung lässt sich gut an der frühen Entwicklung der Lautgebung bei Rhesusaffen nachvollziehen. Wenn ein kleines Affenbaby den Kontakt zur Mutter verliert, dann produziert es hell klingende, tonale »Coo«-Laute. In den allerersten Tagen nach der Geburt sind diese Laute noch etwas schwach, die Stimme etwas brüchig. Wenn die kleinen Kerlchen etwas kräftiger werden, dann wird der Stimmeinsatz auch fester. Die grundsätzliche Struktur ändert sich allerdings nicht.[63]

Mit zunehmender Größe verändern sich auch die morphologischen Strukturen, die an der Lautgebung beteiligt sind. Das Lungenvolumen wird größer, damit können die Laute auch länger werden. Der Kehlkopf wächst, die Stimmbänder werden länger, was ähnlich wie bei einer Saite tiefere Töne ermöglicht. Und schließlich verändert sich der Nasen- und Rachenraum, durch den die Laute passieren und der mit seinen Resonanzeigenschaften die Klangqualität der Laute beeinflusst. Kleine Affen hören sich anders an als große; ebenso wie sich kleine Menschenkinder anders anhören als Erwachsene, selbst wenn sie nur »hmmm« sagen.

Die dritte wichtige Einflussgröße sind die Sexualhormone, die mit Beginn der Pubertät Einfluss auf den Einsatz und die Struktur bestimmter Laute nehmen können, welche bei der Partnerwahl eine Rolle spielen. Insofern handelt es sich hier eigentlich auch um Reifungsprozesse. Ein Beispiel, wie diese verschiedenen Faktoren zusammen wirken, liefern die Kontaktrufe von Bärenpavianen.[64] Kontaktrufe eignen sich für eine Analyse altersabhängiger Unterschiede, da sie zu den wenigen Ruftypen gehören, die von Tieren beiden Geschlechts und aller Altersklassen geäußert werden.

Die Grundfrequenz sinkt mit dem Alter ab, was fast vollständig durch das Wachstum erklärt werden kann. Mit dem Einsetzen der Pubertät finden sich dann auch Unterschiede zwischen den Geschlechtern, die ebenfalls weitgehend durch den nun einsetzenden Größenunterschied zwischen Männchen und Weibchen erklärt werden können. Im Verlauf der Pubertät hängen die Männchen dann eine zweite Silbe an den »wa«-Laut an, so dass sie zu den bereits erwähnten *wahoos* kommen. Etwas überraschend ist vielleicht, dass die Tiere die mehr oder weniger gleichen Laute in so verschiedenen Kontexten wie dem Verlust des Kontakts zur Gruppe und in Displaysituationen äußern. Und um es noch etwas komplizierter zu machen, verwenden sie *wahoos* auch als Alarmrufe. Genaue Analysen zeigen, dass es durchaus kleine Unterschiede zwischen den Rufen in den drei Kontexten gibt.[65] Andererseits zeigt das Beispiel auch, wie beschränkt die Flexibilität in der Lautgebung ist; ein Ingenieur hätte die Tiere sicherlich mit drei diskret verschiedenen Signalen ausgestattet.

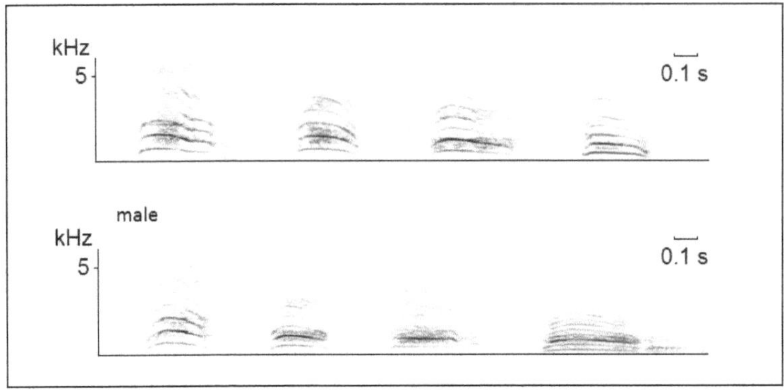

Abb. 30: Spektrogramme von Kontaktrufen der Bärenpaviane. Im oberen Spektrogramm sind die Laute weiblicher Tiere abgebildet, unten die von männlichen Tieren. Von links nach rechts Aufnahmen von halbjährigen, juvenilen, heranwachsenden und erwachsenen Tieren.

Dialekte

Entsprechend der starken angeborenen Komponente in der Lautgebung fielen auch die Befunde bezüglich möglicher regionaler Unterschiede eher mager aus. Dialekte sind ein guter Hinweis auf Lernen. Bei Singvögeln sind sie ganz typisch, und ein erfahrener Ornithologe kann am Gesang nicht nur die Vogelart erkennen, sondern häufig auch das Gebiet benennen, aus dem ein Vogel stammt. Eine der ersten Studien zum möglichen Vorkommen von Dialekten bei Affen befasst sich mit regionalen Unterschieden bei Japanmakaken.[66] Hier zeigten sich marginale Unterschiede zwischen drei Gruppen. Auch bei Schimpansen fanden Forscher geringfügige Unterschiede zwischen verschiedenen Gruppen.[67] Dabei waren die Unterschiede zwischen benachbarten Gruppen größer als zwischen weiter entfernt lebenden Gruppen – als ob die Tiere versuchten, sich von den direkten Nachbarn deutlich abzugrenzen.[68] Auch die Berberaffen in den Affenparks in Rocamadour und Salem weisen geringe Unterschiede in ihren Alarmrufen auf. Allerdings erkannten die Affen die Rufe aus den anderen Gruppen durchaus als Alarmrufe.[69] Es gibt also bei Affen einige Hinweise auf Variation zwischen Gruppen oder Populationen, die auf eine begrenzte Modifikationsfähigkeit hinweisen. Wie genau dies funktioniert, ist bislang aber unklar. Zwei Hypothesen stehen dabei im Raum. Eine Möglichkeit wäre, dass die Tiere verschiedene Varianten »ausprobieren« und lernen, dass die populationstypische Version die wirksamste ist. Alternativ könnte es sich um ein Resultat der engen Verzahnung von Sensorik und Motorik handeln. Es könnte demnach sein, dass das Hören bestimmter Varianten bevorzugt eben diese Varianten auf der Lautproduktionsseite aktiviert und diese entsprechend häufiger geäußert werden. Ein solches System hat den Charme, dass es sich selbst verstärkt, ohne dass assoziative Lernprozesse geltend gemacht werden müssten.[70] Entsprechende Untersuchungen fehlen aber bislang.

Eine weitere Studie, die auf eine gewisse Modifizierbarkeit in der Lautgebung hinweist, stammt von Elodie Ey und Charlotte Rahn, die beide in unserer Abteilung arbeiteten. Elodie untersuchte die Lautgebung von Anubispavianen an der Feldstation Gashaka in Nigeria, Charlotte war in Budongo in Uganda unterwegs. In beiden Projekten werden vornehmlich Schimpansen erforscht; Gashaka wurde von Volker Sommer aufgebaut, während Budongo derzeit von Klaus Zuberbühler geleitet wird. Da, wo Schimpansen leben, sind Paviane häufig nicht weit, und so erhielten Elodie und Charlotte die Möglichkeit, ihre Forschung in diesen Gebieten an Paviangruppen durchzuführen. Es ging insbesondere um die Frage, inwiefern der Sichtkontakt zu den anderen Gruppenmitgliedern die Lautgebung beeinflusst. In beiden Populationen waren die Rufe signifikant länger, wenn die Tiere durchs hohe Gras liefen.[71] Wir wissen nicht, ob die Tiere das willkürlich so kontrollierten oder ob es nur ein Ausdruck höherer Erregung aufgrund größerer Unsicherheit war. Unabhängig davon können aber die Empfänger diese Variation nutzen, da die Rufe leichter zu erfassen und zu lokalisieren sind.

Festzuhalten bleibt, dass die Struktur der Lautmuster weitgehend angeboren und auditorische Erfahrung mit arteigenen Lautmustern keine Voraussetzung für die Entwicklung eines vollständigen und normalen Lautrepertoires ist. Innerhalb dieser sehr stark genetisch festgelegten Struktur gibt es aber ein geringes Potential für erfahrungsabhängige Variation. Die Zuhörer sind in der Lage, diese feinen Unterschiede wahrzunehmen und mit unterschiedlicher Bedeutung zu belegen. Aber kein Affe ist fähig, ein Gedicht aufzusagen, eine fremde Sprache zu erlernen oder das Zwitschern eines Vogels nachzuahmen. Diese beschränkte Flexibilität in der vokalen Kommunikation nichtmenschlicher Primaten ist in der neuronalen Kontrolle der Lautäußerungen begründet. Affen fehlen nämlich die direkten neuronalen Verbindungen vom Cortex zum Kehlkopf.[72] Es ist ihnen daher beispielsweise nicht möglich, den Verlauf der Grundfrequenz ihrer Laute willkürlich zu kontrollieren. Vielmehr gibt es eine wichtige Integrationsstelle, das so genannte zentrale Höhlengrau, das Input aus verschiedenen Arealen wie dem vorderen limbischen Cortex sowie sensorischen und motivationalen Gebieten erhält. Das zentrale Höhlengrau im Mittelhirn sendet seinerseits Projektionen zu Motorkernen im Hirnstamm, die die Atmung, die Artikulation sowie den Stimmeinsatz steuern. Dabei handelt es sich im Wesentlichen um Mustergeneratoren, die mehr oder weniger festgelegte Lautstrukturen produzieren. Affen können zwar den Einsatz ihrer Laute willkürlich steuern und innerhalb der arttypischen Spanne auch die Lautdauer etwas verlängern, aber sie können weder die Tonlage halten noch ihre Stimmgebung, Atmung und Artikulation in einer Weise kontrollieren, wie Menschen es tun, wenn sie das Sprechen gelernt haben.

Neugeborene Menschen verfügen wie nichtmenschliche Primaten über ein Repertoire von angeborenen Lauten wie Schreien, Jammern, Stöhnen und Gurren. Mit zunehmendem Alter kommt dann das Lachen hinzu. Die angeborenen Laute unterscheiden sich nicht bei hörenden oder gehörlosen Kindern. Bei hörenden Kindern kommt dann als Vorstufe der Sprache das so genannte kanonische Lallen hinzu, bei dem Silben redupliziert werden (»da-da-da«). Kinder mit eingeschränkter Hörfähigkeit fangen erst später an zu lallen als hörende Kinder.[73] Vor der Entwicklung moderner Hörtests war dieser verzögerte Einsatz des Lallens ein erster Hinweis auf eine mögliche Schwerhörigkeit. Bei uns setzt also das abgeleitete Sprachsystem auf dem ursprünglichen System der angeborenen Laute auf, was sich auch bei Vergleichen der neuronalen Grundlagen der nonverbalen und verbalen Komponenten der menschlichen Kommunikation zeigt.[74]

Nicht bei allen Tierarten ist die Struktur der Laute derart festgelegt. Singvögel zum Beispiel müssen den arttypischen Gesang lernen. In unseren Breiten hören die Jungvögel nach dem Schlüpfen den Gesang des Vaters oder anderer männlicher Vögel in der Nähe. Die Jungtiere merken sich den Gesang; sie bilden eine

»Schablone« aus. Im Herbst und Winter erfolgt eine Phase erhöhter vokaler Aktivität, wobei der Gesang zunächst noch recht unstrukturiert ist. Mit zunehmender Praxis bildet sich dann immer deutlicher der arteigene Gesang aus; der Gesang »kristallisiert«.[75] Bei Singvögeln gibt es auch Arten, die lebenslang lernen können. Besonders bemerkenswert sind die australischen Leierschwänze, die nicht nur den Gesang von über 20 anderen Vogelarten nachmachen können, sondern auch das Geräusch eines Kameraverschlusses oder einer Baustelle. Andere bemerkenswerte Vertreter sind Papageien, deren Lautstruktur uns besonders menschlich erscheint und die in der Lage sind, mehr oder weniger sinnvolle Dialoge zu führen.[76]

Auch Delfine sind in der Lage, die Lautmuster ihrer Artgenossen oder andere Geräusche zu imitieren. Bei Großen Tümmlern besitzt jedes Tier einen für ihn typischen Signaturpfiff, aber sie können auch die Pfiffe von anderen produzieren. Eine Studie legte nahe, dass sich die Tiere sogar gegenseitig rufen können: Wenn ein Delfin den eigentlich für ein anderes Gruppenmitglied typischen Pfiff von sich gab, war die Wahrscheinlichkeit hoch, dass beide danach interagierten.[77] Und dann gibt es noch die schöne Anekdote über Hoover, die Robbe, die fluchen konnte.[78] Hoover wurde von einem schottischen Seemann aufgezogen. Es gibt ein paar köstliche Aufnahmen von Hoover: »Hey you, get out of here!«, konnte Hoover mehr grölen als sagen. Er hörte sich dabei ziemlich betrunken an. Die Fähigkeit zur vokalen Imitation ist im Laufe der Evolution also mehrfach unabhängig entstanden, aber innerhalb des Zweigs der Primaten erst nach der Aufspaltung von Menschen und Schimpansen.[79]

Die Frage nach der Flexibilität in der Lautgebung war auch die Grundlage eines eher bizarren Kapitels in meiner Geschichte als Affenforscherin. Ich war damals Postdoktorandin bei Robert und Dorothy, und ich war dabei, meine Daten aus Botswana auszuwerten. Im Zimmer nebenan saß Marta Manser, die damals ebenfalls ein Postdoktorat bei Robert und Dorothy absolvierte.

Sie ist heute Professorin an der Universität Zürich und erforscht die Kommunikation und Intelligenz von Erdmännchen und Mangusten. Eines Tages sprach uns Robert an, ob wir Interesse hätten, im Auftrag einer Arbeitsgruppe an den National Institutes of Health in die Karibik zu fliegen, um dort Lautaufnahmen von Grünen Meerkatzen zu machen. Es werde alles bezahlt. Aber was um alles in der Welt machen Grüne Meerkatzen in der Karibik? Tatsächlich gibt es dort zwei wilde Populationen, jeweils auf St. Kitts und Barbados. Die Tiere waren während des Sklavenhandels im 17. Jahrhundert von Westafrika dorthin verschifft worden und hatten es geschafft, zu überleben. Außerdem gab es auf beiden Inseln Primatenzentren, in denen die Tiere zum Zweck der medizinischen Forschung und zur Entwicklung von Impfstoffen gehalten wurden. Wir mussten nicht lange überlegen. Zehn Tage Karibik, alles bezahlt, den Spuren Grüner Meerkatzen folgen und ein paar Laute aufnehmen – das hörte sich großartig an.

Einige Wochen später saßen wir im Flugzeug nach St. Kitts, einer Insel, die durch eine vulkanische Gebirgskette geprägt ist und einen Haufen verlorener Seelen beherbergt. Nach unserer Landung in Basseterre, der Hauptstadt von St. Kitts, machten Marta und ich uns auf in das lokale Primatenzentrum. Es wurde von einem US-Amerikaner geleitet, dessen schmieriges Leinenhemd nur dürftig seinen behaarten Wanst bedeckte. Er führte uns zu unserer Unterkunft, einem Bretterschuppen, in dem uns nachts die Ratten über die Füße liefen. Mit unserem Mietwagen fuhren wir zum nächstgelegenen Supermarkt, in dem wir angesichts der Preise fast in Ohnmacht fielen. Wir besorgten das Nötigste und kehrten in unsere Herberge zurück. Als wir die Milch im Kühlschrank verstauen wollten, fanden wir dort Tüten und Gläser voller Affengewebe und entnommener Organe – sowie ein paar Lebensmittel von Projektmitarbeitern. Wir verzichteten auf die Nutzung des Kühlschranks.

Auf dem Gelände des Primatenzentrums waren einige Dutzend Affen untergebracht. Alles war ziemlich heruntergekommen. Neben dem Leiter des Zentrums arbeitete dort noch eine bildschöne Frau, die sich einen Pareo um die Hüften geschlungen hatte und ein luftiges Oberteil trug. Offensichtlich war sie die Lebensgefährtin des Chefs. Die beiden wirkten die ganze Zeit so, als ob sie gerade aus dem Bett gekrochen wären. Sie war eine Tierärztin, die sich mit Transplantationsmedizin beschäftigte. Der OP-Bereich ging übergangslos in ihre Küche über, wo sie gelegentlich in den Töpfen rührte. Und dann gab es noch eine blonde US-amerikanische Studentin, die ein Praktikum bei den beiden absolvierte. Sie brach fast in Tränen aus, als sie uns sah: Endlich hatte sie Gesellschaft und konnte mit jemandem reden. Sie war schon einige Monate auf der Insel. Mit ihr verbrachten wir einen Abend in einer Hafenkneipe in Basseterre. Am Tresen stand ein britischer Kriegsveteran aus dem ersten Golfkrieg, der seine Abfindung investiert hatte, um sich den Traum eines Pubs in der Karibik zu erfüllen. Nun stellte er fest, dass er mitten in einem Alptraum gelandet war. Er versuchte verzweifelt, den Laden wieder loszuwerden. Zwischen zwei Bieren erzählte er mir, dass St. Kitts fest in der Hand von Drogenbaronen sei und eine außergewöhnlich hohe Selbstmordrate hätte. Er fragte mich, ob ich nicht die ganzen Schnellboote bemerkt hätte, mit denen könnten die Drogenkuriere jedes Polizeiboot abhängen. St. Kitts sei einer der wichtigsten Umschlagplätze zwischen Kolumbien und den USA. Ich wusste nicht, ob das stimmt, aber ich glaubte ihm alles. Im Kontrast zu diesen unheimlichen Begegnungen standen unsere Ausflüge in die Natur. Wir streunten im Regenwald am Fuße der Bergkette herum und fanden sogar ein paar Affen. Von mehreren Männchen konnten wir Alarmrufe aufnehmen. Marta hatte sich ein Tuch mit Leopardenmuster umgehängt und sich auf allen vieren an die Affen herangeschlichen. Die Rufe der Affen klangen genauso wie die »Leoparden-Alarmrufe« der Grünen Meerkatzen in Kenia, obwohl es sich strenggenommen hier um zwei verschiedene Arten handelte: ein weiterer Hinweis, wie wenig flexibel die Lautgebung der Affen ist, weder innerhalb der Individualentwicklung noch im Verlauf der Stammesgeschichte. Bis zum Abflug trieben wir uns auf der Insel herum und sahen jungen Einheimischen beim Nationalsport Cricket zu. Wir achteten darauf, nicht noch irgendwelchen Schmugglern in die Arme zu laufen, und waren heilfroh, als wir endlich wieder im kleinen Propellerflugzeug Richtung Miami saßen.

So ganz lassen mich die Grünen Meerkatzen bis heute nicht los. Auf unserer Feldstation Simenti im Senegal gibt es nämlich auch Vertreter dieser Gattung. In der Nähe unseres Camps leben drei Gruppen, und als wir noch nicht in der Lage waren, die Paviane systematisch zu beobachten, dachte ich, dass es eine gute Gelegenheit sei, eine Studie ihrer Vokalisationen zu initiieren. Tabitha Price machte die Lautgebung der verschiedenen Grünen Meerkatzen zum Thema ihrer Dissertation; sie baute dabei auf einer Pilotstudie von Urs Kalbitzer auf. Als Erstes schrieb Tabitha die Pioniere der Erforschung der Kommunikation von Grünen Meerkatzen an und bat sie um ihre Lautaufnahmen. Sowohl Tom Struhsaker als auch Robert Seyfarth öffneten ihre Archive und schickten ihr viele Stunden Material. Damit können wir nun die Struktur der Alarmrufe der Grünen Meerkatzen mit modernen Methoden analysieren. Der zweite Teil der Arbeit beschäftigt sich mit der Lautgebung der Tiere in Westafrika. Um die Tiere zu Alarmrufen zu provozieren, arbeitete Tabitha mit Raubtierattrappen. Sie ersteigerte einen riesigen Plüsch-Leoparden im Internet, der zuhause erst einmal ausgeweidet und dann im Camp wieder mit Stroh gefüllt werden musste. Nur die Suche nach einem geeigneten Stoff für die Schlangenattrappen verlief unbefriedigend, bis Tabitha in Dakar auf der Straße einen Lastwagen entdeckte, dessen Plane perfekt gemustert war. Sie sprach den Fahrer an, der ihr sogar sagen konnte, wo es das Material gab. Zusammen mit ihrer Mutter fertigte sie zwei überaus beeindruckende Pythons an. Die liegen inzwischen in unserem Lager, und wir erschrecken uns immer wieder vor ihnen. Schließlich baute Tabitha noch einen stattlichen Pappmaché-Adler, den sie später im Baum platzierte. Eine Art Geisterbahn für Affen.

Die Affen reagierten in den Experimenten erstaunlich heftig auf die Präsentation des Leoparden und auch auf die der Schlangenmodelle. Wenn sie den Leoparden sahen, dann rannten sie in den Baum und fingen an zu rufen. Angesichts der Schlangenattrappen stellten sie sich auf die Hinterbeine oder sprangen in den Baum und äußerten ebenfalls lange Serien von Alarmrufen. Allein die Adlerattrappen ließen die Tiere kalt. Es gibt zwei mögliche Erklärungen. Am wahrscheinlichsten ist, dass die Präsentation der Adler einfach zu umständlich war; Tabitha und ihr Feldassistent mussten den Adler nämlich erst mit einer Plane bedecken und diese dann abziehen. Vielleicht hatten die Tiere einfach gemerkt, dass hier irgendetwas nicht ganz koscher war. Es könnte aber auch sein, dass Kampfadler für die Tiere in Simenti keine Bedrohung darstellen. Das müssen weitere Beobachtungen zeigen.

In einer weiteren Serie von Experimenten überprüfte Tabitha, wie die Tiere Informationen aus verschiedenen Quellen integrieren. Dazu zeigte sie einer Gruppe von Meerkatzen zunächst ganz kurz den Plüschleoparden oder die Schlange. Nachdem die Affen sich wieder beruhigt hatten, spielte sie eine Weile später entweder Laute vor, die die Meerkatzen ursprünglich als Reaktion auf einen Leoparden oder eine Schlange geäußert hatten. Die Affen reagierten am deutlichsten, wenn Kontext und Ruf zueinander passten, wenn sie also einen Leoparden gesehen hatten und später auch einen »Leoparden-Alarmruf« hörten.[80] Dann rannten sie ganz nach oben in den Baum und blieben lange dort sitzen. Wenn Alarmruf und das gezeigte Tier hingegen nicht zusammenpassten, waren sie unschlüssiger.

Bei diesen Experimenten assistierte ich Tabitha einige Male. Um den Leoparden zu verstecken, hatte sie im Streifgebiet der Affen aus abgefallenen Palmenwedeln kleine Hütten gebaut. Eng zusammengekauert saß ich mit dem Plüschleopard in einem solchen Versteck. Endlich kamen die Affen ganz in meine Nähe. Über Walkie-Talkie gab mir Tabitha das Zeichen zum Loslegen. Für wenige Sekunden schob ich den Leoparden aus dem Blätterverschlag ins Freie. Die Affen sprangen auf die Bäume und die Männchen gaben lange Serien von Alarmrufen von sich. Den Leoparden hatte ich gerade wieder mit einer Plane bedeckt, als ich durch die Blätter sah, wie ein Pavianmännchen angerannt kam und nach dem Leoparden Ausschau hielt. Offensichtlich hatte er die Laute der Grünen Meerkatzen sehr richtig interpretiert. Ich saß mucksmäuschenstill. Mit einem Leoparden unter dem Arm wäre ich dem Pavian nur ungern direkt gegenübergetreten.

Ganz abgeschlossen sind die Lautanalysen von Tabitha noch nicht, aber es zeichnen sich sehr interessante Ergebnisse ab. Zum einen geben die Tiere in Westafrika als Reaktion auf Leoparden und Schlangen sehr ähnliche Laute von sich wie die Tiere in Kenia, was gut zu der Annahme passt, dass sich in der Lautgebung bei den Affen im Verlauf der Evolution wenig getan hat.[81] Außerdem fand sie heraus, dass die Affen in Westafrika in beiden Kontexten häufig so genannte Zwitscherlaute von sich gaben, die sich nur wenig in Abhängigkeit von der Situation unterschieden. Das

Abb. 31: Meerkatzen in Simenti.

heißt, wenn die Affen einen typischen »Leoparden-Alarmruf« hören, wissen sie, woran sie sind. Wenn sie dagegen Zwitscherlaute hören, ist die Situation weniger klar. Das System ist also insgesamt nicht so spezifisch, wie es für die Grünen Meerkatzen in Kenia beschrieben wurde. Die nächste Aufgabe ist daher, anhand der Lautaufnahmen von Struhsaker und Seyfarth nachzuvollziehen, wie die Zwitscherlaute in Ostafrika beschaffen sind. Dass es welche gibt, hatte Struhsaker schon notiert.

Insgesamt lässt sich die Veränderung in der Lautgebung der Meerkatzen sehr gut mit einem erregungsbasierten Modell erklären. Zwitscherlaute scheinen Indikatoren für eine unspezifische leicht erhöhte Erregung zu sein, wogegen die typischen Rufe eindeutig unterschiedliche motivationale Zustände repräsentieren. Denkbar ist, dass sich die Kontexte »Schlange« und »Leopard« hinsichtlich der empfundenen Kontrolle über die Situation unterscheiden, die die Tiere verspüren. In der Emotionsforschung wird dies auch als *Potenz* bezeichnet. Schlangenalarmrufe dienen wie erwähnt dazu, Artgenossen anzulocken und die Schlange durch »Mobbing« aus dem Revier zu vertreiben. Es mischt sich also eine aggressive Komponente in die Lautgebung. Wenn sich die Tiere mit einem Leoparden konfrontiert sehen, ist das nicht der Fall.

Möglicherweise überlagern sich bei den Alarmrufen auch verschiedene Funktionen. Im Vordergrund steht das Ziel, Verwandte und andere Gruppenmitglieder zu warnen. Daneben können sie dem Räuber signalisieren, dass die Beute ihn entdeckt hat. Und schließlich können diese Laute auch die Vitalität und Kampfkraft eines Tieres anzeigen, ähnlich wie das bei den *wahoos* der Paviane der Fall ist. So existieren bei den Alarmrufen der Grünen Meerkatzen deutliche akustische Unterschiede zwischen den Geschlechtern, und ähnliche Rufe wie die »Leoparden-Alarmrufe« kommen auch bei Auseinandersetzungen zwischen Gruppen vor. Die Fokussierung auf den »referentiellen« Charakter der Alarmrufe hat uns möglicherweise lange Zeit den Blick darauf verstellt, was eigentlich die biologische Funktion der Rufe ist, welche selektiven Drücke die Variation in der Rufstruktur hervorgebracht haben und welche evolutionären Beschränkungen gleichzeitig umfangreicheren Variationen entgegenstehen. Es wird Zeit, die Kommunikation der Affen wieder vom Kopf auf die Füße zu stellen.

Entwicklung der Reaktionen

Bislang haben wir uns ausgiebig mit der Lautgebung beschäftigt. Aber wie sieht es auf Seiten des oder der Empfänger aus? Wenn die Lautgebung so stark genetisch fixiert ist, dann könnten die Reaktionen ja ebenfalls angeboren sein. Eine der ersten Studien zur Entwicklung der adäquaten Reaktionen wurde einmal mehr von Robert und Dorothy vorgelegt. In Kenia spielten sie jungen Grünen Meerkatzen verschiedener Altersstufen die unterschiedlichen Alarmrufe dieser Art vor. Anders als bei der Lautgebung entwickelten sich die richtigen Reaktionen langsam. Die Kleinsten im Alter von ein bis zwei Monaten reagierten selten; meist wurden sie von ihren Müttern eingesammelt. Sobald sie etwas selbständiger geworden waren, reagierten sie auf die Rufe, taten aber manchmal das Falsche. Die genaue Inspektion der Filmaufnahmen zeigte, dass die Jungtiere häufiger richtig reagierten, wenn sie zuerst ein erwachsenes Tier angeschaut hatten. Im Alter von einem halben Jahr verhielten sie sich schließlich wie die Erwachsenen.[82]

In unserer Studie zu den Reaktionen von Berberaffen auf ihre Alarmrufe fanden wir dagegen nicht, dass sich die jüngeren Tiere an den älteren orientieren. Die Jungtiere saßen meist schon in den Bäumen, bevor die Älteren sich in Bewegung gesetzt hatten.[83]

Während meiner Untersuchung der Kommunikation der Bärenpaviane in Botswana galt mein Interesse vor allem der Entwicklung der richtigen Reaktionen auf Lautmuster. Ich machte es den Kindern aber etwas schwerer als Robert und Dorothy, weil ich nicht danach fragte, ob sie akustisch deutlich unterschiedliche Rufe auseinanderhalten konnten, sondern wie sie es mit akustisch eher ähnlichen Rufen hielten. Das Beispiel, das ich genauer unter die Lupe nahm, waren die bereits erwähnten Bell-Laute der Tiere. Nicht nur bei den *wahoos* der Männchen gibt es graduelle Unterschiede zwischen Displaylauten, Kontaktrufen und Alarmrufen, sondern auch bei den Weibchen. Die Weibchen setzen ihre Bell-Laute als Kontakt- und Alarmrufe ein. Während die Kontaktrufe in der Regel eine tonale Struktur aufweisen, hören sich die Alarmrufe eher harsch an. Zwischen der tonalen und der geräuschhaften Variante gibt es noch intermediäre Formen, die in beiden Situationen vorkommen können, das heißt, sowohl in Situationen, in denen die Tiere den Anschluss an die Gruppe oder den Kontakt zu einem bestimmten anderen Tier verloren, als auch wenn sie einen Löwen im hohen Gras entdeckt hatten.[84] Bevor ich auf die Ergebnisse dieser Experimente an den Paviankindern eingehe, muss ich ein paar Jahre zurückspringen, um zu erklären, wie ich überhaupt auf diese Frage kam.

Wahrnehmung gradueller Unterschiede

Inspiriert von Roberts und Dorothys Arbeiten zu den Alarmrufen der Grünen Meerkatzen hatte ich in meiner Diplomarbeit die Alarmrufe der Berberaffen untersucht. Auch in einem Gehege kommen sie durchaus vor, zum Beispiel als Reaktion auf Hunde, aber auch, wenn ich mich nach Einbruch der Dunkelheit im Gehege herumtrieb. Schlangen oder vereinzelte Raubvögel, die über dem Gehege kreisten, lösten ebenfalls Alarmrufe aus. Anders als bei den Grünen Meerkatzen waren diese Rufe aber alle sehr ähnlich. Erst mit Hilfe einer computergestützten akustischen Analyse fanden wir Unterschiede in den Rufen aus den verschiedenen Kontexten. Es gab aber auch graduelle Übergänge zwischen den Ruftypen, also Rufexemplare, die sich nicht eindeutig der einen oder anderen Kategorie zuordnen ließen.[85] Dieses Ergebnis warf sofort die Frage auf, wie die Affen mit der kontinuierlichen Variation umgehen. Sind sie in der Lage, auch feinste Unterschiede mit verschiedener Bedeutung zu belegen, oder gibt es Rufe, bei denen sie gewissermaßen einfach mit den Schultern zucken? Auch für die Sprachursprungsfrage ist dies von Belang, denn die Umkodierung von kontinuierlicher Variation in diskrete Lautkategorien (»kategorielle Perzeption«) galt lange Zeit als herausragendes Merkmal der Sprachverarbeitung beim Menschen.

In meiner Doktorarbeit überprüfte ich deshalb, wie die Affen Rufe aus den beiden Kontexten »Hund« und »Beobachter« klassifizierten und wie sie dabei die kontinuierlichen Übergänge zwischen Lauttypen verarbeiteten. Dazu verwendete ich eine Methode, die ursprünglich für die Untersuchung der Sprachwahrnehmung bei Säuglingen erdacht worden war.[86] Das experimentelle Design lehnt sich an ein klassisches Experiment aus der Lernforschung an, dem Habituations-Diskriminationsparadigma.

Ich spielte in meinen Experimenten zunächst eine Serie von Lauten aus einem Kontext vor, und zwar sehr leise und aus ausreichend großer Distanz. Ich wollte nicht, dass die Tiere gleich wegrennen. Meist suchte ich mir ein einzelnes Tier aus, das am Rande der Gruppe saß, bevor ich den Lautsprecher hinter einem Busch versteckte und mich in Position brachte. In der Regel schauten die Tiere in Richtung des Lautes. Irgendwann wandten sie sich wieder ihrer Futteraufnahme zu. Dann spielte ich den nächsten Laut, sie schauten wieder, und so weiter. Irgendwann hatte sich ihr Interesse erschöpft und sie reagierten nicht länger. Nun wurde es spannend. Jetzt spielte ich nämlich den Testlaut vor. Die Annahme war, dass die Tiere wieder schauen sollten, wenn dieser Laut für sie eine andere Bedeutung hatte, und ihn ignorieren, wenn er aus der gleichen Kategorie kam. Wenn ich ihnen also erst eine Reihe von Alarmrufen vorspielte, die als Reaktion auf einen Hund geäußert worden waren, sollten sie deutlich auf einen »Mensch-Alarmruf« reagieren, wogegen sie einen weiteren »Hund-Alarmruf« nicht beachten sollten. Das Design erlaubte mir zusätzlich, den akustischen Unterschied zwischen den Habituations- und den Testlauten systematisch zu variieren, und einmal Laute im Test zu verwenden, die sich deutlich akustisch unterschieden, ein anderes Mal solche, die nur geringe Unterschiede aufwiesen.

Nach anderthalb Jahren und viel Blut, Schweiß und Tränen hatte ich meine Experimente im Kasten und konnte mich an die Auswertung machen. Wir staunten nicht schlecht, als wir feststellten, dass die Affen die Laute genauso einsortierten wie wir mit unserer akustischen Analyse. Auch geringe Unterschiede waren für sie bedeutungsvoll, wenn die Laute ursprünglich in verschiedenen Kontexten geäußert worden waren, wogegen sie Variationen innerhalb der Kategorie ignorierten. Und in dem Bereich, wo unsere akustische Analyse Schwierigkeiten hatte, die Laute dem einen oder anderen Kontext zuzuordnen, lagen auch die Affen im Bereich des Zufalls. Für uns waren die Ergebnisse damit in zweierlei Hinsicht bedeutsam. Erstens zeigten sie, dass auch Affen über Mechanismen verfügen, die ihnen eine kategoriale Wahrnehmung ermöglichen, und zweitens waren wir mit unserer akustischen Analyse in der Lage, für die Affen relevante Unterschiede auch abzubilden.[87]

Zurück zu den Paviankindern. Ich wollte nun wissen, wie sich die kategoriale Wahrnehmung mit dem Alter entwickelt. Dazu musste ich natürlich erst einmal feststellen, ob bei den erwachsenen Pavianen eine ähnlich präzise Kategorisierung zu finden wäre. Ich verwendete dazu die Unterscheidung zwischen den tonalen Kontaktlauten und den harschen Alarmrufen. Um es den Affenkindern später etwas einfacher zu machen, verwendete ich zur Habituation nur Kontaktrufe und dann im Test entweder einen eindeutig erkennbaren Alarmruf oder einen intermediären Alarmruf. Ich ging fest davon aus, dass die erwachsenen Paviane sehr genau hinhören würden und natürlich in der Lage sein sollten, intermediäre Alarmrufe von typischen Kontaktrufen zu unterscheiden. Aber irgendwie schien sie das alles nicht so richtig zu interessieren. Sie reagierten zwar deutlicher auf typische Alarmrufe als auf Kontaktrufe, aber meist drehten sie nur kurz den Kopf in Richtung des Lautsprechers und ließen sich nicht weiter irritieren.[88]

Die Paviankinder waren glücklicherweise etwas reaktionsfreudiger. Ich musste jedoch ein anderes experimentelles Design wählen, da es sich als unmöglich erwies, ein Paviankind zu erwischen, das mehr als zwanzig Sekunden an einem Ort sitzen blieb. Ich spielte also einfach einen Laut vor und verglich die Reaktionszeiten. Hier ergab sich ein klarer Zusammenhang zwischen akustischer Charakteristik und Reaktionsstärke. Je eindeutiger sich die Rufe wie Alarmrufe anhörten, desto stärker war auch die Reaktion. Aber anders als bei den Berberaffen machten die Paviankinder keine kategorialen Unterschiede bei den intermediären Formen. Das war zuerst etwas enttäuschend für mich. Erst später verstand ich, dass für die Paviane in der Wildnis die kontextuelle Information sehr viel bedeutsamer ist als die Variation in einem einzelnen Ruf, den sie in einem Playbackexperiment hören.

Abb. 32: Bärenpaviankind.

In einer weiteren Studie befasste ich mich mit der Entwicklung der Reaktionen bei den jüngsten Tieren. Die Allerkleinsten im Alter von zweieinhalb Monaten scherten sich überhaupt nicht um die Laute. Im Alter von vier Monaten reagierten sie zwar, aber es spielte keine Rolle, welchen Lauttypen ich vorspielte. Erst im Alter von einem halben Jahr verhielten sich die Jungtiere so wie die Erwachsenen. Sie reagierten deutlich auf Alarmrufe und hatten gelernt, Kontaktrufe zu ignorieren, außer wenn diese von ihrer Mutter kamen. Die Studie zeigte also ganz schön, wie sich die Reaktionen in zwei Schritten entwickeln: Erst müssen die Kleinen lernen, dass diese Laute überhaupt von Belang sind, und dann müssen sie die unterschiedliche Bedeutung erfassen. Anders als bei der Lautproduktion spielt Lernen eine riesige Rolle bei der Entwicklung der richtigen Reaktionen.[89] Wie diese Lernprozesse im Detail ablaufen, ist im Freiland freilich schwer nachzuvollziehen. Wir haben ja keine Kontrolle darüber, wie oft die Tiere Alarmrufe hören und gleichzeitig erfassen, was die Ursache für das Rufen war. Alarmrufe werden zudem über weite Distanzen geäußert, so dass es für die Jungtiere schwierig ist, die Ursache des Rufens zu erkennen und die Laute mit Bedeutung zu belegen.

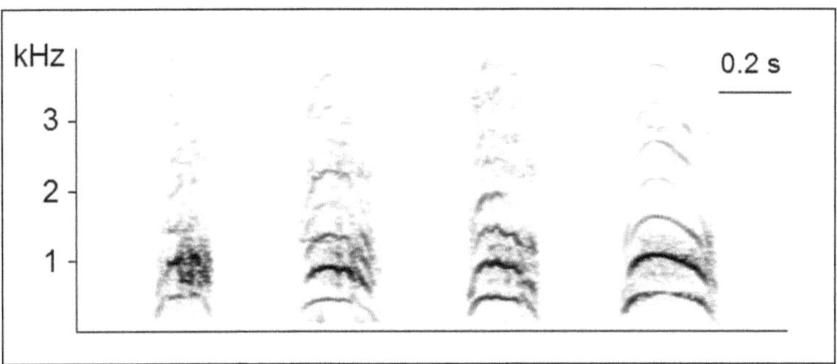

Abb. 33: Spektrogramme von Alarmrufen und Kontaktrufen eines weiblichen Bärenpavians. Die Beispiele zeigen typische und intermediäre Varianten dieser beiden Ruftypen: typische Alarmrufe (links) sind geräuschhaft, typische Kontaktrufe (rechts) tonal.

Wie unterschiedlich die Entwicklung der richtigen Reaktionen verlaufen kann, zeigte die bereits erwähnte Studie zur Erkennung der mütterlichen Stimme bei Berberaffen.[90] Hier konnte ich einen Mangel an Erfahrung ausschließen, da die Tiere in diesem Alter die meiste Zeit mit ihren Müttern verbringen. Wie erwartet waren die jungen Berberaffen schon sehr viel früher in der Lage als die Paviankinder, die richtige Bedeutung der Laute zu erfassen. Die Art und Wichtigkeit des Reizes ebenso wie die Häufigkeit des Auftretens beeinflussen also den Entwicklungsprozess. Die Kleinsten im Alter von vier Wochen schenkten den Lauten keinerlei Beachtung, sogar dann nicht, wenn direkt hinter ihnen ein echtes Tier anfing zu schreien. Dies deutet darauf hin, dass auch Reifungsprozesse eine Rolle spielen und das auditorische System in diesem Alter noch nicht völlig funktionsfähig ist. Den Kopf drehen, sich also irgendwohin orientieren, das konnten die Kinder nämlich schon. Im Alter von etwa zehn Wochen reagierten die kleinen Berberaffen dann deutlich stärker auf das Vorspiel der mütterlichen Stimme als

Abb. 34: Selo sitzt auf einem Termitenhügel und hält nach dem Rest der Gruppe Ausschau.

auf die Rufe von anderen Weibchen aus derselben Gruppe. In diesem Alter hatten die Paviankinder noch gar keine Reaktion gezeigt. Die Studien an den Grünen Meerkatzen, Pavianen und Berberaffen – aber auch an madagassischen Schifaks[91] – liefern gute Evidenz für die Annahme, dass junge Äffchen die Bedeutung von Lauten lernen müssen. Dabei hängt die Entwicklung der Reaktionen von der Bedeutung der Lautmuster ab, in welchen Kontexten sie auftreten und wie häufig sie vorkommen.

Auch andere Studien belegten die große Rolle des Lernens bei der Verarbeitung von Lauten. So konnten zum Beispiel weibliche Rhesus- und Japanmakaken artfremde »Stiefkinder« an der Stimme erkennen.[92] Das lässt sich nur durch Lernen erklären. Außerdem achten Primaten auch auf die Alarmrufe von Vögeln, Huftieren oder Vertretern anderer Primatenspezies, was nicht im Rahmen eines angeborenen Programms möglich wäre. Das »Lernen müssen« heißt eben auch »Lernen können«. Es eröffnet die Möglichkeit, auch völlig neue Laute zu nutzen, um vorherzusagen, was als Nächstes passiert. Diese Flexibilität ist bei einem relativ langen Leben von unschätzbarem Vorteil.

Wortlernen beim Haushund

Affen sind jedoch nicht die einzigen schlauen Zuhörer. Auch Hunde verstehen bekanntlich eine ganze Menge Kommandos. Während meiner Zeit als Postdoktorandin in Leipzig saß ich eines Nachmittags in einem Café und blätterte in der Zeitung. Dort wurde von der Jubiläumssendung von *Wetten, dass ...?* berichtet, in der noch einmal die beliebtesten Wetten der vergangenen zehn Jahre präsentiert wurden. Wettkönigin wurde Susanne Baus mit ihrem Border Collie Rico, der vor laufender Kamera auf Kommando aus einer großen Anzahl von Spielzeugen das richtige heraussuchte. Genau genommen waren es siebzig Spielzeuge. Ich war wie elektrisiert. Affen waren damit berühmt geworden, dass sie drei verschiedene Alarmrufe auseinanderhalten konnten, und nun las ich von einem Hund, der siebzig Spielzeuge beim Namen kannte?! Ich schrieb an die Redaktion von *Wetten, dass ...?*, gab ihnen meine Adresse und bat sie, die Besitzerin zu kontaktieren, weil ich gerne ihren Hund kennen lernen wollte. Wenige Tage später meldete sich Susanne Baus bei mir. Ich könne gerne kommen und mir Rico einmal ansehen. Ich erzählte Juliane Kaminski und Josep Call vom Leipziger Max-Planck-Institut für evolutionäre Anthropologie davon, und wir beschlossen, der Sache gemeinsam auf den Grund zu gehen. Juliane, die damals an ihrer Promotion arbeitete, und ich fuhren kurze Zeit später nach Bochum, wo Suse mit Mann, Kind und Rico wohnte. Wir sollten um drei Uhr nachmittags vorbeikommen. Kurz vor drei, als wir gerade das Auto abgestellt hatten, hörten wir im Autoradio die Eilmeldung, dass ein Flugzeug ins World Trade Center geflogen war. Ich malte mir aus, wie ein idiotischer Hobbypilot mit seiner Cessna in einen der Türme geknallt war, und dachte nicht weiter über die Meldung nach. Drinnen wurden wir von Suse und ihrer Familie sehr herzlich empfangen. Sie erzählte uns als Erstes, dass Rico inzwischen sehr viel mehr Spielzeuge kennen würde, sie nun aber keine weiteren Kisten mit Spielsachen in ihrer Wohnung haben wolle. Rico begrüßte uns neugierig. Neue Leute hatten meist auch ein neues Spielzeug dabei. Juliane zog einen kleinen Stoffpapagei aus der Tasche, den wir kurzerhand Josep tauften. Sie zeigte ihm den kleinen Vogel, sagte »guck, das ist der Josep!« und ließ Rico eine Weile damit spielen. Suse erzählte uns, wie es dazu kam, dass Rico überhaupt so viele Spielzeuge hatte. Als er noch ein junger Hund war, hatte er sich verletzt und durfte eine Weile nicht aus dem Haus. Border Collies sind echte Arbeitshunde, und die lange Untätigkeit bekam ihm nicht gut. Sie fing deshalb an, zwei oder drei verschiedene Spielzeuge in der Wohnung zu verstecken – noch ohne nach deren Namen zu fragen. Eines Tages konnte sie eines der Spielzeuge nicht mehr finden und erkundigte sich bei ihrem Mann, ob er denn die Ente gesehen hätte. Rico trottete ins Nebenzimmer und kam mit der Ente im Maul zurück. Er hatte offensichtlich mitbekommen, wen oder was Suse meinte, wenn sie von der Ente sprach, ganz ohne explizite Instruktion. Sie erzählte der Nachbarin davon, die gleich begeistert mit einem Spielzeug kam, und so fing die ganze Geschichte an. Irgendwann meldete sie sich bei *Wetten, dass ...?* an und wurde auf Anhieb Wettkönigin. Rico war also schon ein richtiger Star, als wir ihn kennen lernten. Ich hatte in meiner afrikanischen Einöde nur noch nie von ihm gehört. Er kannte auch die Namen einer Reihe von Leuten, konnte auf Kommando »aufräumen«, das heißt, alle Spielzeuge in die Kiste legen, und ein bestimmtes Spielzeug zu einer bestimmten Person oder in einen bestimmten Raum bringen. Er hatte zudem ein ganz gutes Listengedächtnis. Suse hatte zu jeder Kiste mit Spielzeug einen Zettel, auf dem die darin enthaltenen Sachen standen, und wenn sie eine Weile mit einer Liste gearbeitet hatte, brachte er manchmal schon das nächste Spielzeug auf der Liste, obwohl sie noch gar nicht danach gefragt hatte. Dann musste sie den Inhalt der Kisten wieder mischen und neue Listen anfertigen. Rico hörte auch auf die Kommandos von anderen Leuten, auch von Männern oder Kindern. Dies konnte er auf vielen seiner öffentlichen Auftritte unter Beweis stellen. Während wir mit der Familie Baus diskutierten, ob und wie wir Ricos Fähigkeiten genauer unter die Lupe nehmen könnten, klingelte das Telefon. Suse solle den Fernseher anschalten. Wir saßen bei diesen uns damals noch völlig fremden Leuten und starrten ungläubig auf die Bilder von CNN, die immer wieder zeigten, wie die Flugzeuge ins World Trade Center rasten und wie die beiden Türme später in sich zusammensanken. Der Rest ist Geschichte.

Bei den folgenden Besuchen galt es zunächst zu klären, ob Rico die Spielzeuge wirklich beim Namen kannte oder ob er – ähnlich wie das berühmte Pferd, der Kluge Hans – auf für menschliche Beobachter unmerkliche Zeichen seiner Besitzerin achtete. Der Kluge Hans war ein Pferd des Lehrers Wilhelm von Osten, das angeblich rechnen konnte.[93] Das Pferd beantwortete Aufgaben mit dem Klopfen eines Hufes oder durch Nicken bzw. Schütteln seines Kopfes. Anfang des letzten Jahrhunderts erlangte der Kluge Hans erstaunliche Berühmtheit. Damals wurde eigens eine Kommission an der Berliner Friedrich-Wilhelms-Universität (heute Humboldt-Universität) eingesetzt, die zu dem Schluss kam, dass das Pferd tatsächlich rechnen konnte. Nur der Psychologe Oskar Pfungst blieb skeptisch. Schließlich stellte er dem Pferd eine Aufgabe, deren Antwort Herr von Osten selbst nicht kannte. Es zeigte sich, dass das Pferd einfach weiter mit dem Huf scharrte. Die vermeintlichen Rechenkünste des Klugen Hans waren also eher Ausdruck der genauen Beobachtungsgabe des Pferdes, das gelernt hatte auf unwillkürliche (und unwissentlich gegebene) Zeichen seines Herrn zu achten. Für Herrn von Osten endete die Geschichte in einem Desaster. Er verfiel in schlimme Depressionen, und der Kluge Hans musste in den Krieg.

Als wir die Studie begannen, besaß Rico über 200 verschiedene Stofftiere, Bälle und auch einen Gummi-Hamburger. Juliane teilte die Spielzeuge in 20 Sets zu je zehn Spielzeugen auf, die sie in

Abb. 35: Rico und seine Spielsachen.

einem Raum verstreute. Dann setzte sie eine Videokamera in Gang, um das Suchverhalten von Rico zu dokumentieren. Im Nebenzimmer saß Suse Bause und forderte Rico auf, eines der Spielzeuge zu holen. »Riiiicoo!«, rief Suse, »wo ist denn der Weihnachtsmann?« Dann trabte Rico los und kam mit dem Weihnachtsmann im Maul zurück. Insgesamt führten wir 40 solche Experimente durch, und in 37 Fällen holte Rico das richtige Spielzeug auswählte. Wohlgemerkt, es war niemand im Raum, als er das Spielzeug auswählte. Aus diesen Experimenten schlossen wir, dass Rico tatsächlich den Namen bzw. das Wort mit dem jeweiligen Spielzeug verband.

Als Nächstes stellte sich die Frage, ob er in der Lage war, den Namen eines neuen Spielzeugs auch indirekt zu erfassen. Wir wussten bereits, dass er schnell und ohne langes Training ein neues Wort mit einem neuen Gegenstand assoziierte, wenn man es ihm hinhielt und den Namen ein paar Mal nannte. Übrigens erinnerte er sich nicht nur an den Namen von neuen Spielzeugen, sondern auch daran, wer sie mitgebracht hatte. Als Juliane Wochen später wieder bei der Familie Baus zu Besuch war, brachte er ihr ohne zu zögern den Josep.

Wir interessierten uns nun dafür, ob Rico eine bestimmte Form des Wortlernens beherrschte, von der man glaubte, dass sie dem Spracherwerb von Kindern vorbehalten ist. Es handelt sich dabei um das »schnelle Zuordnen« oder *fast mapping*. Die ersten Experimente dazu wurden von Susan Carey und Elsa Bartlett Ende der 1970er Jahre in einem Kindergarten durchgeführt.[94] Ein Experiment begann damit, dass ein rotes und ein dunkelgrünes Tablett auf ein kleines Tischchen gelegt und ein Kind gebeten wurde, das »chromfarbene« Tablett zu holen. Normalerweise brachten die Kinder dann das dunkelgrüne Tablett, denn sie wussten ja schon, dass die eine Farbe »Rot« heißt, also der andersfarbige Gegenstand gemeint sein musste. Wenn die Forscherinnen hinterher fragten, welches denn das »chromfarbene« Tablett sei, dann zeigten die Kinder auf das dunkelgrüne; die Forscherinnen konnten ihnen aber auch einen anderen Gegenstand in der gleichen Farbe geben und sie fragen, wie die Farbe hieß. Kinder in einem Alter von etwa drei Jahren sagten in der Regel »chromfarben«; sie waren also in der Lage, im Ausschlussverfahren einen neuen Namen einer für sie noch unbenannten Farbe zuzuordnen und sich diesen Namen auch zu merken. Lange wurde darüber diskutiert, ob das schnelle Zuordnen nur auf den Bereich von Farben beschränkt oder ein allgemeines Prinzip beim Zuordnen von Namen zu Dingen sei; inzwischen ist klar, dass es ein ziemlich verbreiteter Mechanismus ist.

Die Frage war also, ob auch Rico zum schnellen Zuordnen in der Lage war. Unser experimentelles Design lehnte sich an die Studien mit Kindern an, musste aber etwas abgewandelt werden. Schließlich konnten wir Rico nicht fragen, wie das neue Spielzeug heißt. Wieder nutzten wir Ricos Lust am »Suchspiel«. Zunächst versteckten wir in einem Zimmer verschiedene Spielzeuge, die er schon kannte. Dazu kam dann ein neues Spielzeug. Alles wurde mit Hilfe einer Videokamera aufgezeichnet, so dass niemand im Raum war, der ihn in irgendeiner Weise beeinflussen konnte. Jedes Experiment begann damit, dass Suse Rico aufforderte, ein oder zwei bekannte Spielzeuge zu holen. Und dann bat sie ihn, das neue zu holen. Sie fragte zum Beispiel: »Wo ist denn der Karibu?« In 7 von 10 Fällen brachte er dann das neue Spielzeug. Das hört sich erst einmal sehr beeindruckend an. Es gibt jedoch eine ganze Reihe vergleichbarer Lernexperimente, zum Beispiel an Seelöwen, die ein solches »Lernen durch Ausschluss« in *matching-to-sample*-Tests demonstrieren konnten.[95] Die Forschungen zum Lernen bei Tieren und zum Spracherwerb bei Kindern waren teilweise parallel verlaufen, ohne dass die Forscher erkannten, dass sie sich eigentlich mit dem gleichen Lernprinzip beschäftigten.

Entscheidend war daher die Frage, ob Rico sich auch nach längerer Zeit noch an den Namen des Spielzeugs erinnern konnte, das er im Ausschlussverfahren in einem einzigen Experiment identifiziert hatte. Dazu wurden die von Rico richtig zugeordneten Spielzeuge für vier Wochen in einem Schrank versteckt. Nach Ablauf des Monats legten wir vier neue und vier alte Gegenstände und, um ein Beispiel zu nennen, den Karibu in einen Raum. Erst wurde Rico wieder aufgefordert, ein oder zwei gut bekannte Spielzeuge zu holen, und dann bat seine Besitzerin ihn, den »Karibu« zu holen. In sechs dieser Experimente brachte Rico dreimal das richtige Spielzeug – und das nach vier Wochen! Wir waren sehr beeindruckt. Bei einer Wiederholung der Experimente, bei der am gleichen Tag abgefragt wurde, ob er sich den Namen merken konnte, war dies in vier von sechs Runden der Fall. Rico hatte sich also gemerkt, dass ein Wort, welches seine Besitzerin nur ein einziges Mal genannt hatte, zu einem Spielzeug gehörte, das er durch Ausschluss identifiziert hatte.[96]

Auch Kinder können sich in solchen Experimenten etwa die Hälfte der Namen merken. Erwachsene schneiden eher schlechter ab, weil sie das Gelernte als irrelevant betrachten und vergessen. In jedem Fall ist das »Schnelle Zuordnen« nicht auf den Spracherwerb bei Kindern beschränkt. Wir führen diese Fähigkeit nicht auf ein besonderes Lernmodul zurück, sondern auf eine Kombination einfacher Mechanismen: Voraussetzungen für das »Schnelle Zuordnen« wären demnach eine Erwartungshaltung, dass Objekte Namen haben, ferner die Fähigkeit, eine Auswahl durch Ausschluss vorzunehmen, und schließlich die Möglichkeit, sich die Zuordnung zu merken.

Die Studien zum Lernverhalten junger Affen sowie die außergewöhnlichen Fähigkeiten von Rico machen die große Kluft zwischen tierischer Lautproduktion und -verarbeitung deutlich. Die Lautstruktur ist stark genetisch fixiert und unterliegt nur schwachen Modifikationen. Auf der anderen Seite, der Lautverarbeitung, ist das System dagegen sehr offen; es muss und kann fast alles gelernt werden. Auch kleinste Variationen in der akustischen Struktur können Affen wahrnehmen und mit unterschiedlicher Bedeutung belegen. Und bei Rico schien die Anzahl der Spielzeuge, deren Namen er lernte, am stärksten durch Suses Unwillen begrenzt zu sein, noch mehr Kisten mit Spielzeugen in ihrer Wohnung zu stapeln. Aber dennoch beschränkten sich Ricos Lautäußerungen auf gelegentliches Bellen, Winseln oder Knurren. Inzwischen gibt es übrigens einen anderen Border Collie, Chaser, der mehr als tausend Spielzeuge beim Namen kennt. Die Besitzer, zwei Psychologen, hatten sich Chaser zugelegt, als sie das erste Mal von Rico gehört hatten. Sie wollten sehen, wie weit sie das Wortlernen treiben konnten. Offensichtlich ziemlich weit.[97]

Der Medienrummel, den die Veröffentlichung unserer Studie mit Rico auslöste, war unbeschreiblich. Wir hatten das Manuskript zu *Science* geschickt. Kurz zuvor war dort ein Paper veröffentlicht worden, in dem von der Intelligenzleistung von *zwei* Krähen die Rede war. Vielleicht würden sie dann auch unser Manuskript mit *einem* Hund nehmen? Und so war es dann auch, wir mussten noch nicht mal eine größere Revision vornehmen. Kurz nachdem das Paper in Druck war, erhielt ich einen Anruf von der *Science*-Redaktion in New York. Sie wollten das Paper promoten. Ob wir eine Pressekonferenz in Berlin abhalten könnten und ich Suse wohl bitten könne, mit Rico zu erscheinen? Ich hatte bis dahin zwar schon mit dem einen oder anderen Journalisten zu tun gehabt, aber der Massenauflauf an Journalisten von Film, Funk und Fernsehen, den wir einige Wochen später in Berlin erlebten, zog mir regelrecht die Schuhe aus. Wir schafften es sogar auf die Titelseite der *New York Times* und des *Wall Street Journals*. Ein Hund, der sprechen konnte … naja, fast.

Evolution der Sprache – heute

Syntaktische Fähigkeiten

Die mangelnde Flexibilität in der Lautgebung der Affen war für viele Forscher auf die eine oder andere Weise enttäuschend. Wie konnte es sein, dass so intelligente Tiere eine so restriktive Lautgebung hatten? Einige Vertreter mutmaßten, dass sich Affen vielleicht damit behelfen, ihre wenigen Lauttypen in flexiblen Kombinationen zu verwenden und auf diese Weise verschiedene Bedeutungen zu generieren. Nach der semantischen Kommunikation kam nun also die Frage nach den syntaktischen Fähigkeiten aufs Tapet.

Auftrieb erhielt diese Forschungsrichtung dadurch, dass sich Anfang der 1990er Jahre die grauen Eminenzen in den Machtzentren der Linguistik für die Evolution der Sprache zu interessieren begannen. Für Noam Chomsky war Sprache bis dato schlichtweg zu komplex, als dass sie durch Evolution hätte entstanden sein können. Steven J. Gould, ein eminenter Evolutionstheoretiker, der bis zu seinem Tod im Jahr 2002 in Harvard lehrte, betrachtete Sprache hingegen als eine Art Abfallprodukt unseres großen und komplexen Gehirns. Erst in den 1990er Jahren wendeten sich Steven Pinker und Paul Bloom der Frage zu, wie Sprache evolviert sein könnte.[98] Schließlich veröffentlichten Marc Hauser, Noam Chomsky und Tecumseh Fitch zusammen einen einflussreichen Artikel zum Sprachursprung.[99] Ähnlich wie Hockett unternahmen sie den Versuch, verschiedene Komponenten der Sprachfähigkeit zu isolieren und zu überprüfen, bei welchen Tiergruppen welche Fähigkeiten zu finden seien. Sie stellten dabei die Fähigkeit ins Zentrum, rekursive Strukturen zu produzieren und zu verarbeiten. Chomsky unterschied zwischen Grammatiken mit unterschiedlichen Komplexitätsstufen und unterschiedlicher »generativer Stärke«. Unter Grammatiken versteht man in diesem Zusammenhang Regelsysteme, mit denen sich im Prinzip aus einer endlichen Anzahl von Elementen eine unendliche Anzahl von Sequenzen generieren lässt. So genannte »regulär begrenzte Grammatiken« sind durch die Übergangswahrscheinlichkeiten zwischen einzelnen Elementen, wie zum Beispiel Wörtern, charakterisierbar. Allgemeiner lassen sich regulär begrenzte Grammatiken durch die Formel $(AB)^n$ beschreiben, wobei n die Anzahl der Wiederholung von AB angibt. Diese Grammatik arbeitet also mit einem feststehenden Element (AB), das sich zu ABAB, ABABAB usw. aneinanderreihen lässt. Bei menschlichen Sprachen würde (AB) einem Satz entsprechen, der aus einem Subjekt und einem Prädikat besteht. Das Prädikat besteht aus einem Verb und einem Objekt, ein Objekt besteht aus einem Artikel und einem Nomen. Mit regulär begrenzten Grammatiken sind allerdings keine rekursiven Konstruktionen möglich.

So genannten Phrasenstruktur-Grammatiken liegt dagegen die Formel A^nB^n zu Grunde. Mit dieser lassen sich Sequenzen erzeugen, denen formal der Einbettung der Struktur in sich selbst entspricht. Die Elementfolge AB wird in AB eingesetzt, wodurch die Folge AABB entsteht. Wird nun ein weiteres Mal AB in diese Struktur eingesetzt, so ergibt sich AAABBB usw. Es entstehen also geschachtelte Konstruktionen. Ein klassisches Beispiel ist folgender wunderbare Schachtelsatz: »Denken Sie, wie schön der Krieger, der die Botschaft, die den Sieg, den die Athener bei Marathon, obwohl sie in der Minderheit waren, nach Athen, das in großer Sorge, ob es die Perser nicht zerstören würden, schwebte, erfochten hatten, verkündete, brachte, starb!«[100]

Weder regulär begrenzte Grammatiken noch Phrasenstruktur-Grammatiken sind übrigens dazu geeignet, die Struktur menschlicher Sprachen abzubilden; dazu bedarf es so genannter Transformationsgrammatiken. Es lässt sich mit jenen die Konstruktion von Sätzen gleicher Aussage, aber unterschiedlicher Bauart erklären, wie zum Beispiel: »Der Schäfer hat der Prinzessin einen Kuss gegeben«, oder »Einen Kuss hat der Schäfer der Prinzessin gegeben«.

Eine drängende Frage war, ob Tiere zumindest regulär begrenzte und Phrasenstrukturgrammatiken unterscheiden können. Tecumseh Fitch und Marc Hauser entwickelten dazu ein Experiment, in dem sie eine Abwandlung des Habituationsparadigmas verwendeten. Lisztaffen wurden zunächst an Sequenzen von menschlichen Silben (»no-li-ba-pa«) gewöhnt, die Fitch und Hauser mit Hilfe der oben angegebenen Formeln erzeugt hatten. Die Zugehörigkeit der Silben zu den Klassen »A« oder »B« war dadurch markiert, dass die Silbe entweder von einer Frau oder einem Mann eingesprochen worden waren. Es liegt auf der Hand, dass diese extrem einfachen Grammatiken in keiner Weise der Komplexität von regulär begrenzten oder Phrasenstrukturgrammatiken entsprechen.

Die Affen wurden in zwei Gruppen eingeteilt. Die eine Gruppe hörte am Vorabend des Tests 20 Minuten lang verschiedene Sequenzen, die einer der beiden Grammatiken entsprachen. Am nächsten Morgen gab es weitere 2 Minuten dieser »Gewöhnung«. Anschließend erfolgte der Test, in dem nun eine Sequenz präsentiert wurde, die mit Hilfe der anderen Grammatik erzeugt worden war. Die Frage war, ob der Affe nun wieder zum Lautsprecher schauen würde oder nicht. Als Kontrolle diente das Vorspiel einer neuen Sequenz aus der gleichen grammatikalischen Kategorie. Die Tiere reagierten erneut, wenn sie an eine regulär begrenzte Grammatik gewöhnt waren und dann mit einer Phrasenstrukturgrammatik getestet wurden, nicht aber, wenn es umgekehrt war. Fitch und Hauser schlossen daraus, dass die Affen regulär begrenzten Grammatiken verarbeiten konnten, nicht aber Phrasenstrukturgrammatiken.[101]

Timothy Gentner und Kollegen adaptierten dieses Experiment für die Untersuchung an Staren.[102] Anders als Fitch und Hauser setzen sie allerdings auf operante Konditionierung, das heißt, sie trainierten die Tiere, durch Picken eines Knopfes anzugeben, um welche Grammatik es sich gerade handelte. Außerdem benutzten sie keine menschlichen Silben, sondern verschiedene Gesangselemente der Stare. Bemerkenswert an dieser Arbeit war zunächst einmal, wie schwer sich die Tiere mit dieser Aufgabe taten: Die vier der insgesamt elf Tiere, die überhaupt verstanden hatten, worum es ging, brauchten mehr als 20000 Versuche, bis sie die Aufgaben zuverlässig meisterten – und dies geschah, noch bevor sie mit unbekannten Serien getestet wurden. Bei menschlichen Probanden dauert es im Durchschnitt 35 Minuten, bis sie solche verschiedenen Grammatiken ohne Instruktion erkennen und unterscheiden können.[103] Insofern sagen diese Experimente weniger über die getesteten Tiere als vielmehr etwas darüber aus, wie weit entfernt solche Aufgaben von der Lebenswelt der Tiere sind.

Dennoch, können wir jetzt davon ausgehen, dass zumindest Lisztäffchen und Stare die beiden Grammatiken unterscheiden können? Leider nicht. Theoretisch reicht es aus, auf die ersten beiden Silben zu achten. Sind diese aus derselben Klasse (AA), dann handelt es sich um eine Phrasenstrukturgrammatik, sind es Silben aus verschiedenen Klassen (AB), dann ist es eine regulär begrenzte Grammatik. Bei den Experimenten mit den Staren zeigten Kontrollexperimente, dass die Tiere allerdings auch die Anzahl der Silben berücksichtigten. Eine andere Erklärungsmöglichkeit ist, auf die Übergänge zu achten. Wenn die Tiere immer wieder ABABAB gehört haben, sind sie »überrascht«, wenn plötzlich dieselbe Kategorie hintereinander erscheint (wie in AAABBB). Andersherum ist bei der Gewöhnung mit AAABBB oder AABB beides möglich, die Folge einer Silbe derselben oder einer anderen Kategorie. Insofern ist es weniger erstaunlich, wenn nach der Gewöhnung mit einer Phrasenstrukturgrammatik eine regulär begrenzte Grammatik folgt.

Vielleicht spielen die Tiere ihre syntaktischen Fähigkeiten also eher in der eigenen lautlichen Kommunikation aus? Möglicherweise kombinieren sie die ihnen zur Verfügung stehenden Lautelemente und übermitteln damit unterschiedliche Botschaften.

Einiges Aufsehen erregte eine Serie von Studien zu der Kommunikation von Weißnasenmeerkatzen, die Klaus Zuberbühler und Kollegen von der Universität St. Andrews durchführten.[104] Diese Affenart verfügt über zwei verschiedene Ruftypen, *hacks* und *pyows*, die sie in verschiedenen Kontexten einsetzen. Nach dem Erscheinen eines Adlers gaben die Tiere vornehmlich (aber nicht ausschließlich) Rufserien von sich, die mit *hacks* begannen und manchmal von *pyows* gefolgt wurden. Dagegen äußerten die Tiere vornehmlich *pyows*-Serien, die in *hacks* übergingen, wenn sie einen Leoparden gesehen hatten. Verkompliziert wurde die ganze Angelegenheit zusätzlich dadurch, dass die männlichen Tieren vorwiegend gemischte Serien vortrugen, bevor sie eine Gruppenbewegung initiierten.

Allerdings gibt es keine klaren Regeln, anhand derer man die Abfolge der *pyows* und *hacks* erzeugen könnte. Stattdessen handelt es sich eher um ein probabilistisches System, frei nach dem Motto: »Je mehr pyows, desto eher Leopard.« Derartige kontextspezifische Rufkombinationen sind keine Seltenheit. Zur Erinnerung: Männliche Bärenpaviane geben vor einer Auseinandersetzung mit Artgenossen *roar-grunts* von sich, bevor sie in eine ganze Serie von *wahoos* ausbrechen. Wie eingangs erwähnt, kommen *wahoos* auch in anderen Kontexten vor, zum Beispiel, wenn die Tiere den Kontakt zur Gruppe verloren haben. Wenn ein Zuhörer zunächst einen *roar-grunt* hört, weiß er oder sie mit hoher Gewissheit, dass es sich um eine Auseinandersetzung unter Männchen handelt. Es gibt also durchaus Rufkombinationen, die für die Empfänger bedeutungsvoll sind. Die Reaktionen der Tiere hängen also nicht nur von der Variation in einem einzelnen Ruf ab. Sie sind in der Lage, Informationen über längere Sequenzen zu integrieren und entsprechend ihre Schlüsse daraus zu ziehen. Zudem darf man angesichts des ganzen Formelwerkes verschiedener Grammatiken nicht vergessen, dass es sich um die Verarbeitung bedeutungstragender Elemente handelt. Ohne Semantik nützt die ganze Syntax nichts.[105] Dennoch bleibt unbestritten, dass Menschen ganz intuitiv erfassen, ob ein Satz syntaktisch plausibel ist. Noam Chomsky illustrierte dies treffend mit dem viel zitierten Satz: »colerless green ideas sleep furiously«,[106] den wir als syntaktisch korrekt einordnen, obwohl er völlig sinnfrei ist. Das grammatische oder syntaktische System scheint also eine essentielle Eigenschaft natürlich menschlicher Sprachen zu sein, und das gilt für Laut- ebenso wie für Gebärdensprachen.

Ein Gen für Sprachfähigkeit?

Wie der Mensch zu seiner flexiblen Lautgebung gekommen ist, zu seiner ausgeprägten Imitationsfähigkeit und der Fertigkeit, ganze Sätze schon vor dem Sprechen zu planen, liegt nach wie vor im Dunkeln. Es muss eine Vielzahl begünstigender Faktoren gegeben haben. Ein Gen, das womöglich eine entscheidende Rolle für die Entstehung der Sprachfähigkeit spielte, ist das so genannte FOXP2-Gen.[107] Die Bedeutung dieses Gens für die normale Sprachentwicklung beim Menschen wurde bei Untersuchungen der so genannten KE-Familie erkannt, in der über mehrere Generationen hinweg Sprachstörungen diagnostiziert wurden. Es stellte sich heraus, dass die Schwierigkeiten bei der Sprachentwicklung, der Artikulation und der Entwicklung des Sprachverständnisses mit einer bestimmten Punktmutation im FOXP2-Gen korrelierten. Für eine normale Sprachentwicklung sind zwei intakte Kopien dieses Gens Voraussetzung.

Wolfgang Enard, Svante Pääbo und Kollegen vom Max-Planck-Institut für evolutionäre Anthropologie in Leipzig verglichen die Sequenzen des FOXP2-Gens bei Menschen, Menschenaffen, Rhesusaffen und Mäusen. Bei Mensch und Maus unterscheiden sich beim FOXP2-Protein lediglich drei der insgesamt 715 Aminosäuren. Der Vergleich der menschlichen Sequenz mit der von Schimpansen ergab, dass zwei dieser drei Unterschiede erst beim Menschen auftraten und demnach innerhalb der letzten fünf bis sechs Millionen Jahre entstanden sein mussten. Wie eine Analyse direkt benachbarter, nicht für das FOXP2-Protein codierender Bereiche bei heute lebenden Menschen zeigt, war eine der beiden Änderungen sehr wahrscheinlich von selektivem Vorteil während der menschlichen Evolution. Nach Computersimulationen und anderen Untersuchungen dürfte die vorteilhafte Änderung vor etwa 350000 Jahren erfolgt sein.[108]

Aber welchen Effekt haben die beiden menschspezifischen Aminosäureänderungen überhaupt? Das lässt sich in einem genetisch manipulierbaren System wie dem der Maus studieren. Zu diesem Zweck wurde die menschspezifische Variante in die Maus eingebracht. Wolfgang Enard leitete eine großangelegte Studie, in der diese Mäuse untersucht und mit den entsprechenden Wildtypen verglichen wurden, die die normale maustypische Variante des FOXP2-Gens tragen. Im Rahmen dieses Projekts analysierten Kurt und ich die Lautäußerungen der Mäuse.[109] Wir fanden jedoch in den Ultraschalllauten dieser Mäuse nur minimale Veränderungen gegenüber den Wildtyp-Mäusen. Allerdings hatte die menschliche FOXP2-Variante einen Einfluss auf die Dichte der Verbindungen der Nervenzellen in einem bestimmten Areal des Gehirns, das bei Bewegungen eine Rolle spielt. Wie nicht anders zu erwarten, können die auf diese Weise »humanisierten« Mäuse also nicht sprechen, doch erhärtet sich die These, dass mit FOXP2 ein für die Sprachproduktion wichtiges Gen gefunden worden ist.

Gestische Kommunikation

Die Diskussionen um den Sprachursprung kommen mir manchmal wie ein unendlicher Choral vor, in dem verschiedene Motive in unterschiedlichen Varianten in regelmäßigen Abständen aufziehen, eine Weile behandelt werden und schließlich wieder in Vergessenheit geraten. Derzeit wird wieder das Hohelied auf die Bedeutung von Gesten beim Sprachursprung gesungen.[110] Die

Frustration über die mangelnde Flexibilität bei der Lautproduktion der Affen wird ihren Teil dazu beigetragen haben. Zweifelsohne haben Affen eine viel bessere willkürliche Kontrolle über ihre Hände als über ihre Lautgebung. Zudem gelten diejenigen Gehirnareale, die bei Affen an der Planung und Ausführung manueller Bewegungsabläufe beteiligt sind (Areal F5), als Homologe des Broca-Areals des Menschen, das eine wesentliche Rolle bei der Sprachproduktion spielt. Es gibt also gute Gründe, sich mit der gestischen Kommunikation von Affen auseinanderzusetzen und zu prüfen, inwiefern diese verschiedene Kriterien für Sprachproduktion erfüllt.

Michael Tomasello argumentiert, dass Vokalisationen in der Regel in »evolutionär dringenden« Kontexten eingesetzt würden, wie beim Erscheinen von Raubfeinden oder im Zusammenhang der Partnerwahl; deswegen seien sie stark fixiert und wenig flexibel.[111] Gesten dagegen kämen in evolutionär weniger dringenden und emotional weniger aufgeladenen Situationen vor, wie im Spiel, beim Säugen oder der sozialen Fellpflege.

Ich kann dieser Klassifikation in »evolutionär dringende« Lautäußerungen und »weniger dringende« Gesten nicht folgen. Zum Beispiel sind die weitaus am häufigsten vorkommenden Lautmuster bei Pavianen die Grunzer, relativ leise und tonale Laute, die die Tiere von sich geben, wenn sie sich einem anderen Tier »in freundlicher Absicht« (ich werde darauf gleich noch zurückkommen) annähern. Diese Rufe sind nun überhaupt nicht besonders dringlich. Könnten abgesehen vom Argument der »evolutionären Dringlichkeit« noch andere Argumente für einen gestischen Ursprung der Sprache ins Feld geführt werden? Tomasello betont, dass Gesten individuell gelernt sowie intentional und flexibel eingesetzt werden.[112]

Hinsichtlich des Einsatzes von Gesten ist zwischen in Menschenobhut aufgezogenen Individuen und Tieren im Freiland zu unterscheiden. Wie die Sprachprojekte gezeigt haben, können Schimpansen und andere große Menschenaffen eine große Anzahl von Gesten einüben, um damit zu kommunizieren. Für das Verständnis der evolutiven Ursprünge von Sprache ist aber das Verhalten im Freiland ausschlaggebend. Nach meinem Dafürhalten ist die gestische Kommunikation frei lebender Schimpansen nicht elaborierter als ihr vokaler Ausdruck, sondern allenfalls variabler. Es gibt keine solide Evidenz, dass sich solche Gesten oder Körperhaltungen auf Objekte oder Ereignisse in der Umwelt der Tiere beziehen. Lediglich eine Studie an frei lebenden Schimpansen berichtete von einer Art »referentieller Kommunikation«. Den Beobachtern war aufgefallen, dass sich die Tiere manchmal laut und übertrieben an bestimmten Stellen des Körpers kratzten, wenn sie gerade von einem Partner gegroomt wurden. In manchen Fällen fingen ihre Partner darauf an, genau die gekratzte Stelle zu bearbeiten.[113] Vielleicht fehlt mir hier die Fantasie, aber ich sehe nicht, wie sehr sich dies vom Verhalten eines Hundes unterscheidet, der sich mir zu Füßen legt und seinen Bauch präsentiert. Er hat einfach gelernt, dass dies ein probates Mittel ist, an seiner Lieblingsstelle gekrault zu werden.

Abb. 36: Zwei Berberaffen umarmen sich.

Die Analysen zum Repertoire gestischer und anderer nichtvokaler Ausdrucksmuster bei Großen und Kleinen Menschenaffen in Zoos zeigten, dass viele Gesten und Haltungen in verschiedenen Situationen verwendet werden; umgekehrt gibt es Kontexte, die durch den Gebrauch einer Vielfalt von Gesten gekennzeichnet sind. Allerdings trifft dies vor allem für die Kategorie »Spielen« zu. Nun wird genau dieser Kontext durch den Einsatz vieler verschiedener Aktivitäten charakterisiert.[114] Serielle Aspekte scheinen beim Einsatz von Gesten anders als bei der vokalen Kommunikation nicht in gleicher Weise bedeutungsvoll zu sein. Weder hinsichtlich des referentiellen Gehaltes, des symbolischen Charakters, des *Displacements*, der Produktivität noch der syntaktischen Eigenschaften ist die gestische Kommunikation der Affen der vokalen überlegen oder sprachähnlicher. Einige Aspekte sind anders, was meiner Meinung nach vor allem an den Eigenschaften der Modalität liegt. Während sich im akustischen Kanal die Energieverteilung im Frequenzspektrum über die Zeit ändert, können Gesten in Zeit und Raum variieren. Die höhere Anzahl der Freiheitsgrade und die bessere motorische Kontrolle sind eine einfache Erklärung für die höhere Variabilität in der Struktur und dem Einsatz von Gesten bei Affen. Insgesamt gesehen erfüllt die natürliche gestische Kommunikation bei Primaten aber ebenfalls nicht die genannten Kriterien für Sprache.

Bislang gibt es leider nur wenige systematische Vergleiche der Komplexität der vokalen und gestischen Kommunikation von Affen. Dafür gibt es eine Reihe von Gründen. Unter anderem wissen wir mehr über die vokale Kommunikation speziell von Altweltaffen als über die von Menschenaffen; umgekehrt gibt es sehr viel mehr Studien zur gestischen Kommunikation von Menschenaffen. Dass die vokale Kommunikation in Zoos keine große Rolle spielt, ist wenig überraschend. Warum sollten Tiere vokal miteinander kommunizieren, wenn sie tagein, tagaus im selben Zimmer sitzen? Die vokale Kommunikation ist vor allem dann interessant, wenn sich die Tiere im dichten Regenwald oder über weitere Distanzen verständigen müssen. Gerade unter schlechten Sichtbedingungen ist der auditorische Kanal dem visuellen Kanal weit überlegen.

Für die Berberaffen konnten wir immerhin die Komplexität der gestischen und lautlichen Kommunikation direkt vergleichen. Zunächst fiel uns auf, wie eng beide miteinander verwoben sind. Bestimmte Laute sind mit spezifischen Körperhaltungen und Gesichtsausdrücken verbunden. Oft treten die Laute als weitere Verstärkung eines Ausdrucksmusters auf. Ein Beispiel liefert das Drohen von Berberaffen: Ein mildes Drohen besteht oft nur aus einem Starren mit leicht hochgezogenen Augenbrauen. Wenn das andere Tier nicht reagiert, dann kommt der »O-Mund« hinzu sowie das demonstrative Vorschieben des Kopfes. Wenn das alles nichts nutzt, schlägt der Drohende mit der flachen Hand auf den Boden und stößt einen Drohlaut aus – bei den Berberaffen ein atonaler Keuchlaut. Im Übrigen gilt für die vokale ebenso wie für die nichtvokale Kommunikation, dass viele der Muster in einer Reihe verschiedener Kontexte zu beobachten sind und umgekehrt in einem Kontext meist mehrere verschiedene Muster auftauchen. Dabei treten bestimmte regelmäßig wiederkehrende Kombinationen auf. Außerdem finden sich, kaum überraschend, altersabhängige Veränderungen im Einsatz verschiedener Ausdrucksmuster.[115] Hinsichtlich der Interpretation von Gesten oder Lauten durch die Affen selbst sehe ich keine fundamentalen Unterschiede.

Anders als die nichtvokale Kommunikation von Affen sind die Gebärdensprachen gehörloser Menschen vollständig entwickelte Sprachsysteme.[116] Diese erfüllen nicht nur die klassischen Kriterien für Sprache, sondern weisen auch ähnliche Fehlerstrukturen auf. So gibt es ähnlich den Versprechern in der gesprochenen Sprache »Vergebärdler«, also kleine Fehler in der Produktion einer Gebärde. Die Analyse solcher Vergebärdler oder *slips of the hand* kann einem genauso viel über die kognitiven Prozesse der Sprachproduktion verraten wie die Analyse von Versprechern in der gesprochenen Sprache.[117] Ein wesentlicher Unterschied zur gesprochenen Sprache liegt darin, dass die Gebärdensprache auch den Raum vor dem Sprecher nutzt, um Bedeutung zu generieren.

Auch wenn die Beschäftigung mit der nichtvokalen Kommunikation von Primaten Einsichten in deren kommunikative und kognitive Fähigkeiten gibt, so habe ich meine Zweifel, dass wir auf diesem Wege tiefere Einsichten in die Ursprünge der menschlichen Sprache erhalten. Und selbst wenn die frühesten Menschen durch Gesten und nicht mit Lauten kommuniziert hätten, müsste noch erklärt werden, warum zumindest die meisten von uns eher sprechen als gebärden. Hier fehlt meiner Meinung nach eine plausible Erklärung.

Was wir jedoch aus der Untersuchung der nichtvokalen Kommunikation von Affen gelernt haben, ist, dass die fehlende willkürliche Kontrolle über die Lautgebung nicht der einzige Grund sein kann, dass die Affen nicht sprechen. Umgekehrt heißt dies, dass abgesehen von einer willkürlichen Kontrolle über die Organe zur Lauterzeugung noch weitere Voraussetzungen für die Entwicklung von Sprache erfüllt werden müssen. Ich will deshalb noch einmal auf zwei Aspekte zurückkommen, die hier vielleicht eine Rolle spielen. Dies sind zum einen die soziokognitiven Voraussetzungen für intentionale Kommunikation und zum anderen die Frage nach der »Lust an der Sprache«.

Intentionale Kommunikation

Zur Frage der Intentionalität ist es sinnvoll, sich die verschiedenen Ausprägungen von intentionaler Kommunikation zu vergegenwärtigen. Im einfachsten Fall handelt es sich um einen Ausdruck des inneren Zustands ohne jegliche Form von Gerichtetheit – etwa ein zufriedenes Seufzen, wenn man in eine warme Badewanne eintaucht. Häufiger sind Ausdrucksmuster jedoch gerichtet und haben den Effekt, das Verhalten eines anderen zu beeinflussen.

Michael Tomasello entwickelte eine Reihe von Kriterien als Diagnostika für eine solche Intentionalität erster Ordnung.[118] Dazu gehören (i) die Trennung von Ziel und Mittel (*means-end dissociation*), (ii) eine gewisse Persistenz, ein Ziel auch erreichen zu wollen, das heißt, notfalls auch das Signalverhalten zu variieren oder zu verstärken, sollten die Mittel nicht zum gewünschten Ziel führen, (iii) die Beachtung des sozialen Kontextes und hier insbesondere des Aufmerksamkeitszustands des Empfängers; und (iv) die flexible Kombination verschiedener Signalmuster.

Das hört sich zunächst einmal ganz einfach an, hat aber einen Haken. Denn wie stellt ein Beobachter fest, was das *Ziel* eines Tieres ist? Da wir die Tiere nicht befragen können, ist dies nur durch die Betrachtung des Verhaltens des *Empfängers* möglich. Wenn der Empfänger aufsteht und weggeht, nachdem ihn ein anderes Tier bedroht hat, können wir annehmen, dass diese Veränderung des Verhaltens das Ziel oder die Intention des *Senders* war. Es gibt also nur indirekt die Möglichkeit, vom Verhalten des *Empfängers* auf das Vorhaben des *Senders* zu schließen. Um uns dieser Problematik zu entziehen, entschieden wir uns in einer Studie an Berberaffen für eine andere Terminologie und sprachen nicht mehr von der Absicht des Senders, sondern von der Funktion des Signals, wobei wir den Zusammenhang Drohen → Weggehen als funktionale Beziehung klassifizierten.[119]

Ein Beispiel: Bei Bärenpavianen führt eine Annäherung eines hochrangigen Weibchens wie Selo dazu, dass ein niedrigrangiges Weibchen wie Marta aufsteht und weggeht. Eine mehr oder weniger subtile Weise, die Dominanzverhältnisse klarzustellen. Wenn Selo aber eine Reihe von Grunzern von sich gibt, wenn sie sich annähert, bleibt Marta in der Regel sitzen, was Selo die Möglichkeit gibt, Martas Baby Mojito anzustarren und zu betatschen. Für menschliche Beobachter ist es fast unmöglich, eine solche Szene nicht als Ausdruck von Intentionen zu verstehen oder zu beschreiben. Selo »möchte« Lekos Baby anfassen, deshalb grunzt sie. Aber ist es wirklich Selos willentliche Absicht, die hier zum

Ausdruck kommt, oder eher ihr motivationaler Zustand, also ihr »Verlangen«? Aus funktionaler und evolutionärer Perspektive ist das einerlei, aber für die Klärung psychologischer Mechanismen natürlich nicht.

Ein anderes Beispiel dafür, wie vertrackt die Erforschung der Grundlagen (scheinbar) intentionaler Kommunikation ist, liefern die Kapuzineraffen, die Brandon Wheeler und Barbara Tiddi im Iguazú Nationalpark in Argentinien untersuchen. Brandon beobachtete, dass niedrigrangige Tiere bei Experimenten, in denen er begehrtes Futter auf einer Plattform ausstreute, ab und an Alarmrufe von sich gaben. Daraufhin sprangen alle anderen Tiere weg, so dass der Rufer sich alleine und in aller Ruhe am Futter gütlich tun konnte.[120] »Wollten« diese Affen das Futter für sich selbst haben und riefen deshalb? Es gibt zwei andere Interpretationsmöglichkeiten. Die eine ist, dass es sich gar nicht wirklich um Alarmrufe handelt, sondern um Ausdruck von Stress. Solche Rufe kommen nämlich in einer Reihe von Situationen vor, in denen die Tiere sehr erregt sind – und das nicht nur angesichts eines Räubers. Oder ein Tier hat irgendwann aus welchem Grund auch immer gerufen, den Effekt beobachtet und gelernt, dass der Einsatz dieser Rufe die direkte Futterkonkurrenz stark verringert. Ich weiß nicht, welche Erklärung die richtige ist – mein Anliegen besteht darin, anhand dieser Beispiele zu verdeutlichen, wie schwierig es ist, die »Absicht« eines anderen dingfest zu machen. Die Absicht liegt ebenso im Auge des Betrachters wie die Bedeutung; sie ist ein sehr hilfreiches Konstrukt bei der Analyse von Verhalten, aber sie führt einen auch leicht aufs Glatteis.

Abgesehen von der Problematik der Intentionalität gibt es gute Evidenz für die anderen von Tomasello zusammengestellten Kriterien, und dies gilt meiner Ansicht nach sowohl für Menschenaffen wie auch für Altweltaffen. Beide erfüllen das Kriterium der Persistenz und der damit einhergehenden Eskalation von Signalen, und beide passen den Einsatz ihrer kommunikativen Signale dem Aufmerksamkeitszustand des anderen an. Den flexiblen Einsatz verschiedener Signale in unterschiedlichen Situationen habe ich bereits erwähnt. Zusammenfassend lässt sich also sagen, dass die Kriterien für Intentionalität erster Ordnung erfüllt sind. Die spannendere Frage ist natürlich, ob Tiere auch mit der Absicht kommunizieren, den *Kenntnisstand* eines anderen zu beeinflussen.

Dazu führten Robert Seyfarth und Dorothy Cheney ein Experiment an in Gefangenschaft lebenden Japanmakaken und Rhesusaffen durch. In diesen Experimenten wurde jeweils eine Mutter mit ihrem Kind getestet. In der entscheidenden Bedingung konnte die Mutter einen »Raubfeind« sehen, nämlich den mit einem Blasrohr ausgestatteten und als Tierarzt verkleideten Marc Hauser, der damals Doktorand bei Cheney und Seyfarth war; ihr Kind sah ihn jedoch nicht. In keinem einzigen Fall warnte die Mutter ihr Kind davor, sich in die nicht einsehbare Nähe des Feindes zu begeben.[121]

Zu diesem Thema kann ich eine kleine anekdotische Beobachtung beisteuern. Vor vielen Jahren führten Kurt und ich ein kleines Experiment an den Berberaffen in Rocamadour durch. Wir versteckten eine Gummischlange im überdachten Futterhäuschen der Tiere. Die Tiere hielten sich an diesem Nachmittag zunächst in der Schlucht auf, die zu ihrem großen Gehege gehört. Am späten Nachmittag traf nun ein Tier nach dem anderen am sehr attraktiven Futterhäuschen ein. Das erste Tier wollte gerade seine Hand nach dem Kraftfutter ausstrecken, als es die Schlange entdeckte und einen riesigen Satz zurück machte. In diesem Moment tauchte das zweite Tier auf, sah, dass noch niemand im Futterhäuschen saß, näherte sich an, streckte die Hand aus – und sprang ebenfalls erschrocken davon. Das erste Tier saß schweigend in einiger Entfernung. Und so wiederholte sich das Spiel mehrere Male – keiner gab einen Laut von sich, und selbst Mütter, die zusahen, wie ihre Kinder ins Futterhäuschen klettern wollten, griffen nicht ein. Auch wenn dies nur eine Einzelbeobachtung ist und bei einer echten Schlange vielleicht alles ganz anders gewesen wäre, zeigte sie uns, dass die Tiere ein erhebliches Defizit in der Perspektivenübernahme haben. Erstens sind sie nicht in der Lage, sich in den anderen hineinzuversetzen und zu erkennen, dass sich dessen Perspektive oder Informationszustand vom eigenen unterscheidet; sie sind aber auch nicht überrascht, dass sich das andere Tier dem Futterhäuschen nähert, was der Fall sein müsste, wenn sie davon ausgingen, dass alle den gleichen – nämlich ihren eigenen – Kenntnisstand hätten. Stattdessen schien die Ahnungslosigkeit der anderen gar keine Rolle zu spielen.

Jetzt mag man sich fragen, warum es überhaupt Alarmrufe gibt, wenn die Tiere nicht die Absicht haben, andere über ein herannahendes Raubtier zu informieren? Das ist das Werk der Evolution. Gruppenlebende Tiere, die Alarmrufe ausstoßen, hinterlassen im Schnitt mehr Nachkommen als solche, die das nicht tun. Das kann daran liegen, dass sie ihren eigenen Nachwuchs warnen und der sich rechtzeitig in Sicherheit bringen kann, oder dass sie durch das Rufen dem Raubfeind signalisieren, dass sie ihn entdeckt haben. Wenn dies zu einem Abbruch des Angriffs führt, haben die Rufenden selbst etwas davon. Auf einer funktionalen Ebene wirkt es so, als ob die Rufer die Absicht hätten, die anderen zu informieren. Ob sie sich dessen aber gewahr sind, das steht auf einem ganz anderen Blatt. Um absichtliches Informieren wirklich dingfest machen zu können, müssen zwei Kriterien erfüllt sein: Das Signalisieren muss unabhängig vom motivationalen Zustand des Senders sein (also nicht einfach ein Ausdruck des Erschreckens), und zweitens muss plausibel gemacht werden, dass der Sender weiß, was die Empfänger wissen und vor allem, was sie *nicht* wissen.

Dieser Frage gingen Catherine Crockford und Roman Wittig an frei lebenden Schimpansen nach. Sie platzierten verschiedene Schlangenmodelle auf den Routen der Tiere durch den Wald und notierten, ob und unter welchen Umständen das Tier, das die Schlange als Erstes gesehen hatte, *alert hoos* produzierte. Sie fanden, dass die Schimpansen öfter solche Rufe äußerten, wenn die anderen Tiere, die sich annäherten, die Schlange noch nicht gesehen hatten.[122] Das Problem bei diesem sehr hübschen Experiment war, dass es nur wenige Fälle gab, wo die Experimentatoren ganz sicher sein konnten, dass die neu dazugekommenen Tiere die *alert hoos* nicht schon gehört hatten. Weitere Studien sind nötig, bevor wir sichere Schlüsse über das absichtliche Informieren bei nichtmenschlichen Primaten ziehen können.

Der Spaß an der Freude

Was die Unterschiede in der vokalen Kommunikation von Affen und Menschen angeht, gibt es noch einen Aspekt, der bislang wenig beachtet wurde, nämlich den der Lust an der Lautgebung an sich. Ich erlaube mir an dieser Stelle eine etwas leichtfertige Spekulation. Ich könnte mir vorstellen, dass als Folge der Sprachfähigkeit neuronale Mechanismen evolutiv favorisiert worden sind, die die Beschäftigung mit Lautgebung intern belohnen. Vermutlich fühlt es sich für ein Kleinkind einfach gut an, »dadadada« zu sagen. Dabei lernt es gleichzeitig etwas über den Zusammenhang zwischen seiner eigenen Lautproduktion und dem auditorischen *feedback* und kommt schneller zu einer besseren Kontrolle seiner eigenen Lautgebung. Und diese Lust am »Sprachspiel« im ursprünglichen Sinn schwappt dann auch in andere Bereiche der Beschäftigung mit Sprache über, beispielsweise ins Reimen.

Robert und Dorothy hatten sich einst eine interaktive Kommunikationsmaschine für teures Geld bauen lassen. Es handelte sich um einen relativ großen und schweren Kasten mit drei verschiedenfarbigen handtellergroßen Knöpfen. Ein Knopfdruck löste das Vorspiel eines Lautes aus. Ziel sollte sein, zu prüfen, ob die Tiere zum Beispiel lieber die Stimme ihrer Mutter hören als die eines anderen Weibchens. Ich war damals gerade in Botswana angekommen, um von ihnen das Camp zu übernehmen, und sie erzählten mir von ihrem Debakel. Den Affen war die Kiste einfach unheimlich. Die meisten machten einen großen Bogen um sie. Schließlich näherte sich jedoch eines der jüngeren Tiere an. Als es auf den

Knopf drückte und plötzlich das Grunzen eines Pavians ertönte, wich der Affe erschrocken zurück. Er wurde nie wieder in der Nähe der Apparatur gesehen. Nur ein einzelner kleiner Affe wagte sich nochmals heran. Er kletterte auf die Kiste und fing an zu pinkeln. Damit war das Experiment beendet, jedenfalls mit den Affen. Robert programmierte den in der Kiste versteckten Computer so um, dass er nun nicht mehr Affengrunzer vorspielte, sondern Menschenstimmen, die »Hallo!« sagten – genauer gesagt, die Stimmen von Mitgliedern einer befreundeten Familie, den Longdens. Die Longdens hatten eine Straußenfarm in der nächstgelegenen Stadt Maun, wo wir immer unsere Einkäufe erledigten und dann bei ihnen übernachteten. Alle Familienmitglieder waren große Freunde von Baboon Camp. Sie liebten es, ab und an ein paar Tage im Busch zu verbringen. Das jüngste ihrer drei Kinder, Blyth, war damals knapp anderthalb Jahre alt. Blyth bekam nun die Kiste hingestellt, und wenn er den gelben Knopf drückte, hörte er die Stimme seiner Schwester Pia; die anderen Knöpfe ließen den Gruß seiner Mutter oder seines Vaters erklingen. Anders als die Affen hatte Blyth einen ungeheuren Spaß an der Maschine. Er probierte verschiedene Rhythmen aus; lachte, klatschte in die Hände und quietschte vor Vergnügen, als er entdeckte, dass er die Knöpfe auch mit seinem Hintern bedienen konnte. Was ich damit sagen will: Die Evolution hat dem Menschen nicht nur die Sprache mitgegeben, sondern auch das Vergnügen, sie auszuprobieren und damit zu spielen. Diese angeborene Neigung, sich der Sprache hinzugeben, als Baby stundenlang vor sich hin zu brabbeln und dabei fasziniert zu entdecken, dass man es selbst ist, der diese Töne fabriziert, scheint evolutiv die Folge, ontogenetisch aber bald die Voraussetzung für eine reguläre Entwicklung der Sprachfähigkeit zu sein. Bei Affen konnte ich eine solche spielerische Beschäftigung mit der eigenen Lautgebung jedenfalls nie beobachten.

Hinsichtlich der Struktur der kommunikativen Signale sind die Unterschiede in der akustischen (und gestischen) Kommunikation zwischen Affen und Menschen weitaus größer als die Gemeinsamkeiten. Allerdings gibt es auch Bereiche, in denen die Kommunikation von Affen und Menschen sehr ähnlichen Prinzipien folgt. Das gilt vor allem für den nonverbalen vokalen Ausdruck des Menschen, also die emotionalen und erregungsbasierten Komponenten in der gesprochenen Sprache und anderen nonverbalen Lautäußerungen. Eine gesteigerte Erregung führt beim Menschen zu denselben Veränderungen in der Akustik wie beim Affen, und es gibt ähnliche – wenn auch nicht identische – Prinzipien, positive oder negative Empfindungen auszudrücken.[123]

Ich finde nicht, dass die Kommunikation von Affen langweilig wäre, nur deshalb, weil sie nicht so ist wie die Sprache des Menschen. Im Gegenteil: Sie begeistert mich in ihrer ganz eigenen Komplexität jeden Tag aufs Neue. Leider stochern wir aber immer noch im Nebel herum, wenn es darum geht, den Übergang vom Grunzen zum Sprechen zu erklären. Vielleicht hatte Wilhelm von Humboldt ja Recht, als er schrieb, es handle sich beim Sprachursprung um eine unbeantwortbare Frage.[124]

Evolution der Kommunikation

Auch wenn die Affen nicht reden und ihre gestische Kommunikation meilenweit von einer Gebärdensprache entfernt ist, so habe ich hoffentlich dennoch deutlich machen können, wie reich ihre Kommunikation ist – zumindest was den Ausdruck ihrer emotionalen und physiologischen Verfassung angeht. Wenn man kommunikative Signale als integralen Bestandteil des Sozialverhaltens versteht, stellt sich sofort die Frage, inwiefern das Signalverhalten in Zusammenhang mit der sozialen Organisation steht und wie sich Signalverhalten und soziale Struktur gegenseitig bedingen. Solche Analysen müssen stammesgeschichtliche Aspekte ebenso berücksichtigen wie Anpassungen an ökologische Bedingungen.[125] Hier gibt es noch einiges zu tun.

Daneben bleibt immer noch die große dunkle und verlockende

Frage nach dem Sprachursprung bestehen. Ob es im Verlauf der Evolution Veränderungen gibt, hängt auch vom Zufall ab; welche Veränderungen einen Vorteil bieten und wann es gerichtete Veränderungen gibt, ist ein Ergebnis der selektiven Drücke, die auf das System wirken. Aber biologische Systeme lassen nicht jede beliebige Änderung zu. Die meisten Mutationen sind nachteilig und führen direkt ins Aus. Dabei scheinen verschiedene Merkmale unterschiedlich schnell anpassungsfähig zu sein. Das Paradebeispiel für ausgesprochen schnelle Evolution ist die Resistenzbildung bei Bakterien. Hier setzen sich aufgrund der hohen Teilungsraten vorteilhafte Mutationen in einem Tempo durch, das uns Menschen große Sorgen machen sollte. Warum aber tut sich in der Evolution der kommunikativen Fähigkeiten nichtmenschlicher Primaten über viele Millionen Jahre lang so wenig, und dann auf einmal so viel? War der selektive Druck vorher nicht groß genug? Oder waren die evolutionären Beschränkungen zu stark? Und wie konnten sie überwunden werden? Ist es etwa dem Zufall zu verdanken, dass moderne Menschen sprachbegabt sind? Für mich ergeben sich hier zwei Ansätze, diesen Fragen nachzugehen. Zum einen bieten sich Modellierungen an, um zu prüfen, wie lange ein System interagierender Agenten mit einem begrenzten Signalsystem auskommt. Möglicherweise ist der selektive Druck, eine Vielzahl willkürlicher Signale zu generieren, bis zu einer gewissen sozialen Komplexitätsstufe ja gar nicht so groß. Komplementär dazu wird die evolutionär ausgerichtete Entwicklungsbiologie in den nächsten Jahren sicherlich viel dazu beitragen, um die komplexen Gen-Netzwerke zu entschlüsseln, die bei verschiedensten Aspekten der Sprachfähigkeit eine Rolle spielen. Dass die Sprache entscheidend für unser Selbstverständnis als Mensch ist, ist unbestritten. Sie ist eng mit unserem Verständnis des Selbst und des Anderen verknüpft. Darüber hinaus ist sie das wichtigste Repräsentationssystem für die Speicherung und Weitergabe von Erfahrung. Damit sind wir in der Lage, die technologische Entwicklung zu beschleunigen und die Komplexität symbolischer Repräsentation zu erhöhen. Beide sind zentrale Elemente menschlicher Kultur.[126]

Fazit und Ausblick

Zwei prominente Thesen sollten mit diesem Buch hinterfragt werden: Erstens die Annahme, dass Intelligenz als Folge des Lebens in Gruppen mit komplexer Struktur entstanden ist, und zweitens die Hypothese, dass Intelligenz und kommunikative Fähigkeiten in einem engen Zusammenhang stehen. Die Beobachtung, dass Affen, die in komplexen Gesellschaften leben, auch ein ausdifferenziertes soziales Wissen haben, unterstützt die erste These zumindest teilweise. Ihre Intelligenz ist jedoch nicht auf die soziale Domäne beschränkt, sondern sie können auch in der unbelebten Umwelt direkt beobachtbare Vorgänge interpretieren und die richtigen Schlüsse daraus ziehen – jedenfalls dann, wenn der unmittelbare Reiz dessen, worüber sie gerade nachdenken, nicht allzu groß ist (man denke nur an den Versuch mit den Rosinen und den Kieselsteinen). Indirekte Evidenz und »unsichtbare« kausale Zusammenhänge bleiben ihnen insgesamt eher fremd. Dies wirft die Frage auf, welche »kognitive Architektur« nötig ist, um auch abstrakte Zusammenhänge zu verstehen. Ist es vor allem die Unterdrückung spontaner Handlungen und Reaktionen? Evidenz für diese Hypothese bietet der Befund, dass der präfrontale Cortex des Menschen, also der vordere Teil des Stirnhirns, eine wichtige Rolle bei der Hemmung von Handlungen spielt. Gerade dieser Teil unterscheidet sich bei Menschen und Menschenaffen deutlich. Oder ist es die Ausbildung massiver assoziativer Bereiche im Gehirn, die kreative »Spielräume« schaffen, um die gleichen Dinge in verschiedener Weise zu repräsentieren? Hier liegt noch einige Forschungsarbeit vor uns.

Um die These zum Zusammenhang von kommunikativer Fähigkeit und Intelligenz zu überprüfen, bedarf es zunächst der Spezifikation. Ist die Signalproduktion gemeint oder die Verarbeitung von Signalen? Bemerkenswert und vielleicht etwas überraschend ist die Einsicht, dass Intelligenz nicht notwendigerweise mit einem elaborierten Signalverhalten verbunden ist. Eine reichhaltige Repräsentation der sozialen Welt: ja – eine differenzierte Kommunikation darüber: nein. Andererseits aber können die Affen auch feinste Unterschiede im Signalverhalten ihrer Artgenossen wahrnehmen und mit unterschiedlicher Bedeutung belegen. Zudem sind sie in der Lage, verschiedene Informationsquellen wie kontextuelle Information und Signale zu nutzen und sich entsprechend adaptiv zu verhalten. Wie es dazu gekommen ist, dass unsere Vorfahren irgendwann das erste Wort murmelten (oder die erste Gebärde produzierten), bleibt allerdings nach wie vor im Dunkeln.

Welche Herausforderungen ergeben sich daraus für die Forschung? Ein sich rasant entwickelnder und höchst produktiver Forschungszweig ist die Genomforschung. Die Identifikation von stammesgeschichtlichen Beschränkungen ist dabei essentiell, um zu verstehen, inwieweit sich eine Art überhaupt an verschiedene ökologische Bedingungen anpassen *kann*. Zu hoffen ist erstens, dass wir bei solchen Analysen die Ursachen finden, warum die Lautgebung bei Affen so wenig flexibel ist, und dass wir zweitens zudem die genetischen Grundlagen der enormen Vergrößerung des Gehirns verstehen. Hier muss die Genomforschung Hand in Hand mit neurobiologischen Studien gehen, insbesondere, wenn es um die Aufklärung der »Arbeitsteilung« im Gehirn geht, also der Modularität auf der einen Seite und der Konnektivität auf der anderen. Diese Untersuchungen müssen durch kognitive Tests und Modellierungen ergänzt werden. Eine zweite Aufgabe ist, die vergleichende Forschung auf eine solidere Grundlage zu stellen. Der vergleichende Ansatz, also die Identifizierung ursprünglicher und abgeleiteter Merkmale, und die damit verbundene Möglichkeit, Verhalten als Anpassungsleistung zu betrachten, ist an und für sich ein hervorragendes analytisches Werkzeug. Allerdings haben wir immer wieder das Problem, die Interpretationsräume genügend einzuengen. Wenn zum Beispiel der Zusammenhang zwischen Gruppengröße und Futterangebot in einer Wiederholungsstudie nicht repliziert werden kann, gibt es meistens mehrere plausible Erklärungen, warum dies so sein könnte. Das heißt, dass wir hier einheitliche Standards der Datenerhebung brauchen, um zumindest diesen Teil der Variation zu minimieren, und dass wir zweitens Repositorien aufbauen müssen, in denen die Daten anderen Forschern zugänglich gemacht werden. Drittens brauchen wir weitere langfristig angelegte Studien. Bei den meisten Primatenarten haben wir es mit sehr langlebigen Tieren zu tun; wenn man herausfinden will, wie sich bestimmte Verhaltensweisen zum Beispiel auf den Reproduktionserfolg auswirken, dann braucht man schon einen langen Atem.

Ein langer Atem ist aber nicht alles, denn ohne eine solide und langfristige Finanzierung solcher Studien geht es nicht. Die meisten Forschungsträger aber geben nur Geld für wenige Jahre, und so hangelt man sich dann von Antrag zu Antrag. Wenn man Glück hat (wie wir am Deutschen Primatenzentrum), ist zumindest die Basisfinanzierung gesichert, aber das ist schon ein absolutes Privileg. Vielleicht wäre die Primatenforschung tatsächlich am besten bei den Wissenschaftsakademien angesiedelt, die zumindest in Deutschland eine herausragende Rolle bei der Finanzierung langfristig angelegter Forschung spielen. Für den überhitzten Forschungsförder- und Evaluationszirkus sind solche Vorhaben jedenfalls nichts.

Während wir versuchen, den Wert von Freilandstudien an Affen zu vermitteln, müssen wir gleichzeitig zusehen, wie die Lebensgrundlagen unserer Studienobjekte zerstört werden. Mehr als die Hälfte aller derzeit gelisteten 418 Primatenarten sind laut der Weltnaturschutzorganisation IUCN gefährdet; zahlreiche Arten vom Aussterben bedroht.[1] Die Liste der 25 am meisten gefährdeten Arten umfasst unter anderem die afrikanischen Cross-River-Gorillas, die Simakobu-Affen, die auf den indonesischen Mentawai-Inseln leben, und auch die madagassischen Seidensifakas.[2]

In vielen Teilen der Welt werden Primaten gejagt – ihr Fleisch wird verkauft. Die Holzindustrie erschließt fortlaufend weitere Wälder durch Pisten und Straßen, und so können Wilderer immer tiefer in vormals unberührte Gebiete eindringen und sich auf die Jagd nach Affenfleisch machen. Brandrodung und Vernichtung von Urwäldern weltweit, einhergehend mit dem industrialisierten Anbau von Soja und Palmöl für die Gewinnung von Treibstoff, sind vor allem in Südostasien und Südamerika für die Zerstörung der Lebensräume von Affen verantwortlich. Die Entwicklung eines tragfähigen Konzeptes für den Schutz der letzten Refugien der bedrohten Arten hat daher die allerhöchste Priorität.

Danksagung

Mein Dank und meine Zuneigung gilt den vielen Leuten, die durch Einsatz im Feld, leidenschaftliche wissenschaftliche Auseinandersetzungen und manchmal auch einfach eine feste Umarmung dieses Buch erst möglich gemacht haben.

Allen voran danke ich den fabelhaften Mitgliedern der Abteilung Kognitive Ethologie für die wunderbare Mischung aus Ernsthaftigkeit und Humor, außerdem für Einsatz als Glücksrentierchen, den *trunk table,* Harzwanderungen und »Sagen Sie jetzt nichts!«.

Den Guineapavianen wären wir nie auf die Spur gekommen, hätten nicht viele Leute Mühsal, Hitze und Entbehrungen auf sich genommen. Annika Patzelt hat die Gruppe der Pioniere in Simenti angeführt, dazu gehören Gisela Fickenscher und Andreas Ploss. Später sind Sabine Stückle, Peter Maciej, Matthias Klapproth, Urs Kalbitzer, David Schellenberger-Costa, Karina Schell, Anja Ebenau, Axelle Ferelli und Heather Cohen den Guineapavianen Tag für Tag geduldig gefolgt, bis sie sich endlich ergeben haben. Sarani Diedhiou, Becaye Camara, Moustapha Dieng, Samba Ciss, Jacky Bassene und Cheikh Sané haben sie dabei unterstützt. Marius Niaga und Ibrahim Ndao waren bei den Fangaktionen unersetzlich; Janna Etz und Tanja Haus haben geholfen, die Tiere zu vermessen und Proben zu nehmen.

Taye Danfakha versorgt uns Tag für Tag mit leckerem Essen; Bacary Bodiang danken wir für die Bootstouren, Ibrahim Diatta für engagierte Diskussionen über Politik und Fußball sowie allen anderen auf dem Garde de Poste Simenti für die gute Nachbarschaft und senegalesische Teezeremonien.

Annika Patzelt hat die ersten systematischen Verhaltensdaten gesammelt; Peter Maciej die ersten Laute aufgenommen und Playbackexperimente durchgeführt. Gisela Fickenscher verschaffte uns Einblicke in die genetische Struktur der Population, und von

Matthias Klapproth und Andrea Schell wissen wir, was die Affen fressen. Alle haben sich dabei in fabelhafter und oft selbstloser Weise für das Projekt eingesetzt und damit eine wunderbare Grundlage für die weitere Forschung geschaffen. Dietmar Zinner hat seine schützende Hand über alles gehalten. Ein Sonderpreis geht an Urs Kalbitzer und Tabitha Price für ihre kunstvollen Attrappen und Playbackexperimente an den Meerkatzen. Ein ganz besonderer Dank außerdem an Tabitha Price, die neben ihrer Dissertation mit Unterstützung der Rufford Foundation und privaten Spenden in Zusammenarbeit mit vielen engagierten Einheimischen, allen voran Oumar Ndiaye, ein Recyclingsystem im Nationalpark aufgebaut hat.

Den Verantwortlichen auf Seiten der Senegalesischen Regierung, insbesondere der Direktion der Nationalparks und der Direktion »Eaux et Forêt«, danke ich für die Genehmigung, im Park arbeiten und die Proben exportieren zu dürfen. Besonders erwähnt seien Colonel Mame Balla, der Direktor der Nationalparks, Capitaine Mandiaye Ndiaye, sein *Adjoint*, sowie Colonel Samuel Dieme, der ehemalige Conservateur des Niokolo-Koba-Nationalparks, und Colonel Amadou Sidibe, der gegenwärtige Conservateur. Colvin Tooke hat uns viele Jahre logistisch unterstützt und uns seine Gastfreundschaft gewährt. Ohne Rassoul Seydi hätten wir vermutlich heute noch keine *carte grise*.

Vanessa Schmitt hat die Affen am Deutschen Primatenzentrum davon überzeugen können, an unserer Forschung teilzunehmen. Sie hat diesen Forschungszweig in großer Eigenverantwortung aufgebaut und vorangebracht. Iris Schiöberg, Laura Almeling, Birte Pankau, Sara Jalali, Jana Dekrem, Teresa Kreusch, Anna-Lena Otte und Nora Lindstrom haben ihr dabei geholfen. Seit einiger Zeit ist auch Chris Schlögl dabei, dem ich für seinen experimentellen und intellektuellen Esprit und sein Engagement für die Leibniz-Graduiertenschule danke.

Auch allen anderen ehemaligen und derzeitigen Mitgliedern der Arbeitsgruppe ein großer Dank fürs Mitziehen, insbesondere

Christoph Teufel für die vielen kritischen und hilfreichen Anmerkungen sowie Rebecca Jürgens und Matthis Drolet für die Emotionen.

Ludwig Ehrenreich danke ich für seine unendliche Hilfsbereitschaft, die Erlaubnis, in der Not auf seine Keksvorräte zurückgreifen zu dürfen, und die Karten fürs Jazzfestival. Dietmar Zinner holt mich immer wieder auf den Boden der biologischen Tatsachen zurück; sein Großmut, seine Klugheit und die gute Zusammenarbeit sind eine echte Freude. Kurt Hammerschmidt, meinem wissenschaftlichen Weggefährten und Quarterback, danke ich für seinen Scharfsinn, seine Geduld und die vielen schönen Reisen.

Mein Dank gilt außerdem Ellen Wiese, Nadine Ellrott und Mechthild Pohl, die mit großer Souveränität das Sekretariat geführt haben und führen; Stefan Treue und Michael Lankeit, den beiden Direktoren des DPZ, für die gute Zusammenarbeit und kontinuierliche Unterstützung sowie allen Mitarbeitern der Verwaltung am DPZ für ihren professionellen Einsatz. Besonders erwähnt seien Uwe Schönmann, Annette Husung und alle Tierpfleger, denen wir für ihre Kooperationsbereitschaft und sorgsame Betreuung der Tiere am DPZ danken.

Dorothy Cheney und Robert Seyfarth haben mir einst Baboon Camp anvertraut und mir damit eines der größten Geschenke meines Lebens gemacht, dafür sowie für intensive Diskussionen, fabelhafte Dinnerpartys und ihre Freundschaft meinen großen Dank. Ellen Merz und Gilbert de Turckheim danke ich für die Erlaubnis, im »La Forêt des Singes« in Rocamadour zu arbeiten, ebenso wie allen Mitarbeitern vor Ort für ihre Unterstützung.

Laura Almeling, Gisela Fickenscher, Kurt Hammerschmidt, Franz Kleinherne, Tilmann Lahme, Ellen Merz, Rahel Noser, Julia Ostner, Mechthild Pohl, Lennart Pyritz, Hannes Rakoczy, Chris Schlögl, Markus Steinbach und Dietmar Zinner haben frühere Versionen des Manuskripts in Teilen oder zur Gänze gelesen und viele wertvolle Hinweise und Anregungen gegeben. Kurt und

Dietmar haben mir besonders im vergangenen Jahr (aber auch sonst schon oft) großartig den Rücken freigehalten. Ohne Laura Almeling wäre die Bibliographie nie fertig geworden; außerdem hat sie mit scharfem Blick geholfen, die Werke des Fehlerteufels aufzuspüren. Ludwig Ehrenreich hat die Abbildungen fertig gestellt.

Laura Almeling, Peter Maciej, Rahel Noser, Andrea und Karina Schell, Naema-E. Schlagowski und Marc Stickler danke ich für die vielen schönen Fotos (auch wenn ich nicht alle nehmen konnte). Tilmann Lahme sei für das Entree beim Suhrkamp Verlag gedankt. Henning Marmulla, meinem Lotsen und Lektor, danke ich für die aufmerksame Durchsicht des Manuskripts und die stimmungsaufhellenden Telefonate. Ohne seine freundliche, aber unnachgiebige Art hätte ich nie abgelegt, sein Enthusiasmus hat mich auf Kurs gehalten.

Meinem Lebensgefährten Franz Kleinherne danke ich schließlich für Küchenpartys und Kinobesuche, »Sonntags was Leichtes« und ganz besonders seinen Langmut und seine liebevolle Unterstützung in den letzten Monaten.

Danke!

Unsere Forschung wird durch die Gottfried-Wilhelm-Leibniz-Gesellschaft, die Deutsche Forschungsgemeinschaft, den DAAD, die Leakey Foundation, die Wenner-Gren-Foundation und aus Mitteln der Exzellenzinitiative gefördert.

Anmerkungen

Prolog

1 Taxonomisch gehören die Menschen zu den Primaten und sind damit auch Affen. Der Einfachheit halber bleibe ich hier beim allgemeinen Sprachgebrauch und verwende den Begriff »Affen« für die nichtmenschlichen Primaten.

Teil 1: Sozialverhalten

1 Turckheim, G. D./E. Merz (1984): »Breeding Barbary Macaques in Outdoor Open Enclosures«. In: Fa, J. E. (Hg.): *The Barbary Macaque: A Case Study in Conservation.* New York/London: Plenum Press, 241-261.
2 Hodges, J. K./J. Cortes (Hg.) (2006): *The Barbary Macaque: Biology, Management, and Conservation.* Nottingham: Nottingham University Press.
3 Hassenstein, B. (1970): *Tierjunges und Menschenkind im Blick der vergleichenden Verhaltensforschung.* Stuttgart: Gentner.
4 Paul, A./J. Küster/J. Arnemann (1992): »DNA Fingerprinting Reveals That Infant Care by Male Barbary Macaques (*Macaca sylvanus*) Is Not Paternal Investment«. In: *Folia Primatologica*, 58, 93-98.
5 Henkel, S./M. Heistermann/J. Fischer (2010): »Infants as Costly Social Tools in Male Barbary Macaque Networks«. In: *Animal Behaviour*, 79, 1199-1204.
6 Berghänel, A./J. Ostner/U. Schröder et al. (2011): »Social Bonds Predict Future Cooperation in Male Barbary Macaques, *Macaca sylvanus*«. In: *Animal Behaviour*, 81, 1109-1116.
7 Pinker, S. (1997): *How the Mind Works.* London: Penguin Books.
8 Hamilton, W. D. (1964): »The Genetical Evolution of Social Behavior«. In: *Journal of Theoretical Biology*, 7, 1-16.
9 Segerstrale, U. (2000): *Defenders of the Truth: The Battle for Science in the Sociobiology Debate and Beyond.* Oxford: Oxford University Press.
10 Riechelmann, C./H. Hultsch/D. Todt (1994): »Early Development of Social Relationships in Barbary Macaques (*Macaca sylvanus*): Trajectories of Alloparental Behaviour During an Infant's First Three Months of Life«. In: Roeder, J.J./B.Thierry/J.R. Anderson et al. (Hg.): *Current Primatology*, Band 2: Social Development, Learning, and Behaviour, 279-286.

11 Timme, A. (1989): *Differentielle Aufzuchtmethoden semifrei lebender Berberaffenweibchen (*Macaca sylvanus*)*. Dissertation. Göttingen: Universität Göttingen.

12 Pfefferle, D./K. Brauch/M. Heistermann/J. K. Hodges/J. Fischer (2008): »Female Barbary Macaque (*Macaca sylvanus*) Copulation Calls Do Not Reveal the Fertile Phase but Influence Mating Outcome«. In: *Proceedings of the Royal Society of London Series B-Biological Sciences*, 275, 571-578.

13 Küster, J./A. Paul (1999): »Male Migration in Barbary Macaques (*Macaca sylvanus*) at Affenberg Salem«. In: *International Journal of Primatology*, 20, 85-106.

14 Wrangham, R. W. (1980): »An Ecological Model of Female-Bonded Primate Groups«. In: *Behaviour*, 75, 262-300.

15 Engh, A. L./R. R. Hoffmeier/R. M. Seyfarth et al. (2009): »O Brother, Where Art Thou? The Varying Influence of Older Siblings in Rank Acquisition by Female Baboons«. In: *Behavioral Ecology and Sociobiology*, 64, 97-104.

16 Kappeler, P. M./C. P. van Schaik (2002): »Evolution of Primate Social Systems«. In: *International Journal of Primatology*, 23, 707-740.

17 Ménard, N. (2002): »Ecological Plasticity of Barbary Macaques (*Macaca sylvanus*)«. In: *Evolutionary Anthropology Suppl.*, 1, 95-100.

18 Koenig, A. (2003): »Competition for Resources and Its Behavioral Consequences among Female Primates«. In: *International Journal of Primatology*, 23, 759-783; Crook, J. H./J. S. Gartlan (1966): »Evolution of Primate Societies«. In: *Nature*, 210, 1200-1203.

19 Shultz, S./C. Opie/Q. D. Atkinson (2011): »Stepwise Evolution of Stable Sociality in Primates«. In: *Nature*, 479, 219-222; Thierry, B./F. Aureli/C. L. Nunn et al. (2008): »A Comparative Study of Conflict Resolution in Macaques: Insights into the Nature of Trait Covariation«. In: *Animal Behaviour*, 75, 847-860.

20 Sterck, E. H. M./D. P. Watts/C. P. van Schaik (1997): »The Evolution of Female Social Relationships in Nonhuman Primates«. In: *Behavioral Ecology and Sociobiology*, 41, 291-309.

21 Small, M. F. (1990): »Promiscuity in Barbary Macaques (*Macaca sylvanus*)«. In: *American Journal of Primatology*, 20, 267-282.

22 Reichard, U. H. (2009): »Social Organization and Mating System of Khao Yai White-Handed Gibbons, 1992-2006«. In: Lappan, S. M./D. Whittaker (Hg.): *Wild Gibbon Populations: New Understandings of Small Ape Socioecology, Population Biology and Conservation*. Berlin: Springer, 347-384.

23 Van Schaik, C. P./R. I. M. Dunbar (1990): »The Evolution of Monogamy in Large Primates: A New Hypothesis and Some Crucial Tests«. In: *Behaviour*, 115, 30-61.

24 Abbott, D. H. (1984): »Behavioral and Physiological Suppression of Fertility in Subordinate Marmoset Monkeys«. In: *American Journal of Primatology*, 6, 169-186.
25 Burkart, J. M./S. B. Hrdy/C. P. van Schaik (2009): »Cooperative Breeding and Human Cognitive Evolution«. In: *Evolutionary Anthropology*, 18, 175-186.
26 König, A./C. Borries (2001): »Socioecology of Hanuman Langurs: The Story of Their Success«. In: *Evolutionary Anthropology*, 10, 122-137.
27 Rees, A. (2009): *The Infanticide Controversy: Primatology and the Art of Field Science*. Chicago/London: The University of Chicago Press.
28 Ebd.
29 Palombit, R. A./C. P. van Schaik/C. H. Janson (2000): »Infanticide and the Evolution of Male-Female Bonds in Animals«. In: Van Schaik, C. P./C. H. Janson (Hg.): *Male Infanticide and Its Implications*. Cambridge: Cambridge University Press, 239-268.
30 Hinde, R. A./J. Stevenson-Hinde (1976): »Towards Understanding Relationships: Dynamic Stability«. In: Bateson, P. P. G./R. A. Hinde (Hg.): *Growing Points in Ethology*. Cambridge: Cambridge University Press, 451-479.
31 Smuts, B. B. (1985): *Sex and Friendship in Baboons*. New York: Aldine Publishing Company.
32 Seyfarth, R. M. (1977): »A Model of Social Grooming among Adult Female Monkeys«. In: *Journal of Theoretical Biology*, 65, 671-698.
33 Noe, R./P. Hammerstein (1994): »Biological Markets: Supply and Demand Determine the Effect of Partner Choice in Cooperation, Mutualism and Mating«. In: *Behavioral Ecology and Sociobiology*, 35, 1-11.
34 Henzi, S. P./L. Barrett (2002): »Infants As a Commodity in a Baboon Market«. In: *Animal Behaviour*, 63, 915-921.
35 Tiddi, B./F. Aureli/G. Schino (2010): »Grooming for Infant Handling in Tufted Capuchin Monkeys: A Reappraisal of the Primate Infant Market«. In: *Animal Behaviour*, 79, 1115-1123.
36 Cheney, D. L./L. R. Moscovice/M. Heesen et al. (2010): »Contingent Cooperation between Wild Female Baboons«. In: *Proceedings of the National Academy of Sciences*, 107, 9562-9566.
37 Melis, A. P./B. Hare/M. Tomasello (2006): »Engineering Cooperation in Chimpanzees: Tolerance Constraints on Cooperation«. In: *Animal Behaviour*, 72, 275-286.
38 Dies. (2006): »Chimpanzees Recruit the Best Collaborators«. In: *Science*, 311, 1297-1300.
39 Dufour, V./M. Pelé/M. Neumann et al. (2009): »Calculated Reciprocity after All: Computation Behind Token Transfers in Orang-Utans«. In: *Biology Letters*, 5, 172-175.

40 Noe/Hammerstein (1994), a. a. O. (Anm. 33).
41 De Waal, F. B.M. (2000): »Attitudinal Reciprocity in Food Sharing among Brown Capuchin Monkeys«. In: *Animal Behaviour*, 66, 253-261.
42 Schino, G./F. Aureli (2009): »Reciprocal Altruism in Primates: Partner Choice, Cognition, and Emotions«. In: *Advances in the Study of Behavior*, 39, 45-69.
43 Fehr, E./U. Fischbacher (2003): »The Nature of Human Altruism«. In: *Nature*, 425, 785-791.
44 Silk, J. B. /J. Altmann/S. C. Alberts (2006): »Social Relationships among Adult Female Baboons (*Papio cynocephalus*) I. Variation in the Strength of Social Bonds«. In: *Behavioral Ecology and Sociobiology*, 61, 183-195.
45 Silk, J. B. /J. C. Beehner/T. J. Bergman et al. (2010): »Strong and Consistent Social Bonds Enhance the Longevity of Female Baboons«. In: *Current Biology*, 20, 1359-1361; dies. (2009): »The Benefits of Social Capital: Close Social Bonds among Female Baboons Enhance Offspring Survival«. In: *Proceedings of the Royal Society of London Series B-Biological Sciences*, 276, 3099-3104.
46 Schülke, O./J. Bhagavatula/L. Vigilant et al. (2010): »Social Bonds Enhance Reproductive Success in Male Macaques«. In: *Current Biology*, 20, 2207-2210.
47 Engh, A. L. /J. C. Beehner/T. J. Bergman et al. (2006): »Behavioural and Hormonal Responses to Predation in Female Chacma Baboons (*Papio hamadryas ursinus*)«. In: *Proceedings of the Royal Society of London Series B-Biological Sciences*, 273, 707-712.
48 Ebd.
49 Higham, J. P. /C. S. Barr/C. L. Hoffman et al. (2011): »Mu-Opioid Receptor (Oprm1) Variation, Oxytocin Levels and Maternal Attachment in Free-Ranging Rhesus Macaques, *Macaca mulatta*«. In: *Behavioral Neuroscience*, 125, 131-136.
50 Ansorge, V./K. Hammerschmidt/D. Todt (1992): »Communal Roosting and Formation of Sleeping Clusters in Barbary Macaques (*Macaca sylvanus*)«. In: *American Journal of Primatology*, 28, 271-280.
51 Trivers, R. L. (1974): »Parent-Offspring Conflict«. In: *American Society of Zoologists*, 14, 249-264.
52 Bei gleichem Vater und gleicher Mutter geht man von einem (durchschnittlichen) Verwandtschaftskoeffizienten unter Geschwistern von 0,5 aus; bei zwei verschiedenen Vätern von 0,25. Das liegt daran, dass ein Kind je die Hälfte seiner Gene von je einem der beiden Elternteile erbt.
53 Deag, J. M. (1974): *A Study of the Social Behavior and Ecology of the Wild Barbary Macaque,* Macaca sylvanus L. 1758. Dissertation. Bristol:

University of Bristol; Taub, D. M. (1977): »Geographic Distribution and Habitat Diversity of the Barbary Macaque, *Macaca sylvanus*«. In: *Folia Primatologia*, 27, 108-133.

54 Hammerschmidt, K./V. Ansorge/J. Fischer et al. (1994): »Dusk Calling in Barbary Macaques (*Macaca sylvanus*): Demand for Social Shelter«. In: *American Journal of Primatology*, 32, 277-289.

55 Hesler, N./J. Fischer (2007): »Gestural Communication in Barbary Macaques (*Macaca sylvanus*): An Overview«. In: Tomasello, M./ J. Call (Hg.): *The Gestural Communication of Apes and Monkeys*. New Jersey: Lawrence Erlbaum Associates, 159-195.

56 Henkel et al. (2010), a. a. O. (Anm. 5).

57 Chapais, B./A. F. Harcourt/F. B. M. de Waal (1992): »The Role of Alliances in Social Inheritance of Rank among Female Primates«. *Coalitions and Alliances in Humans and Other Animals*. Oxford: Oxford University Press, 29-59.

58 Small, M. F. (1990): »Social Climber – Independent Rise in Rank by a Female Barbary Macaque (*Macaca sylvanus*)«. In: *Folia Primatologia*, 55, 85-91.

59 De Waal, F. B. M. /A. van Roosmalen (1979): »Reconciliation and Consolation among Chimpanzees«. In: *Behavioral Ecology and Sociobiology*, 5, 55-66.

60 Aureli, F./M. Das/D. Verleur et al. (1994): »Post-Conflict Social Interactions among Barbary Macaques (*Macaca sylvanus*)«. In: *International Journal of Primatology*, 15, 471-485.

61 Patzelt, A./R. Pirow/J. Fischer (2009): »Post-Conflict Affiliation in Barbary Macaques Is Influenced by Conflict Characteristics and Relationship Quality, but Does Not Diminish Short-Term Renewed Aggression«. In: *Ethology*, 115, 658-670.

62 Thierry, B. et al. (2008), a. a. O. (Anm. 19).

63 De Waal, F. B. M. /F. Aureli (1997): »Conflict Resolution and Distress Alleviation in Monkeys and Apes«. In: *Annals of the New York Academy of Sciences*, 807, 317-328.

64 Wittig, R. M. /C. Crockford/E. Wikberg et al. (2007): »Kin-Mediated Reconciliation Substitutes for Direct Reconciliation in Female Baboons«. In: *Proceedings of the Royal Society of London Series B-Biological Sciences*, 274, 1109-1115.

65 De Waal/van Roosmalen (1979), a. a. O. (Anm. 59).

66 Aureli, F./C. P. van Schaik (1991): »Post-Conflict Behaviour in Long-tailed Macaques (*Macaca fascicularis*): Coping with the Uncertainty«. In: *Ethology*, 89, 101-114; Cheney, D. L. /R. M. Seyfarth (1986): »The Recognition of Social Alliances by Vervet Monkeys«. In: *Animal Behaviour*, 34, 1722-1731.

67 Cheney, D. L. /R. M. Seyfarth (1990): *How Monkeys See the World. Inside the Mind of Another Species*. Chicago: The University of Chicago Press (dt. 1994: *Wie Affen die Welt sehen. Das Denken einer anderen Art*. München: Carl Hanser Verlag).

68 Washburn, S. L. (1961): »Social Behavior of Baboon and Early Man«. In: Washburn, S. L. (Hg.): *The Social Life of Early Man*. New York: Wenner-Gren Foundation, 91-105.

69 Montgomery, S. (1991): *Walking with the Great Apes*. New York: Mariner Books.

70 Hall, K. R. L. /I. de Vore (1965): »Baboon Social Behavior«. In: De Vore, I. (Hg.): *Primate Behavior: Field Studies of Monkeys and Apes*. New York: Holt, Rinehart and Winston, 53-110.

71 De Queiroz, K. (2005): »Ernst Mayr and the Modern Concept of Species«. In: *Proceedings of the National Academy of Sciences of the United States of America*, 102, 6600-6607.

72 Swedell, L./S. Leigh (Hg.) (2006): *Reproduction and Fitness in Baboons: Behavioral, Ecological, and Life History Perspectives*. New York: Springer.

73 Abegglen, J. J. (1984): *On Socialization in Hamadryas Baboons*. Dissertation Zürich 1976. Lewisburg, PA: Bucknell University Press.

74 Palombit et al. (2000), a. a. O. (Anm. 29).

75 Wer mehr über die Forschung an den Bärenpavianen im Okavangodelta wissen möchte, sei auf das schöne Buch *Baboon Metaphysics* verwiesen: Cheney, D. L. /R. M. Seyfarth (2007): *Baboon Metaphysics*. Chicago: The University of Chicago Press.

76 Trivers, R. L. /D. E. Willard (1973): »Natural Selection of Parental Ability to Vary the Sex Ratio of Offspring«. In: *Science*, 179, 90-92.

77 Cheney, D. L. /R. M. Seyfarth/J. Fischer et al. (2004): »Factors Affecting Reproduction and Mortality among Baboons in the Okavango Delta, Botswana«. In: *International Journal of Primatology*, 25, 401-428.

78 Moscovice, L. R. /A. di Fiore/C. Crockford et al. (2010): »Hedging Their Bets? Male and Female Chacma Baboons Form Friendships Based on Likelihood of Paternity«. In: *Animal Behaviour*, 79, 1007-1015.

79 Bergman, T. J. /J. C. Beehner/D. L. Cheney et al. (2006): »The Role of Testosterone in the Social Interactions of Male Chacma Baboons (*Papio hamadryas ursinus*)«. In: *Behavioral Ecology and Sociobiology*, 59, 480-489.

80 Dies. (2005): »Correlates of Stress in Free-Ranging Male Chacma Baboons, *Papio hamadryas ursinus*«. In: *Animal Behaviour*, 70, 703-713.

81 Gesquiere, L./N. H. Learn/C. M. Simao et al. (2011): »Life at the Top: Rank and Stress in Wild Male Baboons«. In: *Science*, 333, 357-360.

82 Nelson, R. J. (2006): *Biology of Aggression*. Oxford: Oxford University Press.

83 Higley, J. D. /P. T. Mehlmann/D. M. Taub et al. (1992): »Cerebrospinal Fluid Monoamine and Adrenal Correlates of Aggression in Free-Ranging Rhesus Monkeys«. In: *Archives of General Psychiatry Research*, 49, 436-441.
84 Nelson (2006), a. a. O. (Anm. 82).
85 Beehner, J. C. /L. Gesquiere/R. M. Seyfarth et al. (2009): »Testosterone Related to Age and Life-History Stages in Male Baboons and Geladas«. In: *Hormones and Behavior*, 56, 472-480.
86 Maynard Smith, J. (1982): *Evolution and the Theory of Games*. Cambridge: Cambridge University Press.
87 Sharman, M. (1981): *Feeding, Ranging, and the Social Organisation of the Guinea Baboon*. Unveröffentlichte Dissertation, University of St. Andrews, St. Andrews.
88 Boese, G. (1973): *Behavior and Social Organization of the Guinea Baboon (*Papio papio*)*. Unveröffentlichte Dissertation, The Johns Hopkins University, Baltimore, Maryland.
89 Hardin, G. (1968): »The Tragedy of the Commons«. In: *Science*, 162, 1243-1248.
90 Patzelt, A./D. Zinner/G. Fickenscher et al. (2011): »Group Composition of Guinea Baboons (*Papio papio*) at a Water Place Suggests a Fluid Fission-Fusion Social Organisation«. In: *International Journal of Primatology*, 32, 652-668.
91 Zinner, D./U. Buba/S. Nash et al. (2011): »Pan-African Voyagers. The Phylogeography of Baboons«. In: Sommer V./C. Ross (Hg.): *Primates of Gashaka. Socioecology and Conservation in Nigeria's Biodiversity Hotspot. Developments in Primatology. Progress and Prospects*, Bd. 35. New York: Springer, 267-306.
92 Green, R. E. /J. Krause/A. W. Briggs et al. (2010): »A Draft Sequence of the Neandertal Genome«. In: *Science*, 328, 710-722.
93 Ray, N./L. Excoffier (2010): »A First Step Towards Inferring Levels of Long-Distance Dispersal During Past Expansions«. In: *Molecular Ecology Resources*, 10, 902-914.
94 Jolly, C. F. (2009): »Fifty Years of Looking at Human Evolution – Backward, Forward, and Sideways«. In: *Current Anthropology*, 50, 2, 187-199.

Teil 2: Kognition

1 Brandt, R. (2009): *Können Tiere denken? Ein Beitrag zur Tierphilosophie*. Frankfurt/Main: Suhrkamp Verlag.

2 Wild, M. (2008): *Tierphilosophie zur Einführung*. Hamburg: Junius; Perler, D./M. Wild (Hg.) (2005): *Der Geist der Tiere. Philosophische Texte zu einer aktuellen Diskussion*. Frankfurt/Main: Suhrkamp Verlag.

3 Watson, J. B. (1913): »Psychology as the Behaviorist Views It«. In: *Psychological Review*, 20, 158-177.

4 Tinbergen, N. (1963): »On Aims and Methods in Ethology«. In: *Zeitschrift für Tierpsychologie*, 20, 410-433.

5 Menzel, R./J. Fischer (2011): »Animal Thinking – An Introduction«. In: Dies. (Hg.): *Animal Thinking: Contemporary Issues in Comparative Cognition*. Cambridge, MA: MIT Press, 1-6.

6 Yerkes, R. M. (1916): *The Mental Life of Monkeys and Apes: A Study of Ideational Behavior*. Ann Arbor: Scholars' Facsimiles & Reprints, inc., University of Michigan.

7 Tolman, E. C. (1932): *Purposive Behavior in Animals and Men*. New York: Appleton-Century-Crofts.

8 Ebd.

9 Shettleworth, S. J. (2010): *Cognition, Evolution and Behavior*. Oxford: Oxford University Press.

10 Wiener, J./S. J. Shettleworth/V.P. Bingman et al. (2011): »Animal Navigation – A Synthesis«. In: Menzel/Fischer (Hg.), a.a.O. (Anm. 2, 5), 121-147.

11 Deacon, T. W. /A. G. Filler/J. E. Cronin et al. (1980): »The Rate and Nature of Brain Evolution in the Hominidae«. In: *American Journal of Physical Anthropology*, 52, 219-219.

12 Mehlhorn, J./G. R. Hunt/R. D. Gray et al. (2010): »Tool-Making New Caledonian Crows Have Large Associative Brain Areas«. In: *Brain Behavior and Evolution*, 75, 63-70.

13 Navarrete, A./C. P. van Schaik/K. Isler (2011): »Energetics and the Evolution of Human Brain Size«. In: *Nature*, 480, 91-93.

14 Clutton-Brock, T. H. /P. H. Harvey (1977): »Primate Ecology and Social-Organization«. In: *Journal of Zoology*, 183, 1-39.

15 Jolly, A. (1972): *The Evolution of Primate Behaviour*. New York: Macmillan.

16 Humphrey, N. K. (1976): »The Social Function of Intellect«. In: Bateson/Hinde (Hg.), a. a. O. (Anm. 1, 30), 303-317.

17 Byrne, R. W./A. Whiten (1988): *Machiavellian Intelligence. Social Expertise and the Evolution of Intellect in Monkeys, Apes, and Humans*. Oxford: Clarendon Press.

18 Barrett, L./P. Henzi/R. Dunbar (2003): »Primate Cognition: From ›What Now?‹ to ›What If?‹«. In: *Trends in Cognitive Sciences*, 7, 494-497.
19 Van Schaik, C. P. /M. Ancrenaz/G. Borgen et al. (2003): »Orang-Utan Cultures and the Evolution of Material Culture«. In: *Science*, 299, 105.
20 Amici, F./F. Aureli/J. Call (2008): »Fission-Fusion Dynamics, Behavioral Flexibility, and Inhibitory Control in Primates«. In: *Current Biology*, 18, 1415-1419.
21 Chittka, L./J. Niven (2009): »Are Bigger Brains Better?« In: *Current Biology*, 19, R995-R1008.
22 Healy, S. D. /C. Rowe (2007): »A Critique of Comparative Studies of Brain Size«. In: *Proceedings of the Royal Society of London Series B-Biological Sciences*, 274, 453-464.
23 Die Kirche des fliegenden Spaghetti-Monsters ist eine Bewegung, die in Folge eines Schreibens des Physikers Bobby Henderson an die Schulbehörde von Kansas entstanden ist, als diese diskutierte, ob der Kreationismus gleichberechtigt neben der Evolutionstheorie im Biologieunterricht gelehrt werden solle. Henderson forderte, dass dann auch seine eigene Glaubensrichtung behandelt werden müsse, nach der die Welt durch ein fliegendes Spaghetti-Monster erschaffen worden sei.
24 Köhler, W. (1921): *Intelligenzprüfungen an Menschenaffen*. Berlin: Julius Springer.
25 Thorndike, E. L. (1911): *Animal Intelligence: Experimental Studies*. New York: Macmillan.
26 Köhler (1921), a. a. O. (Anm. 2, 24).
27 Premack, D./A. J. Premack (1994): »Levels of Causal Understanding in Chimpanzees and Children«. In: *Cognition*, 50, 347-362.
28 Ebd.
29 Ebd.
30 Wilson, M. L. /M. D. Hauser/R. Wrangham (2001): »Does Participation in Intergroup Conflict Depend on Numerical Assessment, Range Location, or Rank for Wild Chimpanzees?«. In: *Animal Behaviour*, 61, 1203-1216.
31 McComb, K./C. Packer/A. Pusey (1994): »Roaring and Numerical Assessment in Contests between Groups of Female Lions, *Panthera leo*«. In: *Animal Behaviour*, 47, 379-387.
32 Schmitt, V./J. Fischer (2011): »Representational Format Determines Numerical Competence in Monkeys«. In: *Nature Communications*, 1262.
33 Herrmann, E./J. Call/M. V. Hernandez-Lloreda et al. (2007): »Humans Have Evolved Specialized Skills of Social Cognition: The Cultural Intelligence Hypothesis«. In: *Science*, 317, 1360-1366.

34 Schmitt/Fischer (2011), a. a. O. (Anm. 2, 32).
35 Boysen, S. T. (1997): »Representation of Quantities by Apes«. In: *Advances in the Study of Behavior*, 26, 435-462.
36 Herrmann et al. (2007), a. a. O. (Anm. 2, 33).
37 Schmitt, V./B. Pankau/J. Fischer (im Erscheinen): »Old World Monkeys Compare to Apes in the Primate Cognition Test Battery«. In: PLoS *One*.
38 Wiener et al. (2011), a. a. O. (Anm. 2, 10).
39 Noser, R./R. W. Byrne (2007): »Travel Routes and Planning of Visits to Out-of-Sight Resources in Wild Chacma Baboons, *Papio ursinus*«. In: *Animal Behaviour*, 73, 257-266; Noser, R./R. W. Byrne (2010): »How Do Wild Baboons (*Papio ursinus*) Plan Their Routes? Travel among Multiple High-Quality Food Sources with Inter-Group Competition«. In: *Animal Cognition*, 13, 145-155.
40 Cramer, A. E. /C. R. Gallistel (1997): »Vervet Monkeys as Travelling Salesmen«. In: *Nature*, 387, 464-464.
41 Hierbei handelt es sich um ein kombinatorisches Optimierungsproblem in der Logistikforschung und der theoretischen Informatik. Es wird angenommen, dass die Anzahl möglicher Kombinationen und die Rechenzeit zur Ermittlung der Lösung exponentiell mit der Anzahl der Stationen wächst.
42 Janson, C. H. (2007): »Experimental Evidence for Route Integration and Strategic Planning in Wild Capuchin Monkeys«. In: *Animal Cognition*, 10, 341–356.
43 Cunningham, E./C. Janson (2007): »Integrating Information About Location and Value of Resources by White-Faced Saki Monkeys (*Pithecia pithecia*)«. In: *Animal Cognition*, 10, 293-304.
44 Charles R. M. (1991): »Cognitive Aspects of Foraging in Japanese Monkeys«. In: *Animal Behaviour*, 41, 397-402.
45 Noser, R./R. W. Byrne (2007): »Mental Maps in Chacma Baboons (*Papio ursinus*): Using Inter-Group Encounters as a Natural Experiment«. In: *Animal Cognition*, 10, 331-340.
46 Suddendorf, T./M. C. Corballis (2007): »The Evolution of Foresight: What Is Mental Time Travel and Is It Unique to Humans?«. In: *Behavioral and Brain Sciences*, 30, 299-313.
47 Seed, A. M. /N. S. Clayton/P. Carruthers et al. (2011): »Planning, Memory, and Decision Making«. In: Menzel/Fischer (Hg.), a. a. O. (Anm. 2, 5), 121-147.
48 Clayton, N. S. /A. Dickinson (1998): »Episodic-Like Memory During Cache Recovery by Scrub Jays«. In: *Nature*, 395, 272-274.
49 Dickinson, A. (2011): »Goal-Directed Behavior and Future Planning in Animals«. In: Menzel/Fischer (Hg.), a. a. O. (Anm. 2, 5), 79-92.
50 Raby, C. R. /D. M. Alexis/A. Dickinson et al. (2007): »Planning for the Future by Western Scrub-Jays«. In: *Nature*, 445, 919-921.

51 Mulcahy, N. J./J. Call (2006): »Apes Save Tools for Future Use«. In: *Science*, 312, 1038-1040.
52 Limongelli, L./S. T. Boysen/E. Visalberghi (1995): »Comprehension of Cause-Effect Relations in a Tool-Using Task by Chimpanzees (*Pan troglodytes*)«. In: *Journal of Comparative Psychology*, 109, 18-26.
53 Takasaki, H./S. C. Strum/L. M. Fedigan (2000): »Traditions of the Kyoto School of Field Primatology in Japan«. In: Strum, S. C. /L. M. Fedigan (Hg.): *Primate Encounters. Models of Science, Gender, and Society*. Chicago: The University of Chicago Press, 151-164.
54 Goodall, J./E. W. Menzel (1973): »Cultural Elements in a Chimpanzee Community«. In: *Precultural Primate Behaviour*. Basel: Karger, 144-184.
55 McGrew, W. C. (1992): *Chimpanzee Material Culture. Implications for Human Evolution*. Cambridge: Cambridge University Press.
56 Whiten, A./J. Goodall/W. C. McGrew et al. (1999): »Cultures in Chimpanzees«. In: *Nature*, 399, 682-685.
57 Van Schaik et al. (2003), a. a. O. (Anm. 2, 19).
58 Perry, S./J. Manson (2003): »Traditions in Monkeys«. In: *Evolutionary Anthropology*, 12, 71-81; Fragaszy, D. M. /S. Perry (Hg.) (2003): *The Biology of Traditions*. Cambridge: Cambridge University Press.
59 Hunt, G. R. (1996): »Manufacture and Use of Hook-Tools by New Caledonian Crows«. In: *Nature*, 379, 249-251.
60 Weir, A. A. S. /J. Chappell/A. Kacelnik (2002): »Shaping of Hooks in New Caledonian Crows«. In: *Science*, 297, 981-981; Kenward, B./A. A. S. Weir/C. Rutz et al. (2005): »Tool Manufacture by Naive Juvenile Crows«. In: *Nature*, 433, 121.
61 Holzhaider, J. C. /G. R. Hunt/R. D. Gray (2010): »The Development of Pandanus Tool Manufacture in Wild New Caledonian Crows«. In: *Behaviour*, 147, 553-586.
62 Tomasello, M. (1999): *The Cultural Origins of Human Cognition*. Cambridge: Harvard University Press (dt. 2002: *Die kulturelle Entwicklung des menschlichen Denkens. Zur Evolution der Kognition*. Frankfurt/Main: Suhrkamp Verlag); Boyd, R./P. J. Richerson (2005): *The Origin and Evolution of Cultures*. Oxford: Oxford University Press.
63 Tylor, E. B. (1871): *Primitive Culture: Researches into the Development of Mythology, Philosophy, Religion, Language, Art, and Custom*. London: Murray.
64 Matsuzawa, T./D. Biro/T. Humle et al. (2001): »Emergence or Culture in Wild Chimpanzees: Education by Master-Apprenticeship«. In: Matsuzawa, T. (Hg.): *Primate Origins of Human Cognition and Behavior*. Tokyo: Springer Verlag, 557-574; McGrew, W. C. (2004): *The Cultured Chimpanzee*. Cambridge: Cambridge University Press.

65 Kummer, H. (1971): *Primate Societies*. Chicago: Aldine-Atherton.
66 Fragaszy et al. (Hg.) (2003), a. a. O. (Anm. 2, 58).
67 Matsuzawa et al. (2001), a. a. O. (Anm. 2, 64); Humle, T./C. T. Snowdon/T. Matsuzawa (2009): »Social Influences on Ant-Dipping Acquisition in the Wild Chimpanzees (*Pan troglodytes verus*) of Bossou, Guinea, West Africa«. In: *Animal Cognition*, 12, 37-48.
68 Herrmann et al. (2007), a. a. O. (Anm. 2, 33); Schmitt et al. (im Erscheinen), a. a. O. (Anm. 2, 37).
69 Schmitt, V./C. Schlögl/J. Fischer: unveröffentlichte Daten.
70 Hurley, S./N. Chater (2005): »The Importance of Imitation«. In: Dies. (Hg.): *Mechanisms of Imitation and Imitation in Animals*. Cambridge, MA: The MIT Press, 1-52.
71 Ebd.
72 Whiten, A./D. M. Custance/J. C. Gomez et al. (1996): »Imitative Learning of Artificial Fruit Processing in Children (*Homo sapiens*) and Chimpanzees (*Pan troglodytes*)«. In: *Journal of Comparative Psychology*, 110, 3-14.
73 Tomasello, M. (2009): *Why We Cooperate*. Cambridge, MA: MIT Press (dt. 2010: *Warum wir kooperieren*. Frankfurt/Main: Suhrkamp Verlag); Tomasello, M./H. Rakoczy (2003): »What Makes Human Cognition Unique? From Individual to Shared to Collective Intentionality«. In: *Mind & Language*, 18, 121-147.
74 Caro, T. M. /M. D. Hauser (1992): »Is There Teaching in Nonhuman Animals?«. In: *Quarterly Review of Biology*, 67, 151-174.
75 Thornton, A./K. McAuliffe (2006): »Teaching in Wild Meerkats«. In: *Science*, 313, 227-229.
76 Ebd.
77 Fehr, E./S. Gächter (2002): »Altruistic Punishment in Humans«. In: *Nature*, 415, 137-140; Boyd, R./P. J. Richerson (1992): »Punishment Allows the Evolution of Cooperation (or Anything Else) in Sizable Groups«. In: *Ethology and Sociobiology*, 13, 171-195.
78 Tennie, C./J. Call/M. Tomasello (2009): »Ratcheting up the Ratchet: On the Evolution of Cumulative Culture«. In: *Philosophical Transactions of the Royal Society B-Biological Sciences*, 364, 2405-2415; Tomasello (1999), a. a. O. (Anm. 2, 62).
79 Tomasello, M. (2008): *Origins of Human Communication*. Cambridge, MA: MIT Press (dt. 2009: *Die Ursprünge der menschlichen Kommunikation*. Frankfurt/Main: Suhrkamp Verlag).
80 Teufel, C./P. C. Fletcher/G. Davis (2010): »Seeing Other Minds: Attributed Mental States Influence Perception«. In: *Trends in Cognitive Sciences*, 14, 376-382.
81 Range, F./Z. Virányi (2011): »Development of Gaze Following Abilities

in Wolves (*Canis lupus*)«. In: PLoS *One*, 6, 1-9; Kaminski, J./J. Riedel/J. Call et al. (2005): »Domestic Goats, *Capra hircus*, Follow Gaze Direction and Use Social Cues in an Object Choice Task«. In: *Animal Behaviour*, 69, 11-18.

82 Ferrari, P. F./E. Kohler/L. Fogassi et al. (2000): »The Ability to Follow Eye Gaze and Its Emergence During Development in Macaque Monkeys«. In: *Proceedings of the National Academy of Sciences of the United States of America*, 97, 13997-14002.

83 Bräuer, J./J. Call/M. Tomasello (2005): »All Great Ape Species Follow Gaze to Distant Locations and around Barriers«. In: *Journal of Comparative Psychology*, 119, 145-154.

84 Schmitt et al. (im Erscheinen), a. a. O. (Anm. 2, 37).

85 Goossens, B. M. A./M. Dekleva/S. M. Reader et al. (2008): »Gaze Following in Monkeys Is Modulated by Observed Facial Expressions«. In: *Animal Behaviour*, 75, 1673-1681.

86 Teufel, C./A. Gutmann/R. Pirow/J. Fischer (2010): »Facial Expressions Modulate the Ontogenetic Trajectory of Gaze-Following among Monkeys«. In: *Developmental Science*, 13, 913-922.

87 Senju, A./G. Csibra (2008): »Gaze Following in Human Infants Depends on Communicative Signals«. In: *Current Biology*, 18, 668-671.

88 Hammerschmidt, K./J. Fischer (1998): »Maternal Discrimination of Offspring Vocalizations in Barbary Macaques (*Macaca sylvanus*)«. In: *Primates*, 39, 231-236.

89 Fischer, J. (2004): »Emergence of Individual Recognition in Young Macaques«. In: *Animal Behaviour*, 67, 655-661.

90 Charrier, I./N. Mathevon/P. Jouventin (2001): »Mother's Voice Recognition by Seal Pups – Newborns Need to Learn Their Mother's Call before She Can Take Off on a Fishing Trip«. In: *Nature*, 412, 873-873.

91 Rendall, D./P. S. Rodman/R. E. Emond (1996): »Vocal Recognition of Individuals and Kin in Free Ranging Rhesus Monkeys«. In: *Animal Behaviour*, 51, 1007-1015.

92 Palombit, R. A./R. M. Seyfarth/D. L. Cheney (1997): »The Adaptive Value of ›Friendships‹ to Female Baboons: Experimental and Observational Evidence«. In: *Animal Behaviour*, 54, 599-614.

93 Cheney, D. L./R. M. Seyfarth (1989): »Redirected Aggression and Reconciliation among Vervet Monkeys, *Cercopithecus aethiops*«. In: *Behaviour*, 110, 258-275.

94 Cheney, D. L./R. M. Seyfarth (1980): »Vocal Recognition in Free-Ranging Vervet Monkeys«. In: *Animal Behaviour*, 28, 362-367.

95 Dasser, V. (1988): »A Social Concept in Java Monkeys«. In: *Animal Behaviour*, 36, 225-230.

96 Schell, A./K. Rieck/K. Schell/K. Hammerschmidt/J. Fischer (2011):

»Adult but Not Juvenile Barbary Macaques Spontaneously Recognize Group Members from Pictures«. In: *Animal Cognition*, 14, 503-509.

97 Bergman, T. J. /J. C. Beehner/D. L. Cheney et al. (2003): »Hierarchical Classification by Rank and Kinship in Baboons«. In: *Science*, 302, 1234-1236.

98 Ebd.

99 Crockford, C./R. Wittig/R. M. Seyfarth et al. (2007): »Baboons Eavesdrop to Deduce Mating Opportunities«. In: *Animal Behaviour*, 73, 885-890.

100 Premack, D./G. Woodruff (1978): »Does the Chimpanzee Have a Theory of Mind?«. In: *Behavioral and Brain Sciences*, 1, 515-526.

101 Call, J./B. Hare/M. Carpenter et al. (2004): »›Unwilling‹ versus ›Unable‹: Chimpanzees' Understanding of Human Intentional Action«. In: *Developmental Science*, 7, 488-498.

102 Povinelli, D. J. /T. J. Eddy (1996): »Factors Influencing Young Chimpanzees' (*Pan troglodytes*) Recognition of Attention«. In: *Journal of Comparative Psychology*, 110, 336-345.

103 Kaminski, J./J. Call/M. Tomasello (2004): »Body Orientation and Face Orientation: Two Factors Controlling Apes' Begging Behavior from Humans«. In: *Animal Cognition*, 7, 216-223; Reaux, J. E. /L. A. Theall/D. J. Povinelli (1999): »A Longitudinal Investigation of Chimpanzees' Understanding of Visual Perception«. In: *Child Development*, 70, 275-290.

104 Pika, S./K. Liebal/M. Tomasello (2003): »Gestural Communication in Subadult Gorillas (*Gorilla gorilla*): Gestural Repertoire, Learning, and Use«. In: *American Journal of Primatology*, 60, 95-111.

105 Hesler, N./R. Mundry/J. Fischer: unveröffentlichte Daten.

106 Hare, B./J. Call/B. Agnetta/M. Tomasello (2000): »Chimpanzees Know What Conspecifics Do and Do Not See« . In: *Animal Behaviour*, 59, 771-785.

107 Povinelli, D. J. /J. Vonk (2003): »Chimpanzee Minds: Suspiciously Human?«. In: *Trends in Cognitive Sciences*, 7, 157-160; Penn, D. C. /D. J. Povinelli (2007): »On the Lack of Evidence That Non-Human Animals Possess Anything Remotely Resembling a ›Theory of Mind‹«. In: *Philosophical Transactions of the Royal Society B-Biological Sciences*, 362, 731-744.

108 Burkart, J. M. /A. Heschl (2007): »Understanding Visual Access in Common Marmosets, *Callithrix jacchus*: Perspective Taking or Behaviour Reading?«. In: *Animal Behaviour*, 73, 457-469; Hare, B. /E. Addessi/J. Call et al. (2003): »Do Capuchin Monkeys, *Cebus Apella*, Know What Conspecifics Do and Do Not See?« In: *Animal Behaviour*, 65, 131-142.

109 Kaminski, J./J. Call/M. Tomasello (2008): »Chimpanzees Know What Others Know, but Not What They Believe«. In: *Cognition*, 109, 224-234.
110 Ebd.
111 Ebd.
112 Wimmer, H./J. Perner (1983): »Beliefs About Beliefs: Representation and Constraining Function of Wrong Beliefs in Young Children's Understanding of Deception«. In: *Cognition*, 13, 103-128.
113 Wellman, H. M. /D. Cross/J. Watson (2001): »Meta-Analysis of Theory-of-Mind Development: The Truth About False Belief«. In: *Child Development*, 72, 655-684.
114 Siegel, M./K. Beattie (1991): »Where to Look First for Children's Knowledge of False Beliefs«. In: *Cognition*, 38, 1-12; Lewis, C./A. Osborne (1990): »Three-Year-Olds' Problems with False Belief: Conceptual Deficit or Linguistic Artifact?«. In: *Child Development*, 61, 1514-1519.
115 Clements, W. A. /J. Perner (1994): »Implicit Understanding of Belief«. In: *Cognitive Development*, 9, 377-395.
116 Call, J./M. Tomasello (1999): »A Nonverbal False Belief Task: The Performance of Children and Great Apes«. In: *Child Development*, 70, 381-395.
117 Onishi, K. H. /R. Baillargeon (2005): »Do 15-Month-Old Infants Understand False Beliefs?«. In: *Science*, 308, 255-258.
118 Fischer, J. (2008): »Was Tiere über das Wissen wissen«. In: Schubotz, R. (Hg.): *Other Minds – Die Gedanken und Gefühle Anderer.* Paderborn: Mentis Verlag, 155-173.
119 Smith, J. D. /J. Schul/J. Strote et al. (1995): »The Uncertain Response in the Bottlenosed Dolphin (*Tursiops truncatus*)«. In: *Journal of Experimental Psychology-General*, 124, 391-408.
120 Beran, M. J. /J. D. Smith/J. S. Redford et al. (2006): »Rhesus Macaques (*Macaca mulatta*) Monitor Uncertainty During Numerosity Judgments«. In: *Journal of Experimental Psychology-Animal Behavior Processes*, 32, 111-119.
121 Hampton, R. R. (2001): »Rhesus Monkey Know When They Remember«. In: *Proceedings of the National Academy of Sciences of the United States of America*, 98, 5359-5362.
122 Kornell, N./L. K. Son/H. S. Terrace (2007): »Transfer of Metacognitive Skills and Hint Seeking in Monkeys«. In: *Psychological Science*, 18, 64-71; dies. et al. (2005): »Metaconfidence Judgements in Rhesus Macaques: Explicit Versus Implicit Mechanisms«. In: Terrace, H. S. /J. Metcalfe (Hg.): *The Missing Link in Cognition. Origins of Self-Reflective Consciousness.* New York: Oxford University Press, 296-320.

123 Son, L. K./B. L. Schwartz/N. Kornell (2003): »Implicit Metacognition, Explicit Uncertainty, and the Monitoring/Control Distinction in Animal Metacognition«. In: *Behavioral and Brain Sciences*, 26, 355-356.

124 Lockl, K./W. Schneider (2006): »Precursors of Metamemory in Young Children: The Role of Theory of Mind and Metacognitive Vocabulary«. In: *Metacognition and Learning*, 1, 15-31.

125 Carruthers, P. (2009): »How We Know Our Own Minds: The Relationship between Mindreading and Metacognition«. In: *Behavioral and Brain Sciences*, 32, 121-138.

126 Der Löwe in der Serie Daktari hieß Clarence.

127 Boesch, C. (2007): »What Makes Us Human (*Homo sapiens*)? The Challenge of Cognitive Cross-Species Comparison«. In: *Journal of Comparative Psychology*, 121, 227-240.

128 Reader, S. M./Y. Hager/K. N. Laland (2011): »The Evolution of Primate General and Cultural Intelligence«. In: *Philosophical Transactions of the Royal Society B-Biological Sciences*, 366, 1017-1027; Byrne, R. W./L. A. Bates (2010): »Primate Social Cognition: Uniquely Primate, Uniquely Social, or Just Unique?«. In: *Neuron*, 65, 815-830.

129 MacLean, E./L. Matthews/B. Hare et al. (2011): »How Does Cognition Evolve? Phylogenetic Comparative Psychology«. In: *Animal Cognition*, 1-16.

130 Erlinger, R. (2008): »Von Kartoffeln und Menschen«. In: Ganten, D./V. Gerhardt/J. C. Heilinger et al. (Hg.): *Was ist der Mensch?* Berlin: De Gruyter, 64-67.

Teil 3: Kommunikation

1 Bradbury, J. W./S. L. Vehrencamp (2011): *Principles of Animal Communication*. 2. Aufl. Sunderland, MA: Sinauer Associates; Hauser, M. D. (1996): *The Evolution of Communication*. Cambridge: MIT Press.

2 Rendall, D./M. J. Owren/M. J. Ryan (2009): »What Do Animal Signals Mean?«. In: *Animal Behaviour*, 78, 233-240; Scarantino, A. (2010): »Animal Communication between Information and Influence«. In: *Animal Behaviour*, 79, E1-E5.

3 Fischer, J. (2011): »Where Is the Information in Animal Communication?«. In: Menzel/Fischer (Hg.), a. a. O. (Anm. 2, 5), 151-161.

4 Markl, H. (1985): »Manipulation, Modulation, Information, Cognition – Some of the Riddles of Communication«. In: *Fortschritte der Zoologie*, 31, 163-194.

5 McGregor, P. K. /T. M. Peake (2000): »Communication Networks: Social Environments for Receiving and Signalling Behaviour«. In: *Acta Ethologica*, 2, 71-81.
6 Maynard Smith, J./D. Harper (2003): *Animal Signals*. Oxford: Oxford University Press.
7 Darwin, C. (1872): *Der Ausdruck der Gemüthsbewegungen bei dem Menschen und den Thieren*. Nördlingen: Greno.
8 Heymann, E. W. (2006): »Scent Marking Strategies of New World Primates«. In: *American Journal of Primatology*, 68, 650-661.
9 Shannon, C. E. /W. Weaver (1949): *The Mathematical Theory of Communication*. Urbana: University of Illinois Press.
10 Skyrms, B. (2010): *Signals. Evolution, Learning, and Information*. Oxford: Oxford University Press.
11 Ebd.
12 Maynard Smith, J./G. R. Price (1973): »The Logic of Animal Conflict«. In: *Nature*, 246, 15-18.
13 Maynard Smith (1982), a. a. O. (Anm. 1, 86).
14 Ders./Harper (2003), a. a. O. (Anm. 3, 6).
15 Zahavi, A. (1975): »Mate Selection – Selection for a Handicap«. In: *Journal of Theoretical Biology*, 53, 205-214.
16 Grafen, A. (1990): »Biological Signals as Handicaps«. In: *Journal of Theoretical Biology*, 144, 517-546.
17 Bradbury/Vehrencamp (2011), a. a. O. (Anm. 3, 1).
18 Fischer, J./D. M. Kitchen/R. M. Seyfarth et al. (2004): »Baboon Loud Calls Advertise Male Quality: Acoustic Features and Their Relation to Rank, Age, and Exhaustion«. In: *Behavioral Ecology and Sociobiology*, 56, 140-148; Kitchen, D./R. M. Seyfarth/J. Fischer et al. (2003): »Loud Calls as Indicators of Dominance in Male Baboons (*Papio cynocephalus ursinus*)«. In: *Behavioral Ecology and Sociobiology*, 53, 374-384.
19 Fischer et al. (2004), a. a. O. (Anm. 3, 18).
20 Kitchen et al. (2003), a. a. O. (Anm. 3, 18).
21 Reby, D./K. McComb (2003): »Anatomical Constraints Generate Honesty: Acoustic Cues to Age and Weight in the Roars of Red Deer Stags«. In: *Animal Behaviour*, 65, 519-530.
22 Pfefferle et al. (2008), a. a. O. (Anm. 1, 12).
23 Pfefferle, D./M. Heistermann/R. Pirow/J. K. Hodges/J. Fischer (2011): »Estrogen and Progestogen Correlates of the Structure of Female Copulation Calls in Semi Free-Ranging Barbary Macaques (*Macaca sylvanus*)«. In: *International Journal of Primatology*, 32, 992–1006.
24 Pfefferle et al. (2008), a. a. O. (Anm. 1, 12). Ob das Männchen ejakuliert hat, ist daran zu erkennen, dass es vor Ende der Paarung kurz innehält. Außerdem befinden sich nach der Paarung Spermaspuren am Hinterteil des Weibchens.

25 Semple, S. (1998): »The Function of Barbary Macaque Copulation Calls«. In: *Proceedings of the Royal Society of London Series B-Biological Sciences*, 265, 287-291.
26 Pfefferle, D./M. Heistermann/J. K. Hodges/J. Fischer (2008): »Male Barbary Macaques Eavesdrop on Mating Outcome: A Playback Study«. In: *Animal Behaviour*, 75, 1885-1891.
27 Pyritz, L./C. Fichtel/P. Kappeler (2010): »Conceptual and Methodological Issues in the Comparative Study of Collective Group Movements«. In: *Behavioural Processes*, 84, 681-684.
28 Fischer, J./D. Zinner (2011): »Communication and Cognition in Primate Group Movement«. In: *International Journal of Primatology*, 32, 1279-1295.
29 Dies. (2011): »Communicative and Cognitive Underpinnings of Group Movement in Nonhuman Primates«. In: Boos, M./M. Kolbe/T. Ellwart et al. (Hg.): *Coordination in Human and Non-Human Primate Groups*. Heidelberg and New York: Springer, 229-244.
30 Kummer, H. (1968): *Social Organization of Hamadryas Baboons. A Field Study*. Chicago: The University of Chicago Press.
31 Stückle, S./D. Zinner (2008): »To Follow or Not to Follow: Decision Making and Leadership During the Morning Departure in Chacma Baboons (*Papio hamadryas ursinus*)«. In: *Animal Behaviour*, 75, 1995-2004.
32 Cheney, D. L./R. M. Seyfarth (1996): »The Function and Mechanisms Underlying Baboon ›Contact‹ Barks«. In: *Animal Behaviour*, 52, 507-518.
33 Kuckenburg, M. (2004): *... und sprachen das erste Wort. Die Entstehung von Sprache und Schrift*. Stuttgart: Theiss.
34 Trabant, J. (2008): *Was ist Sprache?* München: C. H. Beck.
35 Herder, J. G. (1985): *Abhandlung über den Ursprung der Sprache* (ED: 1772). In: Ders.: *Werke*, Bd. 1: *Frühe Schriften* 1764-1772. Hg. v. Ulrich Gaier. Frankfurt/Main: Deutscher Klassiker Verlag, 695-810.
36 Ebd., S. 723. Jürgen Trabant hielt im Rahmen des Jahresthemas 2009 der Berlin-Brandenburgischen Akademie der Wissenschaften einen inspirierenden Vortrag mit diesem Titel.
37 Herder (1985), a. a. O. (Anm. 3, 35), S. 711.
38 Kuckenburg (2004), a. a. O. (Anm. 3, 33).
39 Radick, G. (2008): *The Simian Tongue*. Chicago: The University of Chicago Press.
40 »To a Gorilla Girl« (1894). In: *Punch*, *106*, 97.
41 Hockett, C. F. (1960): »Logical Considerations in the Study of Animal Communication«. In: Lanyon, W. E./W. N. Tavolga (Hg.): *Animal Sounds and Communication*. Washington: American Institut of Biological Sciences, 392-430.

42 Kellogg, W. N./L. A. Kellogg (1933): *The Ape and the Child: A Comparative Study of the Environmental Influence Upon Early Behavior.* New York and London: Hafner Publishing Co.
43 Hayes, K. J./C. Hayes (1951): »The Intellectual Development of a Home-Raised Chimpanzee«. In: *Proceedings of the American Philosophical Society*, 95, 105-109.
44 Lieberman, P. (2007): »The Evolution of Human Speech«. In: *Current Anthropology*, 48, 39-66.
45 Fitch, W. T./D. Reby (2001): »The Descended Larynx Is Not Uniquely Human«. In: *Proceedings of the Royal Society of London Series B-Biological Sciences*, 268, 1669-1675.
46 Wallman, J. (1992): *Aping Language.* Cambridge: Cambridge University Press.
47 Ebd.
48 Ebd.
49 Ebd.
50 Fichtel, C./E. Scheiner/B. Maack (2011): »Über die Kommunikation bei nicht menschlichen Primaten und die Evolution von Sprache«. In: Dreesmann, D./D. Graf/K. Witte (Hg.): *Evolutionsbiologie – Moderne Themen für den Unterricht.* Heidelberg: Spektrum Akademischer Verlag, 217-258.
51 Wallman (1992), a. a. O. (Anm. 3, 46).
52 Savage-Rumbaugh, E. S. (1993): *Language Comprehension in Ape and Child.*
53 Terrace, H. S. (1979): *Nim.* New York: Knopf.
54 Marler, P. (1968): »Vocalizations of Wild Chimpanzees – An Introduction«. In: *Proceedings 2nd International Congress Primatology, Atlanta*, 1, 94-100.
55 Hauser, M. (2007): »Q & A«. In: *Current Biology*, 17, R491-R493; Marc Hauser trat 2011 von seiner Professur in Harvard zurück, nachdem er in mehreren Fällen des wissenschaftlichen Fehlverhaltens überführt worden war.
56 Struhsaker, T. T./S. A. Altmann (1967): »Auditory Communication among Vervet Monkeys (*Cercopithecus aethiops*)«. In: Altmann, Stuart A. (Hg.): *Social Communication among Primates.* Chicago: The University of Chicago Press, 281-324.
57 Seyfarth, R. M./D. L. Cheney/P. Marler (1980): »Monkey Responses to Three Different Alarm Calls: Evidence of Predator Classification and Semantic Communication«. In: *Science*, 210, 801-803.
58 Darwin (1872), a. a. O. (Anm. 3, 7).
59 Cheney/Seyfarth (1990), a. a. O. (Anm. 1, 67).
60 Macedonia, J. M./C. S. Evans (1993): »Variation among Mammalian

Alarm Call Systems and the Problem of Meaning in Animal Signals«. In: *Ethology*, 93, 177-197.

61 Bichsel, P. (1997): »Ein Tisch ist ein Tisch«. In: Ders.: *Kindergeschichten*. Frankfurt/Main: Suhrkamp Verlag, 21-30.

62 Ploog, D. W. /H. Papoušek/U. Jürgens et al. (1992): »The Evolution of Vocal Communication«. *Nonverbal Vocal Communication*. Cambridge: Cambridge University Press, 6-30.

63 Hammerschmidt, K./J. D. Newman/M. Champoux et al. (2000): »Changes in Rhesus Macaque ›Coo‹ Vocalizations During Early Development«. In: *Ethology*, 106, 873-886.

64 Ey, E./K. Hammerschmidt/R. M. Seyfarth/J. Fischer (2007): »Age- and Sex-Related Variations in Clear Calls of Chacma Baboons (*Papio hamadryas ursinus*)«. In: *International Journal of Primatology*, 28, 947-960.

65 Fischer, J./K. Hammerschmidt/D. L. Cheney et al. (2002): »Acoustic Features of Male Baboon Loud Calls: Influences of Context, Age, and Individuality«. In: *Journal of the Acoustical Society of America*, 111, 1465-1474.

66 Green, S. (1975): »Dialects in Japanese Monkeys: Vocal Learning and Cultural Transmission of Local-Specific Vocal Behavior?«. In: *Zeitschrift für Tierpsychologie*, 38, 304-314.

67 Mitani, J. C. /T. Hasegawa/J. Gros-Louis et al. (1992): »Dialects in Wild Chimpanzees?«. In: *American Journal of Primatology*, 27, 233-243.

68 Crockford, C./I. Herbinger/L. Vigilant et al. (2004): »Wild Chimpanzees Produce Group-Specific Calls: A Case for Vocal Learning?«. In: *Ethology*, 110, 221-243.

69 Fischer, J./K. Hammerschmidt/D. Todt (1998): »Local Variation in Barbary Macaque Shrill Barks«. In: *Animal Behaviour*, 56, 623-629.

70 Fischer, J. (2008): »Transmission of Acquired Information in Nonhuman Primates«. In: Byrne, J. H. (Hg.): *Learning and Memory: A Comprehensive Reference*. Oxford: Elsevier, 299-313.

71 Ey, E./C. Rahn/K. Hammerschmidt/J. Fischer (2009): »Wild Female Olive Baboons Adapt Their Grunt Vocalisations to Environmental Conditions«. In: *Ethology*, 115, 493-503.

72 Jürgens, U. (2002): »Neural Pathways Underlying Vocal Control«. In: *Neuroscience and Biobehavioral Reviews*, 26, 235-258.

73 Scheiner, E./K. Hammerschmidt (2008): »The Role of Auditory Feedback in Nonverbal Vocal Behavior of Normally Hearing and Hearing-Impaired Infants«. In: Izdebski, K. (Hg.): *Emotions in the Human Voice*. San Diego: Plural Publishing.

74 Jürgens, U. (2009): »The Neural Control of Vocalization in Mammals: A Review«. In: *Journal of Voice*, 23, 1-10.

75 Marler, P./H. Slabbekoom (Hg.) (2004): *Nature's Music: The Science of Birdsong*. San Diego, Ca.: Elsevier.

76 Beckers, G. J. L./B. S. Nelson/R. A. Suthers (2004): »Vocal-Tract Filtering by Lingual Articulation in a Parrot«. In: *Current Biology*, 14, 1592-1597; Pepperberg, I. M. (2000): *The Alex Studies: Cognitive and Communicative Abilities of Grey Parrots*. Cambridge: Harvard University Press.
77 Janik, V. M. (2000): »Whistle Matching in Wild Bottlenose Dolphins (*Tursiops truncatus*)«. In: *Science*, 289, 1355.
78 Ralls, K./P. Fiorelli/S. Gish (1985): »Vocalizations and Vocal Mimicry in Captive Harbor Seals, *Phoca vitulina*«. In: *Canadian Journal of Zoology*, 63, 1050-1056.
79 Fischer, J. (2008): »Zum Ursprung der menschlichen Sprache: eine evolutionsbiologische Perspektive«. In: Fink, H./R. Rosenzweig (Hg.): *Neuronen im Gespräch – Sprache und Gehirn*. Paderborn: Mentis Verlag, 141-161.
80 Price, T./J. Fischer: unveröffentlichte Daten.
81 Meyer, D./J. K. Hodges/D. Rinaldi et al. (2012): »Acoustic Structure of Male Loud-calls Support Molecular Phylogeny of Sumatran and Javanese Leaf Monkeys (*genus presbytis*)«. In: *BMC Evolutionary Biology*, 12, 16; Thinh, V. N./C. Hallam/C. Roos et al. (2011): »Concordance Between Vocal and Genetic Diversity in Crested Gibbons«. In: *BMC Evolutionary Biology*, 11, 36.
82 Seyfarth, R. M. /D. L. Cheney (1980): »The Ontogeny of Vervet Monkey Alarm Calling Behavior: A Preliminary Report«. In: *Zeitschrift für Tierpsychologie*, 54, 37-56.
83 Fischer, J./K. Hammerschmidt/D. Todt (1995): »Factors Affecting Acoustic Variation in Barbary Macaque (*Macaca sylvanus*) Disturbance Calls«. In: *Ethology*, 101, 51-66.
84 Fischer, J./K. Hammerschmidt/D. Cheney et al. (2001): »Acoustic Features of Female Chacma Baboon Barks«. In: *Ethology*, 107, 33-54.
85 Fischer et al. (1995), a. a. O. (Anm. 3, 83).
86 Eimas, P. D. /E. R. Siqueland/P. Jusczyk et al. (1971): »Speech Perception in Infants«. In: *Science*, 171, 303-306.
87 Fischer, J. (1998): »Barbary Macaques Categorize Shrill Barks into Two Call Types«. In: *Animal Behaviour*, 55, 799-807.
88 Dies./M. Metz/D. L. Cheney et al. (2001): »Baboon Responses to Graded Bark Variants«. In: *Animal Behaviour*, 61, 925-931.
89 Fischer, J./D. L. Cheney/R. M. Seyfarth (2000): »Development of Infant Baboons' Responses to Graded Bark Variants«. In: *Proceedings of the Royal Society of London Series B-Biological Sciences*, 267, 2317-2321.
90 Fischer (2004), a. a. O. (Anm. 2, 89).
91 Fichtel, C. (2007): »Ontogeny of Conspecific and Heterospecific Alarm Call Recognition in Wild Verreaux's Sifakas (*Propithecus verreauxi verreauxi*)«. In: *American Journal of Primatology*, 70, 127-135.

92 Owren, M. J./J. A. Dieter/R. M. Seyfarth et al. (1993): »Vocalizations of Rhesus (*Macaca mulatta*) and Japanese (*Macaca fuscata*) Macaques Cross-Fostered between Species Show Evidence of Only Limited Modification«. In: *Developmental Psychobiology*, 26, 389-406.

93 Pfungst, O. (1907): *Das Pferd des Herrn von Osten (Der kluge Hans). Ein Beitrag zur experimentellen Tier- und Menschen-Psychologie.* Leipzig: Johann Ambrosius Barth.

94 Carey, S./E. Bartlett (1978): »Acquiring a Single New Word«. In: *Child Language Development*, 15, 29.

95 Schusterman, R. J./K. Krieger (1984): »California Sea Lions Are Capable of Semantic Comprehension«. In: *The Psychological Record*, 34, 3-23.

96 Kaminski, J./J. Call/J. Fischer (2004): »Word Learning in a Domestic Dog: Evidence for ›Fast Mapping‹«. In: *Science*, 304, 1682-1683.

97 Pilley, J. W./A. K. Reid (2011): »Border Collie Comprehends Object Names as Verbal Referents«. In: *Behavioural Processes*, 86, 184-195.

98 Pinker, S./P. Bloom (1990): »Natural-Language and Natural-Selection«. In: *Behavioral and Brain Sciences*, 13, 707-726.

99 Hauser, M. D./N. Chomsky/W. T. Fitch (2002): »The Faculty of Language: What Is It, Who Has It, and How Did It Evolve?«. In: *Science*, 298, 1569-1579.

100 Schneider, W. (2001): *Deutsch Für Profis*. 2. Aufl. München: Goldmann, 105.

101 Fitch, W. T./M. D. Hauser (2004): »Computational Constraints on Syntactic Processing in a Nonhuman Primate«. In: *Science*, 303, 377-380.

102 Gentner, T. Q./K. M. Fenn/D. Margoliash et al. (2006): »Recursive Syntactic Pattern Learning by Songbirds«. In: *Nature*, 440, 1204-1207.

103 Bahlmann, J./R. I. Schubotz/A. D. Friederici (2008): »Hierarchical Artificial Grammar Processing Engages Broca's Area«. In: *Neuroimage*, 42, 525-534.

104 Arnold, K./K. Zuberbühler (2008): »Meaningful Call Combinations in a Non-Human Primate«. In: *Current Biology*, 18, R202-R203.

105 Hurford, J. R. (2007): *On the Origins of Meaning – Language in the Light of Evolution.* Oxford: Oxford University Press.

106 Chomsky, N. (1976): *Syntactic Structures*. The Hague: Mouton.

107 Vargha-Khadem, F./K. E. Watkins/C. J. Price et al. (1998): »Neural Basis of an Inherited Speech and Language Disorder«. In: *Proceedings of the National Academy of Sciences of the United States of America*, 95, 12695-12700.

108 Enard, W./M. Przeworski/S. E. Fisher et al. (2002): »Molecular Evol-

ution of *FOXP2*, a Gene Involved in Speech and Language«. In: *Nature*, 418, 869-872.

109 Enard, W./S. Gehre/K. Hammerschmidt et al. (2009): »A Humanized Version of Foxp2 Affects Cortico-Basal Ganglia Circuits in Mice«. In: *Cell*, 137, 961-971.

110 Tomasello 2008, a.a.O. (Anm. 2, 79); Arbib, M. (2005): »From Monkey-Like Action Recognition to Human Language: An Evolutionary Framework for Neurolinguistics«. In: *Behavioral and Brain Sciences*, 28, 105-167; Corballis, M.C. (2002): *From Hand to Mouth*. Princeton: Princeton University Press.

111 Tomasello (2008), a.a.O. (Anm. 2, 79).

112 Ebd.

113 Pika, S./J.C. Mitani (2006): »Referential Gestural Communication in Wild Chimpanzees (*Pan troglodytes*)«. In: *Current Biology*, 16, R191-R192.

114 Liebal, K./J. Call/M. Tomasello (2004): »Use of Gesture Sequences in Chimpanzees«. In: *American Journal of Primatology*, 64, 377-396.

115 Hesler/Fischer (2007), a.a.O. (Anm. 1, 55).

116 Steinbach, M. (2007): »Gebärdensprache«. In: Steinbach, M./R. Albert/H. Girnth et al. (Hg.): *Schnittstellen der Germanistischen Linguistik*. Stuttgart: Metzler, 137-185.

117 Hohenberger, A./D. Happ/H. Leuninger (2002): »Modality-Dependent Aspects of Sign Language Production: Evidence from Slips of the Hand and Their Repairs in German Sign Language«. In: Meier, R.P./K. Cormier/D. Quinto-Pozos (Hg.): *Modality and Structure in Signed and Spoken Languages*. Cambridge: Cambridge University Press, 112-142.

118 Tomasello, M./J. Call (1997): *Primate Cognition*. New York/Oxford: Oxford University Press.

119 Hesler/Fischer (2007), a.a.O. (Anm. 1, 55).

120 Wheeler, B.C. (2009): »Monkeys Crying Wolf? Tufted Capuchin Monkeys Use Anti-Predator Calls to Usurp Resources from Conspecifics«. In: *Proceedings of the Royal Society B-Biological Sciences*, 276, 3013-3018.

121 Cheney, D.L./R.M. Seyfarth (1990): »Attending to Behaviour Versus Attending to Knowledge: Examining Monkeys' Attribution of Mental States«. In: *Animal Behaviour*, 40, 742-753.

122 Crockford, C./Roman M. Wittig/R. Mundry et al. (2012): »Wild Chimpanzees Inform Ignorant Group Members of Danger«. In: *Current Biology*, 22, 142-146.

123 Scheiner, E./J. Fischer (2011): »Emotion Expression – the Evolutionary Heritage in the Human Voice«. In: Welsch, W./W. Singer/A. Wunder

(Hg.): *Interdisciplinary Anthropology: The Continuing Evolution of Man.* Heidelberg/New York: Springer, 105-130.

124 Trabant (2008), a. a. O. (Anm. 3, 34).

125 Meyer et al (2012), a. a. O. (Anm. 3, 81); Thinh et al. (2011), a. a. O. (Anm. 3, 81).

126 Fischer, J. (2008): »Kultivierte Tiere?«. In: Hüttemann, A. (Hg.): *Zur Deutungsmacht der Biowissenschaften.* Paderborn: Mentis Verlag, 155-173.

Fazit und Ausblick

1 IUCN. (2011). IUCN Red List of Threatened Species. Version 2011.2: http://www.iucnredlist.org (Stand: 13. Februar 2012).

2 Mittermeier, R. A./J. Wallis/A. B. Rylands et al. (2009): *Primates in Peril*: IUCN/SSC Primate Specialist Group (PSG); International Primatological Society (IPS); Conservation International (CI).

Abbildungsnachweis

Laura Almeling: Abb. 1, 2, 3
Ludwig Ehrenreich: Abb. 25, 26 (mit freundlicher Genehmigung in Anlehnung an Abbildungen aus: Hare, B./J. Call/B. Agnetta/M. Tomasello (2000): »Chimpanzees Know What Conspecifics Do and Do Not See«. In: *Animal Behaviour*, 59, 771-785, sowie Kaminski, J./J. Call/M. Tomasello (2008): »Chimpanzees Know What Others Know, but Not What They Believe«. In: *Cognition*, 109, 224-234)
Julia Fischer: Abb. 5, 7, 8, 13, 15, 21, 22, 23, 27, 28, 30, 31, 33, 34, 36
Kurt Hammerschmidt: Abb. 4, 10
Peter Maciej: Abb. 14, 17
Annika Patzelt: Abb. 16
Renate Ritzenhoff: Abb. 35
Andrea Schell: Abb. 24
Naema-E. Schlagowski: Abb. 6
Chris Schlögl: Abb. 19
Vanessa Schmitt: Abb. 20
Marc Stickler: Abb. 11, 12, 32
Dietmar Zinner (unter Verwendung von Zeichnungen von Stephen Nash/ Conservation International mit freundlicher Genehmigung): Abb. 9
Aus: Köhler, W. (1921): *Intelligenzprüfungen an Menschenaffen*. Berlin: Julius Springer: Abb. 18
Aus: Radick, G. (2008): *The Simian Tongue*. Chicago: The University of Chicago Press: Abb. 29

Suhrkamp Verlag GmbH
Torstraße 44, 10119 Berlin
info@suhrkamp.de
www.suhrkamp.de